KB012342

포스트휴먼 시대의 인공지능 철학 02

인공지능의
윤리학

Ethics of Artificial Intelligence

이중원 엮음

이중원·고인석·이영의·천현득·목광수·박충식·이상욱·신상규·정재현 지음

한울
아카데미

이 저서는 2016년 대한민국 교육부와 한국연구재단의 지원을 받아 수행된 연구임
(NRF-2016S1A5A2A03927217)

머 리 말

2016년 봄 알파고의 등장이 우리 사회에 커다란 충격을 던져준 이래로, 자율주행차, 의사 왓슨(Watson), 판사 로스(Ross) 등으로 상징되는 인공지능은 우리 사회 속에 이미 깊숙이 들어와 있고, 앞으로 더 많이 유입되어 우리 삶의 일부가 될 것이다. 이러한 인공지능(로봇)은, 더 이상 인간의 직접적 조작에 의해 작동하거나 지속적인 개입을 필요로 하는 수동적 존재가 아니라, 일종의 직권 위임에 의해 스스로의 자율적 판단을 통하여 작동하는 능동적 행위자이자 비인간적 인격체의 출현을 상징한다. 인공지능의 출현으로 인간은 앞으로 과거에 전혀 경험하지 못했던 새로운 유형의 다양한 윤리적·사회적 문제들에 직면하게 될 것이고, 인간과 인공지능의 공존이라는 새로운 시대적 과제를 안게 될 것이다.

이러한 문제들에 보다 능동적이고 체계적이며 미래지향적으로 대처하는 것이 필요하다는 판단하에, 2016년부터 인공지능에 관한 존재론적·윤리학적·인간학적 관점에서의 체계적인 철학 연구, 곧 [포스트휴먼 시대의 인공지능 철학]에 대한 연구 프로젝트를 시작했다. 인공지능 기술의 발전과 그에 수반한 미래의 변화들에 대해 통섭적인 분석에 바탕한 통찰이 필요했고, 인공지능의 본성과 그것의 존재적 지위 및 사회적 역할에 대해 보다 통합적이면서 심도 있는 철학적 분석과 연구가 필요했기 때문이다. 도대체 인공지능의 정체가 무엇인가, 스스로 학습하여 똑똑해지는 이들을 우리는 어떤 존재자로 봐야 할 것인가, 이들의 등장으로 인간의 생활세계는 어떻게 달라질 것인가, 달라진 생활세계에는 어떤 윤리적 문제들과 사회적 문제들이 발생할 것인가, 우리는 이들과 어떻게 공존할 것인가, 다가올 인공지능 시대에 인간의 정체성은 무엇인가 등등. 이러한 질문들을 우리가 얼마나 진지하게 숙고하고 이에 어떻게 선제적으로 대응하는가에 따라, 앞으로 다가올 인공지능 시대에 대한 인간의 대처 능력은 많이 달라질 것이기 때문이다.

[포스트휴먼 시대의 인공지능 철학]에 대한 연구 프로젝트가 지향한 바는 포스트휴먼 시대 인공지능의 철학 체계를 미래적 관점에서 구축하는 것이다. 인공지능의 본성, 존재론적 지위, 사회적 역할 등을 통합적으로 검토하는 체계적인 인공지능의 철학을 구축하는 일이다. 인간 중심적 관점에서 벗어나 포스트휴먼 관점에서 인공지능의 본성을 평가할 수 있는 인공지능의 존재론, 인공지능의 윤리학, 인공지능의 인간학의 통합 체계를 구축하는 것이다. 이를 달성하기 위해 이 연구 프로젝트를 다음의 세 가지 연구주제로 구체화하고 이를 단계적으로 추진하고 있다.

• 첫 번째 연구주제는 인공지능의 존재론이다. 인공지능의 물리적 특성에 대한 과학적 이해와 인격체의 다양한 요소들에 대한 철학적 분석을 토대로 인공지능의 존재론적 본성을 새롭게 규명하는 것이다. 특히, 인공지능이 비인간적 인격체라는 지위를 부여받을 가능성을 모색하는 것이다.

• 두 번째 연구주제는 인공지능의 윤리학이다. 앞서 정립된 인공지능의 존재론적 본성에 기초하여 인간이 인공지능과 맺는 관계를 새롭게 정립하고, 인공지능의 등장으로 새롭게 제기된 윤리적 문제들을 해결하기 위한 규범 원리들 그리고 이 원리들을 정당화할 수 있는 새로운 윤리학적 관점을 모색하는 것이다.

• 세 번째 연구주제는 앞서 진술한 존재론적 관점과 윤리학적인 제반 논의에 바탕을 두고, 인간과 인공지능이 조화롭게 공존할 수 있는 미래 사회의 모습과 그에 필요한 사회적 거버넌스 체계를 인간학적 관점에서 고찰하는 것이다.

작년(2018년)에 출판된 『인공지능의 존재론』은 첫 번째 연구주제의 성과물이었다. 인공지능의 과학적·공학적 측면에 대한 검토에서 출발하여, 인공지능의 존재론적 지위와 본성을 철학적 관점에서 정립하고자 했다. 인공지능과 관련된 윤리적·사회적 문제들의 해결을 위한 논의의 토대에 해당하는 인공지능의 존재론을 구성·제안하고자 한 것이다. 인공지능이 인격체로 불릴 수 있는 조건과 관련하여, 생명, 의식, 자율성, 감정, 지향성, 그리고 인격성의 개념을 철학적으로 분석하고, 인공지능에 어떠한 인격적 지위가 부여될 수 있는지를 동양 철학 및 서양 철학의 관점으로부터 검토했다.

올해에 출판된 『인공지능의 윤리학』은 『인공지능의 존재론』에서의 연구성과를 바탕으로 하는 후속 연구로, 앞서 언급한 두 번째 연구 주제에 대한 성과물이다. 그렇다면 우리는 왜 인공지능의 윤리학을 논했는가? 전통적으로 윤리학이라 하면 인간의 윤리학, 엄밀히 말해 도덕적 사고와 행위의 유일한 주체인 인간의 윤리학이었다. 인간 외의 타자들은 도덕적 주체로서가 아니라 도덕적 대상으로만 간주되었다. 인간만이 도덕성과 자율성 그리고 자유의지를 지니고 있고 따라서 인간만이 행위에 대해 책임을 질 수 있다고 보았기 때문이다. 하지만 자기 스스로 학습을 통해 자율적으로 사고하고 행동할 줄 아는 새로운 존재자인 인공지능(로봇)의 등장은 다음과 같은 질문들을 계속해서 던져주고 있다. 인공지능(로봇)은 전통적으로 인간에게만 귀속되었던 윤리적 행위자의 지위를 가질 수 있는가, 행위자가 되기 위한 전통적 요건은 이성, 의식, 지향성, 자유의지 등인데 인공지능은 전통적인 의미의 행위자가 갖는 이러한 요건들을 충족하는가, 아니면 이제 인공지능과 같은 새로운 기술적 존재자를 포괄할 수 있는 새로운 행위자 개념이 필요한가, 인공지능과 공존하는 세상을 상상한다면 전통적인 의미의 행위자/피동자 구분을 넘어서는 새로운 도덕적 존재자에 대한 논의가 필요하지 않을까 등등. 이러한 문제들은 인공지능의 윤리학에 매우 중요한 화두들이다.

이러한 문제의식을 배경으로 『인공지능의 윤리학』의 핵심 내용을 크게 세 가지 세부 주제로 나누어 살펴보았다. 첫 번째 세부 주제는 인공지능이 우리 사회의 일부로서 인간과 함께 생활하는 경우 발생할 수 있는 다양한 윤리적 쟁점들에 관한 것이다. 두 번째 세부 주제는 인공지능의 판단과 행동이 따라야 할 윤리적 가치와 규범, 그리고 그러한 가치와 규범을 실제로 구현하는 방안에 관한 것이다. 세 번째 세부 주제는 인공지능의 도덕적 지위에 대한 고찰과 인공지능과의 공존을 위한 새로운 윤리학의 가능성에 관한 것이다. 이에 맞춰 이 책을 크게 세 부분으로 구성했는데, 바로 1부 인공지능의 윤리적 쟁점들, 2부 윤리적 인공지능 로봇 만들기, 3부 인공지능과의 공존의 윤리학이다. 각 부별로 글의 내용을 간략히 소개하면 다음과 같다.

1부 인공지능의 윤리적 쟁점들에서는 일상의 중요한 몇 가지 구체적인 사례를 통해 인공지능이 제기하는 윤리적 도전이 무엇인지를 확인하고 그에 답하고자 했다. 현재 또는 가까운 미래에 윤리적으로 가장 민감한 문제를 던질 사례로 인공지능을 갖춘 자율주행자동차와 섹스로봇 그리고 자율형 군사(킬러)로봇을 선택했다. 이것들은 몸체를 지닌 로봇이지만 인공지능이 실제로 조정하고 있고, 또한 다양하면서도 일반적인 그렇지만 매우 심각한 윤리적 문제들을 제기하고 있다. 그 윤리적 문제들이 무엇인지 구체적으로 분석하고자 했다.

1장 자율주행자동차를 어떻게 규율할 것인가(고인석)는 자율주행자동차가 현실화되기 위해 선결되어야 할 규범적 문제들을 다루었다. 자율주행자동차 기술은 교통사고를 줄여 안전을 증진하고, 사회적 효율성을 개선하며, 이동성의 확대를 통해 공정성의 증진을 가져오리라고 기대된다. 그러나 이런 기대가 실현되려면 몇몇 규범적 문제들이 선결되어야 한다. 핵심은 자율주행자동차의 제어에 관한 권한과 책임의 소재를 명확히 하는 일이다. 3단계와 4단계의 자율주행에서는 제어 권한의 매끄러운 전이를 확보하는 일이 중요하다. 한편 주행에 관한 결정이 전적으로 자율주행시스템에 귀속되는 5단계 자율주행에서는 이런 제어 권한의 전이 문제가 발생하지 않지만, 딜레마 상황에서 작동 원칙을 결정해야 하는 다른 문제가 발생한다. 린 (Lin, 2015)의 주장처럼, 불가피한 충돌사고의 상황에서 자율주행시스템이 특정한 유형의 선택을 하도록 프로그램화되는 것은 특정 속성을 지닌 사람들을 충돌의 피해자로 표적화할 수도 있다는 문제점을 안고 있다. 이처럼 5단계 자율주행에 관한 한 인공지능 시스템이 유능하고 사려 깊은 인간 운전자를 대신해도 좋다는 확신이 들 때까지, 어쩌면 완전한 자율주행의 허용을 보류할 필요가 있을지도 모른다.

2장 섹스로봇의 윤리(이영의)는 인간과 섹스로봇 간의 관계를 바탕으로 섹스로봇의 정체성과 함께 섹스로봇 자체의 윤리적 정당성에 관한 문제를 다루었다. 섹스로봇은 자동차나 휴대전화의 등장이 인류의 삶에 미친 영향에 버금가는, 또는 그 이상의 영향을 줌으로써 우리의 삶을 변형할 것으로 보인다. 섹스로봇이 상품화되고 시민들이 그것과 매우 쉽게 만날 가능성이 커지면서 다양한 논쟁이 전개되고 있다. 섹스로봇은 의식적인가, 섹스로봇은 자율성을 갖는가, 섹스로봇과의 관계는 '섹스'인가와 같은 형이상학적 문제로부터 시작하여 섹스로봇과의 성행위는 외도인가, 섹스로봇 카페 서비스는 매춘인가, 섹스로봇과의 결혼은 가능한가와 같은 윤리적 문제와 섹스로봇의 사회적 영향은 무엇인가, 섹스로봇 사업을 허용할 것인가와 같은 사회·정치적 문제들이 그 논쟁의 대표적인 예들이다. 이러한 문제들에 접근하기 위해 먼저 섹스로봇의 현황과 섹스로봇에 관한 철학적 문제를 검토하고 이를 토대로 섹스로봇의 정체성을 규정하는 작업을 수행했다. 그리고 이상의 논의들과 레비(David Levy)의 대칭성 논증(symmetry argument) 및 리처드슨(Kathleen Richardson)의 반대 논증을 중심으로 섹스로봇의 윤리적 정당성 문제를 검토하고, 이러한 토대 위에서 '섹스로봇 반대 캠페인(Campaign Against Sex Robots)'을 비판적으로 검토했다.

3장 군사로봇의 윤리: 전쟁에서의 기술적 위임과 책임의 문제(천현득)는 KAIST의 보이콧 사태로 우리에게 잘 알려진 자율형 군사(킬러)로봇의 윤리적 문제들을 다루었다. 인공지능에 대한 많은 지원이 국방예산과 군수업체로부터 나온다는 현실을 생각할 때, 군사 무기에 인공지능을 결합하는 문제는 윤리적 검토의 필요성을 요청한다. 자율적 군사 무기 체계를 반대하는 시민단체는 '킬러 로봇'을 금지할 것을 요구하고 있다. 문제는 그러한 금지 주장이 자율적 무기 체계의 개발과 사용에 대해 구체적으로 어떤 제약을 가하는지 분명치 않다는 점이다. 전쟁터의 모든 군인이 살인자가 아니듯, 모든 군사로봇을 살인 로봇으로 규정하기는 어렵다. 이 글은 모든 군사로봇이 똑같은 의미의 킬러가 아님을 보이기 위해 다양한 종류의 군사로봇들을 분류한 후, 정당한 전쟁 이론을 통해 군사로봇의 사용이 가질 수 있는 잠재적인 윤리적 문제들이 무엇인지 해명했다. 특히, 군사로봇이 전쟁에서 사용되기 위해서는 식별의 원리와 비례성의 원리를 따르는 것이 중요하며, 현 단계에서 그러한 원리들을 충실히 만족하도록 로봇을 제작하기는 쉽지 않음을 밝히고 있다. 끝으로 군사로봇의 잘못된 수행에 관한 책임 문제를 다루면서, 관련된 집단들이 자율적 무기 체계의 사용과 관련하여 책임을 어떻게 분배할 것인가를 놓고 새로운 협상이 필요함을 강조하고 있다.

2부 윤리적 인공지능 로봇 만들기에서는 1부에서 제기된 윤리적 문제들에 대응하기 위해 윤리적으로 사고하고 행동하는 윤리적 인공지능 로봇을 만들 방안을 모색했다. 이를 위해 먼저 윤리적인 인공지능 로봇을 만들기 위해 고려해야 할 가치 또는 규범들이 무엇인지를 확인하고, 이렇게 확인되고 검토된 규범들을 갖춘 윤리적인 인공지능 로봇을 만들 방안으로 성찰의 계산 모델을 제시했다. 나아가 이러한 능력의 구현이 인공지능을 진정한 의미의 도덕적 행위자로 만들수 있는지, 그것이 얼마나 어려운 문제인지에 대해 숙고하고자 했다.

4장 인공적 도덕 행위자 설계를 위한 고려사항: 목적, 규범, 행위지침(목광수)은 인공지능과 관련된 도덕 논의 중 현재 가장 많은 연구가 진행되고 있는 영역 가운데 하나인 인공적 도덕 행위자(artificial moral agent: AMA) 설계를 위해서 고려해야 할 것들이 무엇인지를 다루었다. 특히 AMA는 그것의 목적, 도덕규범, 행위지침이라는 형식적 구조로부터 설계되어야 한다. 이러한 구조에 따라 현재의 과학기술에서 고려할 AMA는 인간과 같은 충분한 도덕 행위자가 아닌 준-도덕 행위자이며, 범용이 아닌 보편적 이기주의(universal egoism) 관계의 특정 영역에 제한된 AMA다. 이의 설계와 관련하여, 먼저 공통도덕의 중첩적 합의를 통해 제시된 8개의 도덕규범을 토대로 해당 영역의 특수한 도덕규범이 추가되어 프로그래밍이 되고, 이를 토대로 AMA의 목적과 관련된 해당 영역의 특수성에 입각한 비중주기(weighing)를 통해 기본 알고리즘을 설정한 다음, 사후 승인의 학습을 통해 행위지침(action-guiding)이 보완되는 방식을 제안하고 있다.

5장 윤리적 인공지능 로봇: 구성적 정보 철학 관점에서(박충식)는 윤리적 인공지능 로봇을 위한 핵심적인 아이디어로 성찰의 계산적 모델을 다루고 있다. 윤리적 인공지능 로봇은 구성적 정보 철학 관점에서 보면 '성찰하는 정보 행위자'로서 허용된 범위 내에서 자신의 정보처리 과정 전체를 관찰할 수 있다. 다시 말해 상황을 감지하고 자신의 욕구나 목적에 따라 가능한 여러 행위들을 평가하고 선택할 수 있다. 보통 정보 행위자가 자신이 설계한 세계 모델로부터 세계의 구조와 인과를 인지하게 된다면, 단순히 생존과 종족 번식과는 다른 새로운 욕구나 목적을 스스로 가질 수 있게 된다. 나아가 성찰하는 정보 행위자는 성찰을 통하여 공동체의 규범적 가치를 내면화할 수 있으므로 윤리적 정보 행위자가 될 수 있다. 그만큼 윤리적 인공지능 로봇이 되기 위해서는 성찰이 중요하기에, 성찰의 계산적 모델은 윤리적 인공지능 로봇의 핵심적인 아이디어인 셈이다. 성찰의 계산적 모델에서 성찰의 구조는 (목적을 포함하여) 상태로 기술되고 성찰의 기능은 평가, 가설, 시뮬레이션, 최적화, 계획으로 이루어진다.

6장 인공지능의 도덕적 행위자로서의 가능성: 쉬운 문제와 어려운 문제(이상욱)는 인공지능과 관련된 윤리적 쟁점을 해결하는 실천적 방안이 어떤 방식으로 추구될 때 가장 효과적인지를 탐색했다. '쉬운 문제'와 '어려운 문제'를 구별하고 두 종류의 문제를 순차적으로 (적어도 개념적으로라도) 다루는 방식이다. 여기서 '쉬운 문제'는 윤리적 직

관에 대한 현재 우리의 생각을 심각하게 바꾸지 않고도 기존의 윤리
적 직관과 관련된 사회적 제도의 유비와 확장을 통해 해결할 수 있는
문제다. 그에 비해 '어려운 문제'는 근본적 수준에서 우리의 윤리 개
념과 적용 범위, 당위성 등을 재검토할 것을 요구하기에 해결하기가
원리적으로도 매우 어려운 문제다. '쉬운 문제'도 실제로 해결하기는
쉽지 않지만 역사적으로 우리는 여러 자발적 집단의 정치적 행위나
사회적 조정 과정을 거쳐 성공적으로 해결해온 역사를 갖고 있다. 그
리고 이런 '쉬운 문제'를 해결하는 과정에서 우리는 우리의 윤리적 직
관의 내용을 상당 정도 수정할 수 있고 이런 과정을 거쳐 '어려운 문
제'에 대한 해결책도 찾아낼 수 있을 것이다. 이 과정은 결코 쉽지 않
겠지만 결코 불가능하지도 않다는 점을 인류 역사의 도덕적 진화 과
정이 잘 보여주고 있다.

   3부 인공지능과의 공존의 윤리학에서는 인공지능의 도덕적 지위
에 대한 고찰과 함께 인공지능과의 공존을 상상하기 위한 새로운 윤
리학의 가능성을 검토했다. 이를 위해 전통적인 인간 중심의 책임 개
념에 바탕을 둔 서구 근대 윤리학의 한계를 지적하고, 인공지능에게
책임은 아니지만 어떤 행위에 대한 설명의 책무를 부여할 수 있는 가
능성을 검토했다. 또한 전통적인 의미의 행위자나 피동자 개념을 재
검토하여 인공지능을 또 하나의 타자로서 볼 수 있는 가능성을 살펴
보았다. 서구와는 다른 지적 전통을 발전시켜온 동양적 사유에서 새
로운 가능성을 찾아보고자 했다.
   7장 책무성 중심의 인공지능 윤리학 모색: 동·서 철학적 접근(이중

원)은 인공지능에게도 결과에 대한 책임을 물을 수 있는 방안으로 인간 중심의 책임 개념 대신 행위자 중심의 책무 개념에 대해 탐색했다. 우선 책임 개념에 관한 전통적인 도덕철학에서의 핵심 관점을 간략히 정리하고, 인간에게 배타적으로 적용되어온 이 개념을 뛰어넘어 인간이 아닌 다른 자율적인 행위자에게도 확대 적용될 수 있는 책임 개념의 확장 가능성을 검토하고 있다. 서양 철학적 전통에서 기존 책임 개념에 비판적인 레비나스(E. Levinas)와 요나스(H. Jonas)의 책임 개념과 '분(分)' 개념과 '임(任)' 개념에 바탕한 동양 철학에서의 책임 개념은 이에 대한 많은 시사점을 던져준다. 이러한 책임 개념은 전통적인 책임 개념보다는 완화되고 그 적용 외연이 확장 가능하지만, 아직까지 현실적인 차원에서 인공지능에 이 개념을 적용하는 것은 쉽지 않다. 따라서 책임 개념 대신 책무(accountability) 개념의 적용이 적절하다. 책무 개념의 의미는 매우 다양한데, 그중 설명 가능성을 가장 기본적인 의미로 생각할 수 있다. 최근에 이목을 끌고 있는 설명 가능한(explainable) 인공지능 알고리즘을 분석하여, 이러한 책무성이 인공지능에서 실질적으로 구현 가능한지, 이를 바탕으로 인공지능에 대해 책무성 중심의 윤리 체계를 구축하는 것이 가능한지를 조심스럽게 살펴보려 하고 있다.

8장 인공지능, 또 다른 타자(신상규)는 인공지능 로봇을 중심으로 인간-기계 사이의 정서적 상호작용 및 감정적 관계의 가능성을 탐색하고 그러한 경험을 해석하고 의미화할 수 있는 한 가지 접근 방법을 모색하고 있다. 인간-기계 사이에 정서적 상호작용을 인정한다는 것은 기계에 대해 모종의 타자성 관계를 인정한다는 말이다. 이는 기계에게 일정한 도덕적 지위를 부여하는 일이기도 하다. 감정 로봇의 도덕적 지위와 관련하여, 실재론과 관계론의 두 가지 입장을 생각해볼 수 있다. 표준적 입장이라고 할 수 있는 실재론적 견해는 감정이나 의식과 같은 도덕 지위와 유관한 속성을 인공지능 로봇이 실제로 갖고 있느냐의 여부를 질문한다. 실재론의 입장에 따르면, 이 질문에는 인공지능 로봇이 해당 속성을 실제로 가지고 있느냐 여부에 따라 결정되는 올바른 대답이 존재하며, 인공지능 로봇의 도덕적 지위는 그에 따라 객관적으로 결정된다. 하지만 실재론적 입장을 인공지능 로봇에게 적용했을 경우 한계와 문제점이 발생할 수 있기에, 쿠헬버그(Mark Coeckelbergh)가 주장하는 관계론적 접근으로의 전환이 필요하다. 관계론에 따르면, 어떤 존재자의 도덕적 지위는 과학이나 철학의 범주화에 앞서 우리의 삶의 양식 속에서 실천되는 일상적 경험을 통해 구성(construct)되는 것으로, 인간과 해당 대상 사이의 구체적 상호작용이나 관계 맺기의 토양 위에서 자라나는 것이다. 그래서 도덕적 지위의 변화는 새로운 삶의 양식의 발전과 동시에 일어나는 관계의 자람으로 이해될 수 있다.

9장 인공지능 시대와 동아시아의 관계론(정재현)은 인공지능의 오작동 내지 잘못된 행위에 대한 책임이 어디에 있는가의 문제를 다룸에 있어서 동아시아의 관계론이 새로운 접근 방식을 제공함을 강조하고 있다. 흔히 자신의 행동에 대한 책임은 자신이 다르게 행동할 수 있을 때만 물을 수 있다고 말해진다. 그래서 책임은 개체 행위자의 자율성과 밀접한 연관이 있다고 할 수 있다. 동아시아의 관계론은 이런 통념에 도전한다. 동아시아의 관계론은 개체 행위자의 실체성을 말하지 않고, 따라서 전적으로 개인의 의지를 그 개인의 행동에 대한 유일한 원인으로 간주하지 않는다. 하지만 그렇다고 개인의 행위의 선택과 같은 문제에 있어서 개인의 결심과 같은 개인의 자율적 영역을 완전히 부정하지도 않는다. 따라서 동아시아의 관계론은 개인 행위의 적절한 책임은 주변 환경과 개체 행위자 둘 중의 어느 일방적인 한쪽에 치우쳐 물어서는 안 되고, 이들 간의 적절한 관계 설정을 통해 물어야 한다고 주장한다. 이러한 동아시아의 관계론을 구성하는 전체와 부분의 적절한 관계는 신유학의 이일분수(理一分殊) 개념과 순자의 공명(公名)과 별명(別名)의 개념들 간의 관계로부터 그 시사점을 얻을 수 있다.

끝으로 이 책이 가까운 미래에 맞닥뜨리게 될 인간과 공존하는 인공지능의 연구 및 개발에 실질적으로 조금이나마 보탬이 될 수 있기를 소망해본다. 인공지능이 우리와 함께 생활하는 경우 발생할 수 있는 다양한 윤리적인 문제들에 대한 인지는 이에 대한 제도적인 차원의 대응책을 선제적으로 마련하는 데 충분히 기여할 수 있다. 또한 단순히 알아서 척척 잘하는 똑똑하기만 한 인공지능의 연구·개발이 아니라, 시작부터 윤리적인 가치 규범에 의해 판단과 행동이 통제받는 도덕적 인공지능을 연구·개발하는 것은 인공지능으로 인한 사회 윤리적 문제를 최소화하는 좋은 대안이 될 수 있다. 궁극적으로 인간 개체 중심의 윤리학에 머물지 않고 관계론적 관점에서 인간과 인공지능의 긴밀한 관계에 바탕한 윤리학이 등장한다면, 이는 바로 공존의 윤리학으로서 인공지능 시대에 필요한 미래의 윤리학이라는 시대적

의의를 지닐 것이다. 하지만 이 책은 아직까지 인공지능의 '윤리학'이라 할 만큼 완성된 것은 아니다. 엄밀히 말한다면 '윤리학의 기초'에 해당한다고 말할 수 있다. 윤리학을 구성하는 데 필수적인 (인간이든 인공지능이든) 행위자의 도덕적 지위 혹은 본성에 관한 논의와 이를 지지해줄 수 있는 기존의 윤리 이론들에 대한 고찰은 어느 정도 이루어졌지만, 관계론적 관점에서 새로운 윤리학 이론을 체계적으로 구성한 것은 아니기 때문이다. 이 책의 출판을 계기로 새로운 인공지능의 윤리학에 관한 더 풍요로운 논의들이 지속적으로 이루어지길 재차 기대해본다.

이 책이 나오기까지 많은 분들의 도움이 있었다. 제일 먼저 국내의 많은 학자들이 모여 3년이라는 긴 시간 동안 인공지능의 철학(존재론, 윤리학, 인간학)에 관한 다각도의 심층적인 논의가 가능하도록 지원해준 한국연구재단에 깊은 감사를 드린다. 또한 논의 과정에 함께 참여해 인공지능의 윤리학이 좀 더 성숙하고 세련되도록, 수많은 시간을 함께 모여 토론하고 숙의했던 국내의 수많은 과학자들과 철학자들(이 책의 필자들과 그 외 세미나 참가자들)에게도 이 자리를 빌려 진심으로 감사의 뜻을 전한다. 마지막으로 이 책의 출판을 흔쾌히 수락해준 한울엠플러스(주)의 김종수 대표와 배소영 편집자 외 편집 관계자들에게도 깊은 감사를 드린다.

서울 배봉골 산자락에서
이중원 씀

차례

1부

인공지능의 윤리적 쟁점들

1장
자율주행자동차를
어떻게 규율할 것인가*

고인석

1. 논의의 배경

자동차를 운전할 때가 제일 행복한 사람도 있겠지만, 그런 사람에게도 자동차 운전이 늘 예외 없이 즐거운 일은 아닐 것이다. 때로는 도로 상황에 적절한 주의를 기울이기 어려울 만큼 피곤한 몸으로 운전석에 앉게 될 수도 있고, 왠지 오늘은 퇴근길에 다른 사람이 운전하는 차를 타고 가면서 편안히 드라마나 한 편 즐기고 싶을 수도 있다.

---

* 이 글은 ≪철학논총≫, 제96집 제2호(2019), 81~107쪽에 수록된 같은 제목의 논문을 이 책의 취지에 적합하게 고쳐 쓰고 보완한 것이다.

겨우 약속 시간에 맞춰 목적지에 도착했는데 주차할 곳을 찾지 못해 한참을 헤매다 보면 누군가 내 대신 주차를 해주고 다시 약속 장소로 나를 태우러 오면 좋겠다고 생각한다. 또 시각 장애를 가진 사람, 운전이 힘들다고 느끼기 시작한 노인, 또 도무지 차를 운전하는 일이 싫거나 어떤 이유로든 힘든 사람도 일하러, 놀러, 누군가를 만나러 가야 한다. 이런 이동성(mobility)은 모든 시민이 고루 누릴 수 있어야 할 기본 조건이다. 이러한 희망과 사회적 필요를 충족시켜줄 수 있으리라는 기대를 받고 있는 기술이 자율주행자동차 기술이다. 그리고 이 기술은 더 이상 상상 속의 기술이 아니다. 자율주행자동차는 우리가 사는 현실 세계의 문 앞에 와 기다리고 있다.

이 기술은 교통사고를 줄여 안전을 증진하는 동시에 사회적 효율성을 개선하고, 이동성을 확대하고 보편화함으로써 공정성의 증진을 가져올 것이라는 기대를 모으고 있다. 이러한 기대는 글로벌 사회를 선도하는 기술력을 가진 나라들을 중심으로 확산되고 있으며, 사회의 기대를 자양분 삼아 각종 관련 기술도 빠르게 발달하는 중이다. 그러나 새로운 기술의 효용에 대한 기대가 있고 그 실현을 뒷받침하는 기술이 빠르게 발달하고 있다는 것은 이 기술이 우리 일상의 현실이 되기 위한 필요조건일지언정 충분조건은 아니다. 자율주행자동차 기술이 우리 현실의 일부가 되려면 이런 심리적·기술적 조건 이외에도 충족되어야 할 선결조건들이 있다. 이 글은 그런 선결조건 가운데 한 요소인 사회적 규범의 수립, 혹은 정비라는 문제를 다룬다.

자율주행자동차 기술과 관련한 규범의 문제로 다룰 첫 번째 문제는 자율주행자동차의 제어에 관한 권한과 책임의 소재에 관한 것이다. 이러한 소재를 밝히는 일은 자율주행자동차에서도 발생하는 사고에 관한 책임과 보상을 결정하기 위한 평가의 이론적 토대를 마련하는 일이기도 하다. 이 글의 전개 과정에서, 현재의 자율주행자동차 기술이 역점을 두고 있는 이른바 3단계와 4단계 자율주행에서 제어 권한의 매끄러운 전이가 핵심적인 문제라는 사실이 드러난다. 한편 주행에 관한 결정이 전적으로 자율주행시스템에 귀속되는 5단계 자율주행에서는 제어 권한의 전이 문제가 발생하지 않는 반면, 딜레마 상황에서의 작동 원칙을 미리 결정해야 하는 문제가 발생한다.

MIT 미디어랩의 모럴 머신 웹사이트는 이런 딜레마 상황에 관한 사람들의 의식을 광범위하게 조사하는 기여를 했지만, 그 결과를 공공의 합의라고 보는 것은 부당하고, 위험하다. 그뿐만 아니라 린(Lin, 2015)이 주장하는 것처럼, 불가피한 충돌사고의 상황에서 자율주행시스템이 특정한 유형의 선택을 하도록 프로그램하는 것은 특정한 속성을 지닌 사람들을 충돌의 피해자로 표적화하는 것에 해당하기 때문에 정당화되기 어렵다는 난점이 있다. 이 글은, 자율주행에 관한 규범이 궁극적으로 사회적 결정의 문제임을 인정하면서, 인공시스템이 유능하고 사려 깊은 인간 운전자를 대신하도록 해도 좋다는 확신이 들 때까지 5단계 자율주행기술의 허용은 보류되어야 한다는 결론에 도달한다.

2. 자율주행기술의 현재 상황

자율주행자동차 기술은 이미 현실의 문 앞에 와 기다리고 있는 것처럼 보인다. 이제는 자동차 회사의 광고에 자율주행기술이 묘사되는 것이나 우리나라에서도 진행 중인 자율주행자동차의 도로시험주행 이야기, 뿐만 아니라 자율주행자동차가 일으킨 사고의 소식도 일상의 일부처럼 인식된다. 아직 세계 어느 기업도 자율주행자동차 기술의 완성을 선언한 일은 없고 구체적으로 어떤 단계에 이르러야 이 기술이 완성되었다고 간주할 수 있을지도 명료하지 않지만, 주행거리당 사고 건수 같은 자료를 기준으로 한 자율주행자동차의 안전성은 평균적인 사람이 운전하는 자동차의 안전 수준을 이미 뛰어넘은 것으로 평가된다. 그리고 이러한 안전 기술의 수준은 날로 더 개선될 것이다.[1]

여느 기술산품의 경우라면 이런 상황에서 얼리어답터들은 아직 신기술에 불투명한 부분이 남아 있다 하더라도 벌써 제품을 구매하여 사용의 경험을 부지런히 SNS에 올리고 있을 것이다. 그러나 자율주

---

[1] Blanco et al.(2016)은 자율주행의 단계에 따라, 그리고 도로주행의 환경에 따라, 인간 운전자 대 자율주행자동차의 사고율 비교의 결과가 달라지는 것을 보여준다. 그러나 이 보고서에 따르면 자동차의 심각한 전손을 유발한 사고의 빈도(사고/100만 마일)는 일관성 있게 자율주행자동차에서 낮게 나타났다. 많은 시험운행에도 불구하고 자율주행의 안전성 수준을 인간이 운전하는 경우와 경험적으로 비교할 수 있을 만큼의 유의미한 데이터는 아직 축적되지 않은 것으로 보인다.

행자동차의 경우 그런 광경은 펼쳐지지 않는다. 왜 그러한가? 그 이유의 배경부터 말하자면, 자율주행자동차를 제작하고 운용하는 기술이 그것을 직접 사용하는 사람뿐만 아니라 다른 사람들, 나아가 사회 전체의 편익과 더불어 안전과 위험에 영향을 미치는 기술이기 때문이다. 그리고 이런 조건에서 세계가 이 기술의 위험-편익 관계에 관한 충분한 확신에 아직 도달하지 못했기 때문이다. 그렇기 때문에 아직 세계 어느 나라도 자율주행자동차를 시장에 내놓지 못했다. 얼리어답터가 자신의 휴가 여행에서 사용할 욕심으로 자율주행자동차를 주문하려 해도 그런 기회는 아직 주어지지 않는다.[2]

반면 자율주행자동차가 세계 여러 나라의 많은 기업들이 경쟁적으로 연구개발하고 있는 핫한 아이템인 것은 분명해 보인다. 그리고 이런 연구개발이 당연히 시장을 겨냥하고 있음을 고려할 때, 우리는 자율주행자동차를 주문할 수 있게 될 날이 멀지 않았음을 예견할 수 있다. 그러나 그런 날이 오는 것은 확실한가? 다시 말해, 위에서 언급한

---

2 이제까지 자율주행과 관련하여 발생한 사고 가운데 일부는 자율주행자동차 개발 과정의 시험운행에서가 아니라 시판되어 일반 운전자가 사용하던 자동차에서 일어났다는 점을 고려할 때 이 서술의 참은 의심스럽다. 그러나 그것은 모종의 자율주행 기능을 장착한 자동차에서 발생한 사고였을 뿐, 이 문장이 진술하는 '자율주행자동차'가 일으킨 사고는 아니었다. 여기서 우리는 "자율주행자동차를 어떻게 정의할 것인가?"라는 물음이 많은 논의의 출발점에 걸려 있다는 당연한 사실을 인지하게 된다. 이 물음은 3절에서 다뤄진다. 이 서두에서 언급되는 자율주행자동차는 인간의 실시간 개입을 필요로 하지 않는, 소위 '완전 자율주행자동차'를 뜻한다고 보면 되겠다.

'이 기술의 편익과 위험에 관한 충분한 확신'에 도달하는 것은 시간문제일 뿐인가? 세계적으로 이 기술에 투자되고 있는 막대한 자본과 사회적 관심을 고려한다면, 이 물음들에 대한 답은 비록 의심의 여지없는 긍정은 아니라도 강한 긍정이라고 보는 편이 합리적일 것이다. 왜 오늘의 사회는 이 기술에 그런 기대를 갖는 것일까? 먼저, 오늘의 사회가 그처럼 자율주행자동차 개발에 관심을 기울이는 이유가 무엇인지 살펴보자.[3]

3. 자율주행기술의 사회적 편익, 그리고 남은 간격

사회적 차원에서는 자율주행자동차를 개발하는 핵심적인 이유로 다음 몇 가지가 언급된다.[4] 첫째는 자율주행자동차 개발이 지향하는 최우선의 가치로 거론되는 안전(safety)의 증진이다. 매년 한국에서 4000명 안팎의 사람이, 미국에서 3만 5000명을 넘는 사람이 교통사고로 목숨을 잃는다. 세계적으로 교통사고로 인한 사망자의 수는 매

---

3 물론 첫 번째 이유로 꼽을 수 있는 것은 공학기술의 수준이 도대체 그러한 기술이 가능하다고 생각되는 지점에까지 도달했다는 현실일 것이다. 그러나 여기서 지금 따지려는 것은 그러한 직접적 원인—혹은 근접원인(proximate cause)—이 아니라 이 기술이 어떤 가치를 지향하는가이다.

4 NHTSA, "Automated Vehicles for Safety"(https://www.nhtsa.gov/technology-innovation/automated-vehicles-safety), 'Benefits of Automation' 항목 참조.

년 120만 명 수준에 이르는 것으로 추정된다.[5] 그런데 통계적으로, 인명 피해를 수반하는 차량 충돌사고의 94%는 음주운전, 졸음운전, 부주의, 도로 상황에 대한 오판, 운전조작 미숙 등을 포함하는 인간의 잘못으로 인해 발생한다(NHTSA, 2017: i). 자율주행자동차를 개발하는 사람들은 자율주행자동차의 운행에서는 이런 종류의 사고가 일어나지 않을 것이라는 점에서 도로상의 안전에 중대한 도약을 이룰 수 있을 것이라고 본다.[6]

다음은 경제적 이익이다. 앞에서 언급한 교통사고 사망 이외에도 교통사고는 개인에게, 그리고 사회에 커다란 경제적 손실을 가져온다. 미국 도로교통안전국(NHTSA)의 연구에 따르면, 2010년에 미국에서만 1년에 540만 건의 교통사고가 발생했고 이로 인해 약 2420억 달러의 손실이 발생했다.[7] 앞에서 말한 것처럼 자율주행자동차의 운행에서 이런 사고의 대부분은 일어나지 않을 것으로 기대되며, 따라서 교통사고로 인한 경제적 손실 역시 획기적으로 저감될 것이다.

---

5 미국의 경우 2016년 3만 7461명, 2017년 3만 9141명이 교통사고로 사망했다. 후자 중 94.9%인 3만 7133명이 자동차 사고로 인한 사망자였고, 5977명은 보행자였다. 한국에서 교통사고로 인한 사망자 수는 2016년 4292명, 2017년 4185명이었다. 이것은 중증장애를 수반하는 심각한 신체 훼손까지 포함하는 부상(負傷)을 포함하지 않은 수치다.

6 이런 평가에 관한 구달(N. J. Goodall)과 린(P. Lin)의 비판이 각각 6절과 8절에서 검토될 것이다.

7 이는 약 272조 원에 해당하는 것으로, 같은 해인 2010년 한국 정부의 예산 292조 원과 비견할 만한 금액이다.

경제적 이익과 나란히 언급되는 것은 사회적 효율성의 증대다. 실시간으로 서로, 그리고 교통체계를 구성하는 다른 요소들과 정보를 교환하면서 운행을 조율하는 자율주행자동차들은 교통의 흐름을 한층 원활하게 만들고 이를 통해 우리가 집과 직장을 오가는 데 쓰는 시간과 비용의 상당한 몫이 절약될 것이라고 전망된다.[8] 이는 개인의 일상을 효율화하고 결과적으로 사회 전체 차원에서 운영의 효율성을 개선할 것이다.

끝으로 자율주행자동차 기술이 가져오리라고 기대되는 사회적 편익은 이동성의 확대다. 특히 이 기술은 자신의 승용차를 운전하는 일은 물론이고 공공교통을 활용하는 데도 적잖은 어려움을 경험하는 시각 장애인 등 다양한 유형의 장애를 가진 사람들, 그리고 고령의 노인들에게 한층 개선된 이동성을 제공하게 될 것이라고 기대된다. 나아가 이런 이동성의 확대는 이 같은 장애인들 중 다수의 경제활동 참여를 활성화하는 계기로 작용할 것으로 생각된다.[9]

지금 언급된 기대가 응분의 경험적 자료를 통해 정당화되는 과학적인 기대라는 점을 고려할 때 "그렇다면 왜 우리는 하루라도 빨리 이

---

8 이러한 평가에 모든 이가 동의하는 것은 아니다. 최근 *MIT Technology Review*에 게재된 분석은 자율주행자동차 도입이 도시 교통의 흐름을 더 더디게 만들 것이라고 예견한다. Charlotte(2019) 참조.

9 필자는 경험적 차원에서 한층 더 단단한 입증이 필요해 보이는 앞의 세 가지 기대와 달리 이 네 번째 기대가 자율주행자동차 기술의 개발과 적용을 정당화하는 데 작용할 수 있는 핵심적인 근거라고 생각한다.

기술을 시장에 내어놓고 확산시키지 않는 것인가?" 하는 의문을 가지게 된다. 그 의문을 달리 표현하자면, "앞에서 언급한 '이 기술의 사회적 편익과 위험에 관한 충분한 확신'까지 남은 거리가 도대체 무엇인가?" 하는 것이다.

이 거리, 혹은 간격을 구성하는 실질적인 요소 가운데 하나는 사회 차원의 준비일 것이다. 설령 자율주행자동차가 공학적 관점에서 충분히 모든 조건의 도로를 달릴 준비되었다고 해도 그것을 포용할 법과 제도는 준비되어 있지 않다. 한 실질적인 예로, 자율주행자동차의 사고에 관한 보험에 어떤 원칙과 기준이 적용되어야 하는지에 대한 논의가 정리되기 전에 사회는 자율주행자동차가 도로를 달리도록 허용하지 않을 것이다. 이러한 상황에서, 우리나라에서는 자율주행자동차에 관한 윤리의 문제를 다룬 연구보다 보험의 문제를 포함하여 법적 문제를 다룬 연구가 최근 훨씬 더 활발하게 이루어지고 있다.[10]

최근의 이런 연구 트렌드에서 필자는 오늘의 세계가 이 기술을 적

---

10 이 글을 쓰는 과정에서 RISS 검색(http://www.riss.kr)을 활용하여 살폈을 때, '자율주행'과 '법'을 키워드로 해서 검색된 국내학술지 논문은 230건이었고 그중 77%인 177건이 2016년 이후 발표되어 최근 이 주제에 관한 법학자들의 연구가 활성화되었음을 짐작할 수 있었다. '자율주행'과 '보험'을 키워드로 한 경우 검색된 논문은 62건, 그중 2016년 이후 논문이 58건이었으며, 이 중 대부분이 법학 분야의 학술지에 발표된 것이었다. 반면 '자율주행'과 '윤리'를 키워드로 검색된 논문은 32건이었는데, 이 중 대부분은 법학 분야의 저널에 발표된 논문이었고, 윤리교육까지 포함하여 철학 분야의 논의는 김준성(2016), 변순용(2016), 안승우(2018) 정도에 불과했다.

극 도입하여 활용할 것을 이미 결정한 상황에서 그 '어떻게'의 문제에 집중하기 시작했다는 인상을 받는다. 그러나 온 세계가 자율주행자동차 기술을 도입한다는 것이 기정사실이 된 상황이라고 해서 이 기술에 대한 근본적인 철학적 성찰의 의의가 증발해버리는 것은 아니다. 그런 성찰을 통해 우리 모두가 이 기술에 대해 근본적으로 잘못 생각하고 있다는 깨달음에 이르게 될 개연성은 거의 없지만, 우리는 그것으로 적어도 이 기술을 어떤 범위에서 어떤 양상으로 적용하는 것이 적절한가 하는 중요한 물음을 고찰할 수 있다. 다시 말해 그것은 "우리는 이 기술을 어떤 범위에서, 어떤 조건에서 현실에 적용해야 옳은가?" 하는 물음이다. 자율주행자동차 기술의 활용 범위의 한계에 대한 이런 고찰은 방금 언급한 법학적 논의의 고유한 기여로 인정할 수 있는 '어떻게'의 문제와 구별되는 차원의 것일 뿐만 아니라 '인간을 널리 이롭게 하는 도구'라는 모든 기술 공통의 본질이라는 관점에서 볼 때 필수적인 과제다. 이 기술이 우리의 일상을 더 안전하고 건강하고 행복하게 만드는 기술로서 현실에서 작동하기까지 남은 간격에는 실정법의 보완과 그것의 확장된 적용에 관해 고민하는 법학자들의 작업과 나란히 이 기술의 정당한 한계에 대한 철학적 논구가 채워져야만 한다.

4. 자율주행이라는 개념

앞에서 서술한 것처럼 최근 국내에서도 자율주행자동차에 관한 법학자들의 논의가 급격히 활성화되었다. 그런데 이런 법학 분야 논저들의 세부 논의가 스스로 입증하듯, 법학적 문제에 관한 논의의 기초에는 철학적 논구가 요청된다. 법학은 그 근저에 깔린 이런 철학적 문제들이 충분히 해명되지 않은 상황에서도 기존 법률의 취지에 대한 최선의 해석과 사회의 관련 관행에 대한 종합적 고려를 추구하면서 논의를 전개할 수 있으며, 실제로 오늘의 현실은 그렇게 진행되고 있는 형편이다. 그러나 어떤 경우에도, 그러한 논의의 유효성이 예컨대 인과(causation), 행위주체성(agency), 인격체(person), 소유(property) 같은 기본 개념들에 대한 철학적 해명의 토대에 근거를 두는 동시에 그로 인해 제약된다는 관계는 불가피하다.

자율주행자동차에 관한 법학자들의 논의가 활발해진다는 것은 그만큼 이 주제에 관해서 요청되는 사회적 고려의 면적이 증가하고 있음을 말해 준다. 우리는 이로부터 방금 언급한 철학적 토대 작업 역시 증강되어야 한다는 당위를 추론할 수 있다. 그렇다면 자율주행자동차라는 새로운 테크놀로지와 관련하여 우선적으로 필요한 철학적 작업은 어떤 것들인가? 물론 다양한 문제들이 존재하고, 그만큼 다양한 작업이 필요할 것이다. 이런 마당에서는 작업의 효율을 위하여 문제의 갈래를 살펴볼 필요가 있다. 이 일을 위해 먼저 논의의 중심에 놓인 대상, 즉 자율주행자동차를 살펴보자.

자율주행자동차는 자율주행의 기능을 갖춘 자동차를 의미한다. 자율주행이란 무엇인가? 이것이 검토해야 할 첫 번째 물음이다. 일단 느슨하게, 그것을 '[자동차가] 목적지까지 스스로 알아서 움직여 감'이라고 풀이해보자.[11] 이런 풀이는 '운전대를 잡고 가속 페달과 브레이크 페달을 밟아가면서 자동차를 제어하는 (인간) 운전자의 부재, 혹은 불필요'라는 관념을 암시한다. 그러나 자율주행에 관한 현행의 논의는 인간 운전자의 기여가 배제되거나 불필요한 경우만을 자율주행의 범위로 한정하지 않는다.

자율주행이라는 개념에 해당하는 영어 표현만 해도 autonomous driving; automated driving; self-driving; automated and connected driving 등으로 다양하고, 자율주행자동차에 해당하는 표현 역시 autonomous car/vehicle 이외에도 driverless car/vehicle; unmanned vehicle; robot car 등으로 다양하다. 같은 대상이라도 어떻게 부르면 무슨 상관이냐고, 붙이고 싶은 이름을 붙이면 되지 않느냐고 생각할 수도 있지만, 사정은 그렇게 간단치 않다. 자율주행은 아직 완성되지 않은, 형성 중의 기술이다. 더구나 그것은 현재 많은 사회적 관심을 모으고 있는, 가까운 미래의 핵심 기술이다.[12] 이런 상황에서 그것을 우리가 알고 있는 어떤 개념으로 명명하는가 하는 문제는 그 기술을 어떤 것으로 규정할 것인가 하는 생각, 나아가 그 기술의 지향점에 대

---

11 다이믈러(Daimler) 사의 웹사이트는 자율주행(self-driving)을 "현실의 교통 환경에서 특정한 목적지까지 인간 운전자의 개입 없이 [자동차가] 자율적으로 운전해 가는 것(autonomous driving of a vehicle to a specific target in real traffic without the intervention of a human driver)"이라고 규정한다. https://www.daimler.com/innovation/autonomous-driving/special/definition.html 참조.

12 한국 정부도 국토교통부와 현대자동차 등 22개 기관이 참여한 해당 분야 로드맵을 확정하고 자율주행자동차 기술을 대표적인 융합신산업으로 육성하는 정책을 발표했다. ≪경향신문≫(2018년 11월 9일 자, 9면) 참조.

한 생각과 곧바로 연결된다.

SAE International[13]이 2018년 6월에 발표한 문건 "J3016. Surface Vehicle Recommended Practice: (R) Taxonomy and Definitions for Terms Related to Driving Automation Systems for On-Road Motor Vehicles"는 이에 관하여 참고할 만한 기준을 제시하는 것으로 보인다.[14] 이 문건은 위에서 본 것처럼 자율주행을 지칭하는 다양한 표현들이 있음을 언급하면서, 'autonomous', 'self-driving', 'unmanned' 등의 표현이 각각 어떤 점에서 부적절한지를 설명하고, 'automated driving'을 해당 기술을 지칭하는 표준 표현으로 제시한다.[15] 특히 자율주행을 서술하는 표현으로 'autonomous'가 부적절한 이유는 그런 표현이 이른바 자율주행시스템(Automated Driving System: ADS)이 관할하는 결정의 범위 자체가 제한되어 있을 뿐만 아니라 특히 그것의

---

13 SAE International은 1905년경 미국에서 결성된 SAE(Society of Automotive Engineers)가 모체가 되어 이루어진 공학협회로, 미국 등 북미 지역에서 제작, 유통되는 자동차와 항공기, 그리고 그 부품을 비롯하여 다양한 공학적 산품에 관한 기술 표준을 관리하는 역할을 담당하고 있다.

14 이 문건은 SAE International이 2014년 1월에 발표한 문건 "J3016. Surface Vehicle Information Report: Taxonomy and Definitions for Terms Related to On-Road Motor Vehicle Automated Driving Systems"를 보완하는 후속 문건으로 발표되었다.

15 이러한 표현 방식은 2017년 독일 교통부장관(Federal Minister of Transport and Digital Infrastructure) 도브린트(Alexander Dobrindt)가 위촉한 [자율주행] 윤리위원회(Ethics Commission: Automated and Connected Driving)의 보고서가 자율주행자동차 기술을 서술함에 있어 'autonomous'라는 표현을 일관성 있게 배제한 것과도 일치한다.

결정권이 이용자(탑승자)나 시스템 관리자 같은 **인간과의 커뮤니케이션을 통해 부과되는 제약에 열려 있어야만 한다**는 중요한 사실을 흐릿하게 만들기 때문이다. 심지어 이 문건은 자율주행기술이 적용되어 자동화되는 것은 자동차의 운행이지 자동차 자체가 아님을 지적하면서, 'automated vehicle'이라는 표현을 지양하고 그 대신 ADS-DV(ADS-Dedicated Vehicle)라는 개념을 사용할 것을 권한다. 이는 미세한 고려를 반영하는 권고이고 강한 구속력을 갖는 것도 아니지만,[16] 자율주행에 관한 논의가 관련 개념들에 대한 최대한 명료한 규정에서 출발해야 한다는 원칙을 충실하게 구현하는 논의라는 점에서 주목할 만하다.

이 기술을 지칭하는 한국어 표현으로는 이미 선택의 여지없이 '자율주행'과 '자율주행자동차'가 통용되고 있으며, 이 글의 서술은 이러한 관행을 따를 것이다. 그러나 방금 언급한 세계적 논의의 합당한 취지를 고려하면서, 적어도 이러한 표현으로 인하여 그와 같은 성능을 갖춘 자동차나 그것을 제어하는 자율운행체계가 도덕적 함의를 지니는 자율성을 가지고 있다거나 혹은 그렇게 발전할 수 있다는 식의 잘못 놓인(misplaced) 관념이 관련 논의에 끼어들어 오는 일은 더 이상 없도록 해야 할 것이다.[17]

---

16 미국 교통부가 2018년 가을 간행한 문건 "Preparing for the Future of Transportation"에서 'Automated Vehicles 3.0'이라는 표현이 사용된 점만 고려하더라도 개념 표현에 관한 이런 권고의 현실적인 효력은 불분명하다.

17 이에 관해서는 고인석(2017), 특히 180쪽 이하의 논의를 참고하라.

5. 자율주행의 제어에 관한 권한과 책임

자율주행자동차와 관련하여 가장 많은 논의가 집중되는 주제는 책임의 소재다. 자율주행자동차가 사람을 치어 사상 사고가 나면 그 책임은 누구에게 있는가?[18] 이 물음에 대한 답은 일차적으로 "그런 사고가 일어나게 한 자(the one who caused the accident)"일 것이다. 현실에서라면 자율주행자동차의 사고 책임에 관한 토론이 다양한 논쟁의 갈래가 예정된 복잡한 상황에서 전개되겠지만, 사고 책임에 관한 논의에서 먼저 명료한 부분을 논의해가면서 불명료한 부분이 어딘지를 파악한다는 취지에서 구조적으로 단순한 사고의 경우를 가정하고 생각해보자.

어둑어둑해지기 시작한 석양 녘 양쪽에 논밭이 펼쳐진 한적한 국도를 달리던 자율주행자동차가 길가를 따라 걷고 있던 사람을 뒤에서 받아 피해자가 중상을 입었다고 해보자. 이 사고의 책임은 누구에게 있는가? 이 사고의 책임은 그것을 일으킨 자에게 있을 것이다. 이 사고를 일으킨 것은 누구인가? 그것은 '그 자동차의 작동을 제어하면서 그것을 문제의 주행 환경에서 길가의 행인과 충돌하는 방식으로 움직이도록 결정한 자'이다. 누구 혹은 무엇이 그런 조절과 결정의 주체였나? 자율주행자동차의 경우 그런 결정이 자동차의 주행을 관장하는 자율주행시스템(ADS)에 의해 이루어진다고 인정한다면,[19] 이 사

---

18 자율주행자동차 충돌사고의 책임 문제의 구조에 관해서는 Hevelke and Nida-Rümelin(2015)를 참고하라.

고의 책임이 그런 ADS에 있다고 보아야 하는가? 만일 그것에 책임이 있다면, 사고로 인한 손실의 보상은 누가 해야 하고, 어떻게 해야 하는가?

이 물음을 따지기 위해, 먼저 사고를 낸 자동차의 움직임(motion)이 어떤 방식으로 제어되고 있었는지 살펴보도록 하자. 사고에 관한 책임 소재의 해명은 그런 사고를 유발하도록 한 제어의 권한이 어디에 있었는가 하는 물음과 분리하여 생각할 수 없을 것이다. 앞에서 이 사고를 낸 주체가 자동차의 작동을 제어하면서 그것을 문제의 주행 환경에서 길가의 행인과 충돌하는 방식으로 움직이도록 결정한 자라고 했는데, 이런 제어의 권한은 어디에 있는가?

여기서 우리는 '자율주행'이라는 개념이 단일하

그림 1-1 자율주행 차량, 로봇을 치다

자료:
https://www.sciencealert.com/video-captures-self-driving-tesla-hitting-and-killing-a-robot-in-las-vegas

---

19 4단계의 자율주행자동차라고 가정하자. 자율주행의 단계에 관한 서술은 4절을 참조. 실제로 2019년 1월에 미국 라스베이거스에서 자율주행모드로 운행하고 있던 테슬라S 차량이 주차장 입구의 도로에 나와 있던 로봇을 치어 망가뜨린 사고는 외관상 이와 유사한 경우다. (그림 1-1 참조, 왼쪽에 넘어지고 있는 로봇이 보인다.) CES에서 전시될 계획으로 와 있던 로봇은 이 사고로 인해 수리가 불가능한 상태로 망가졌고, 여러 언론은 "Autonomous robot struck and 'killed' by a self-driving Tesla in Las Vegas ahead of CES"(*DailyMail*)와 유사한 표현을 써가며 이를 보도했다.

표 1-1 자율주행의 여섯 단계

자율주행의 단계	누가 무엇을 언제 하는가
0단계(Level 0)	인간 운전자가 운전의 모든 일을 맡아서 한다
1단계(Level 1)•	자동차에 장착된 우수한 운전보조체계(advanced driver assistance system: ADAS)가 때때로 인간 운전자의 조향 작동이나 감속/가속 작동을 보조할 수 있다. 그러나 조향과 감속/가속을 동시에 보조하지는 않는다
2단계(Level 2)	자동차에 장착된 우수한 ADAS가 인간 운전자의 조향 작동과 감속/가속 작동을 실제로 동시에 보조할 수 있다. 인간 운전자는 항시 충실하게 주의를 기울이면서 (운전 환경을 모니터하면서) 운전의 나머지 임무를 수행해야 한다
3단계(Level 3)••	자동차에 장착된 자율주행시스템(Automated Driving System: ADS)이 어떤 환경에서는 운전의 모든 임무를 수행할 수 있다. 그런 환경에서 인간 운전자는 ADS가 그렇게 하도록 요청할 경우 언제라도 자동차의 제어를 넘겨받을 준비가 되어 있어야만 한다. 그 이외의 모든 환경에서는 인간 운전자가 운전의 임무를 수행한다
4단계(Level 4)	일부 환경조건에서는 자동차에 장착된 ADS가 근본적으로 운전의 모든 임무를, 즉 운전을 하면서 동시에 운전 환경을 모니터하는 일 전부를 수행할 수 있다. [이런 범위에서] 인간은 운전 환경에 주의를 기울일 필요가 없다
5단계(Level 5)•••	자동차에 장착된 ADS가 모든 환경에서 근본적으로 운전의 모든 임무, 즉 운전을 하면서 동시에 운전 환경을 모니터하는 일 전부를 수행할 수 있다. 자동차에 탄 인간은 단지 탑승자일 뿐이고 운전에 관여하게 되는 일이 없다

• 현재 시장에서 판매되는 신형 승용차는 이미 1단계 또는 2단계의 자율주행 성능을 장착하고 있는 것이 일반적이다. 예를 들어 BMW의 웹사이트는 현재(2018년 기준) 제작, 시판되는 모든 BMW 승용차가 원칙적으로 1단계 또는 2단계의 자율주행 성능을 장착하고 있다고 서술한다. https://www.bmw.com/en/automotive-life/autonomous-driving.html

•• 현재 업계를 선도하는 기업들 간에 치열한 각축전이 이루어지고 있는 연구개발의 대상은 3단계와 4단계의 자율주행기술이다.

••• 이른바 '완전한 자율주행'이 이루어지는 5단계에 대해서 NHTSA 웹사이트는 그것이 아직 가상의 기술에 속하고 현실적으로는 시기상조라는 입장을 표명하고 있다. https://www.nhtsa.gov/technology-innovation/automated-vehicles-safety, 'Frequently Asked Questions' 참조.

지 않으며 다양한 방식과 수준의 자율주행이 존재할 수 있다는 사실을 유념할 필요가 있다. 세계적으로 자율주행자동차 기술에 관한 표준을 선도하고 있는 SAE International이 제시하여 현재 관련 논의의 표준으로 통용되고 있는 자율주행의 여섯 단계(0~5단계)는 표 1-1과

같다.[20]

지금 살펴보고 있는 문제와 관련하여 주목할 사항은, 특히 현재 자율주행자동차 기술 개발의 초점이 되고 있는 3단계와 4단계에서 도로를 주행 중인 자동차에 관한 제어 권한을 인간과 기계가 넘겨주고 넘겨받는 일, 즉 권한 관계의 변동이 발생한다는 점이다. 위의 가상적 사례에서 사고를 낸 차가 3단계에 해당하는 자율주행자동차였다고 가정하자. 그리고, 어떤 이유에서든, 사고가 일어나기 몇 초 전에 자동차의 ADS가 인간 운전자의 개입을 요청했다고 가정하자. 만일 이런 상황에서 인간 운전자가 이 같은 요청을 인식하고 자동차의 운전을 ADS에 의한 제어에서 자신의 운전으로 전환하는 동작을 취하던 시점, 그러나 그런 권한 이양이 완료되고 운전자가 차량을 실제로 제어할 수 있게 되기 직전에 문제의 사고가 발생했다면, 해당 사고를 일으킨 작동의 제어는 여전히 ADS에 의해 이루어지고 있었고 따라서 그것은 ADS가 일으킨 사고라고 해야 할까?

이 물음에 그렇다고 잘라 답하기는 어렵다. 예컨대 만일 ADS가 그 도로의 노면 상태가 일반적인 국도의 상태와 뚜렷이 달라서 ADS에 의한 제어에 제한이 있을 수 있다고 판단하고 인간 운전자가 자동차의 제어를 넘겨받을 것을 요청했음에도 불구하고 그가 졸음 상태에

---

20 NHTSA는 2013년 발간한 "Preliminary Statement of Policy Concerning Automated Vehicles"이라는 문건에서 자율주행을 0단계부터 4단계까지 다섯 단계로 분석했다. 그러나 이러한 분석은 곧 현행의 여섯 단계로 수정되었고, 이에 관한 상세한 서술이 SAE의 문건 J3016에 담겨 있다.

서 이 요청을 인지하지 못해 제어의 이양이 이루어지지 않은 상황에서 사고가 발생한 경우라면, 그 책임이 단적으로 ADS에 있다고는 할 수 없을 것이다. 만일 방금 가정한 것과 같은 경우에 인간 운전자의 책임이 면제된다면, 3단계 자율주행에 관한 "인간 운전자는 ADS가 그렇게 하도록 요청할 경우 언제라도 자동차의 제어를 넘겨받을 준비가 되어 있어야만 한다"라는 서술은 실질적인 의미를 가지기 어렵게 되고, 3단계와 4단계의 구별은 흐릿해질 것이다.

그렇다면 앞에 서술한 두 상황에서 각각 차량의 제어 권한을 넘겨받도록 요청받은 인간 운전자에게 사고의 책임이 있다고 할 수 있을까? 운전자로서의 주의 의무를 실천하고 있었던 전자와 그렇지 못했던 후자 사이에 책임의 차이가 있어야 한다는 도덕적 직관에는 공감할 만한 매력이 있다. 그러나 졸고 있던 까닭에 제어권 이양의 요청을 인지하지 못했던 사람은 운전대를 잡은 일이 없고, 따라서 피해자를 다치게 하는 방향으로 자동차를 제어한 일도 없다. 이런 경우 졸고 있던 인간 운전자에게 '죽게 내버려둠(letting die)'[21]이나 '다치게 내버려둠' 같은 범주를 적용하여 직접적인 사고 유발과는 구별되지만 응분의 비난 책임이 적용되는 경우로 평가할 수 있을까? 졸고 있던 사람이 문제의 상황에 대하여 아무런 적극적인 내용도 인지하지 못하고

---

21 죽게 내버려둠과 죽임 사이의 거리에 관해서는 생명의료윤리의 영역에서 오랜 논쟁이 있지만, 죽임에 해당하는 적극적 안락사와 달리 죽게 내버려둠의 범주에 속하는 것으로 해석되는 소극적 안락사가 허용 가능하다고 보는 사람은 적지 않다. 죽게 내버려둠과 죽임의 차이에 관한 논쟁은 Rachels(2001)를 참조할 것.

있었음을 고려한다면, 이런 평가의 전망 역시 어두워 보인다.

그런데 이와 유사한 책임귀속의 어려움은 운전에 관하여 인간의 주의 의무가 사라지는 것처럼 보이는 4단계 자율주행에서도 발생한다. 4단계의 자율주행에서도 제어 권한 이양의 문제가 발생할 수 있기 때문이다. 4단계 자율주행에서는 ADS가 운전의 실행과 더불어 도로 상황을 주시하는 임무를 100% 수행하고 인간의 개입이 필요하지 않지만, 문제는 ADS가 그렇게 전적인 제어 권한을 실현하는 것이 '일부 환경조건에서(under certain conditions)'로 제한된다는 점이다. 그렇기 때문에 '그러한 환경조건'과 '그렇지 못한 그 밖의 환경조건' 사이에 3단계에서와 유사한 이음매 문제가 발생하게 된다.

4단계 자율주행을 서술하는 '일부 환경조건에서'라는 단서가 유의미하게 사용되는 한, 자동차가 작동하게 될 세계의 공간에는 '그러한 환경조건'과 '그렇지 못한 환경조건'이 서로 이어지며 뒤섞여 있기 때문이다. 이상에서 살펴본 인간과 기계 시스템 간의 제어 권한 이양 문제는 원리적인 문제라기보다 자율주행자동차 기술에 관한 세부적인 현실의 문제지만, 이 기술이 실제로 우리가 사는 세계의 현실로 정착하기 위해서는 반드시 매끄럽게 정리되어야 할 중요한 과제다.

끝으로, 제어 권한이 전적으로 ADS에 있는 5단계 자율주행자동차의 경우를 생각해보자. 이런 단계의 자율주행에서는 앞에서 우리의 고심을 유발한 제어 권한 이양의 상황은 발생하지 않을 것이다. 그렇다면 우리는 이상의 논의로부터 5단계가 자율주행기술의 개발이 궁극적으로 지향해야 할 지점이라는 결론을 추론할 수 있을까? 그것은 성급한 생각이다. 이 물음에는 두 가지 점에서 부정적인, 혹은 유보의 태도로 답하는 것이 적절해 보인다.

첫째는 논리적 근거다. 앞에서 논의해온 제어 권한 이양의 상황이 발생하지 않는다는 것이 사고의 위험 자체가 없거나 현저히 낮다는 것을 함축하지 않는다. 5단계 자율주행자동차가 상용화되는 경우를 상상해볼 때, 그것은 발생할 확률이 아주 작은 비정상적인 상황을 포함하여 원칙적으로 모든 가능한 조건에서 ADS가 차량을 충분히 적절하게 제어할 수 있다는 인식이 사회 구성원들에게 공유된 상황이리라고 추정할 수 있다. 그러나 이러한 관계는 하나의 요청일 뿐, 그 자체로 사실을 함축하지는 않는다. 다시 말해, 모든 상황에서 인간이 단지 탑승자의 역할을 할 뿐 운전자의 역할에서는 면제되는 5단계 자율주행자동차가 상용화되었음에도 불구하고 ADS가 적절히 감당할 수 없는 상황이나 보통의 유능하고 사려 깊은 인간 운전자와 중요한 점에서 다른 방식으로 차량을 운전하는 경우가 발생할 개연성은 얼마든지 있다.[22]

둘째로 고려할 것은 기술의 현실이다. 현재의 기술은 아직 5단계 자율주행을 일상의 도로 환경에 구현할 수 있는 수준에 도달하지 못

---

22 고인석(2019)은 사회가 인공시스템으로 인간 운전자의 역할을 대행하도록 허용할 경우 그 기준은 '사려 깊고 유능한 운전자'가 되어야 한다고 주장한다. 그러면서 그는 보통의 유능하고 사려 깊은 인간 운전자라면, 예를 들어 비 오는 밤 운전 중에 동네 근처에서 아홉 살쯤 되어 보이는 아이가 잠옷 바람으로 차로변에서 비를 맞으며 서 있는 것을 보았을 경우 차를 세우고 아이가 괜찮은지 살펴보려 할 것인 반면, 자율주행시스템에게 이런 행동을 기대하기는 어려울 것이라고 평가한다.

했으며, 우리는 이 점을 분명히 인식할 필요가 있다. 이러한 현실은 5단계의 자율주행을 구현하는 공학적 시스템이 구체적으로 어떤 속성을 지니게 될지는 아직 미결정의 영역에 있다는 것을 함축한다. 예컨대 우리는 5단계의 자율주행자동차가 6절에서 살펴보게 될 딜레마 상황에서 어떤 원칙에 따라 작동을 결정하게 될지 모른다. 이처럼 그것이 우리에게 구체적으로 어떤 속성을 지닌 것으로 다가오게 될지 모르는 기술에 대해서는 태도 표명을 유보하는 것이 자연스러운 일이다.[23]

6. 자율주행자동차가 더 안전하다는 전제

이상의 논의 과정에서 확연히 부각되는 것은 자율주행자동차에 관한 규범이라는 문제의 핵심이 안전에 있다는 사실이다. 이미 언급한 것처럼 세계 여러 나라가 경쟁하듯 자율주행기술의 연구개발을 적극 지원하는 배경의 중심에도 공공의 안전이라는 가치가 자리 잡고 있

---

23 SAE가 간행한 J3016의 최근 보완 문건(SAE International, 2018)은 0단계로부터 5단계에 이르는 자율주행의 여섯 단계가 기술 진보의 질적 높이를 의미한다고 보는 것은 적절하지 않다고 말한다. 제시된 여섯 단계는 6개의 상이한 범주를 가리키는 것이지 1차원적 질서에 편입시킬 수 있는 질적 수준을 의미하지 않는다는 것이다. 또 이것이 그런 질적 수준을 의미하지 않기 때문에 Level 3.3이나 Level 4.5 같은 단계는 무의미하다고 말한다.

다.[24] 자율주행자동차가 사회 전체의 수준에서 안전의 증대를 가져오리라는 예측 혹은 기대는 자율주행자동차 기술의 근저에 놓인 하나의 거대한 전제다. 그리고 그것은 단순한 억측이 아니라 이론적·경험적 근거를 지닌 주장이기도 하다. 단순하지만 반박하기 어려운 이론적 근거는 자율주행시스템의 운전에서는 음주나 졸음이나 그 밖에 전화 사용 등으로 인한 부주의 같은 현상이 발생하지 않는다는 것이고, 경험적 근거는 이제까지 미국의 캘리포니아와 플로리다주를 비롯한 세계 각지에서 진행되어온 시험운행을 통해 축적된 데이터다.

그렇다면 우리는 자율주행자동차가 사람이 운전하는 자동차보다 더 안전하다는 거대한 전제에 동의해도 좋을까? 이런 동의는 일견 당연한 것처럼 보인다. 자율주행시스템은 잠을 제대로 자지 못해 피곤한 사람이나 나른한 오후 따뜻한 햇볕 속에 익숙하고 단조로운 길을 운전해 가는 사람처럼 졸음을 느끼지도 않고, 술이나 다른 약물의 영향을 받지도 않으며, 전화나 문자 통신을 하느라고 주의가 흩어지는 일도 없기 때문이다.

---

24 미국 교통부도 주행자율화의 원칙(Automation Principles) 첫 번째 항목에서 "우리는 안전을 먼저 고려한다(We prioritize safety)"라고 명시한다. US Department of Transportation(2018: vi) 참조. 이는 IEEE나 NSPE를 비롯한 세계적인 공학자협회들의 윤리강령 제1조가 공학자가 추구해야 할 최우선의 가치로 '공공의 안전, 건강, 복지'를 천명하는 점과 상통한다는 점에서 자연스럽다. Harris et al.(2004)[국역본 529~543쪽(특히 539~540쪽)] 참조. 더구나 복지의 핵심 필요조건이 건강이고 안전의 보장 없이 건강이 보장될 수 없음을 고려할 때, 셋 가운데서도 안전이 최우선의 가치로 추구되고 있음을 확인할 수 있다.

그러나 여기서 유의할 점은, 이로부터 "따라서 자율주행자동차가 보통 사람이 운전하는 자동차보다 더 안전하다"라는 결론이 도출되기 위해서는 추가적인 전제가 충족되어야 한다는 사실이다. 그것은 자율주행을 관장하는 인공지능 시스템이 인간의 운전에 위험을 끌어들이는 요소나 상황들 이외의 다른 모든 조건에서 최소한 평균적인 사람 운전자처럼 운전을 할 수 있다는 전제다. 만일 어떤 운전 체계가 위에서 언급한 세 가지 점에서는 우수할지라도 다른 특정한 면에서 무시할 수 없는 결함을 가지고 있다면, 기대하는 안전은 보장될 수 없다. 그러나 이와 같은 전제의 충족 여부는, 사안의 성격상, 현실의 경험을 떠나 선험적으로 판정할 수 있는 종류의 문제가 아니다.

구달은 자율주행에 관해 꽤 널리 통용되고 있지만 근거가 불충분하고 그렇기 때문에 비판적으로 재고되어야 할 몇 가지 인식을 거론한다. 구달이 열거하는 항목은 아홉 가지로, 다음과 같다(Goodall, 2014: 94~98).

① 자율주행자동차는 (거의) 사고를 내지 않을 것이다.
② 복잡한 윤리적 결정을 요구하는 종류의 충돌사고는 발생할 개연성이 지극히 미미하다.
③ 책임이 자율주행자동차에 있는 충돌사고는 (거의) 없을 것이다.
④ 자율주행자동차가 다른 자율주행자동차와 충돌하는 사고는 일어나지 않을 것이다.
⑤ 2단계와 3단계의 자율주행자동차에서는 언제나 사람이 자동차의 제어를 넘겨받을 수 있으며, 따라서 그 사람이 윤리적 결정에 관한 책임을 지게 될 것이다.
⑥ 사람이 운전을 하거나 충돌사고를 만날 때 윤리적 결정을 하게 되는 일은 드물다.
⑦ 자율주행자동차가 법률을 준수하게 하는 프로그램을 입력할 수 있고, 그것으로 윤

리적인 문제 상황을 감당할 수 있다.

⑧ 자율주행자동차는 어떤 경우에도 피해를 최소화하는 작동을 하도록 하면 된다.

⑨ [자율주행자동차로 인한] 전체 편익은 비윤리적인 [자율주행]자동차로 인한 어떤 위험보다도 크다.

구달이 지적하는 잘못된 인식의 항목들 중 일부는 사실판단의 차원에서, 일부는 개념판단의 차원에서 비판 가능하다. 예를 들어 위 항목들 가운데 ①, ④, ⑤, ⑦(특히 전반부)은 현실의 경험을 토대로 부정되거나 약화될 만한 것들이다. 이 중에서 ④는 아직 그런 상황이 발생 가능한 여건이 현실에 구현되지 않았기 때문에 입증도 반증도 어렵지만, 모종이 적절한 컴퓨터 시뮬레이션을 통해 테스트 가능한 주장이다. 반면에 '② 복잡한 윤리적 결정을 요구하는 종류의 충돌사고는 발생할 개연성이 지극히 미미하다'라는 주장을 평가하려면 '복잡한 윤리적 결정을 요구하는 종류의 충돌사고'라는 개념을 먼저 적절히 규정해야 할 것이고, '③ 책임이 자율주행자동차에 있는 충돌사고는 (거의) 없을 것이다' 같은 주장의 타당성을 판단하려면 '책임' 개념에 대한 규정이 필요하다. 예컨대, 인공물인 자율주행자동차를 도덕적 책임(moral responsibility)의 주체로 간주할 수는 없다는 인식이 널리 공유되어 있지만 도덕적 책임의 주체가 되지 않는다고 해서 모든 종류의 책임과 무관하게 되는 것은 아니다.

이 가운데 자율주행자동차의 안전 수준과 직접 결부된 두 항목을 다시 살펴보자. 2016년과 2018년 사이에 시험운행 중이던 자율주행자동차나 자율주행모드로 작동하고 있던 자동차에서 발생한 사망 사고만 해도 4건이고, 이 밖에도 다양한 상황의 충돌사고가 보고되었다. 이런 사실을 눈앞에 두고 ①처럼 말하는 것은 자율주행기술을 위한 선전이 아니고서는 불가능한 일일 것이다. 또 ⑤ 역시 실질적인 의미에서 위험한 인식이다. 이 글의 4절에서 검토한 것처럼, 자율주행자동차 기술이 상용화되기 위해 풀어야 하는 중요한 매듭 하나가 제어의 매끄러운 이양이라는 문제다. 운전자가 항시 운전 환경을 지각하면서 주의하고 있어야 하는 2단계에서와는 달리 3단계 자율주행에서는 인간 탑승자가 주의 기울임의 의무와 관련하여 불연속적 전환의 과정을 겪게 된다. 이러한 과정에 관한 세부적인 분석과 그 결과를 반영하는 규범의 상세화가 선행되지 않는 한, 3단계 자율주행에 관하여 '언제나 사람이 자동차의 제어를 넘겨받을 수 있고 윤리적 결정에 관한 모든 책임을 그 사람이 지면 된다'는 평가는 자율주행 상황의 현실을 포섭하지 못하는 부적절한 평가가 될 것이다.

미리 상상하기도 어려운 온갖 종류의 상황들에 대한 대처의 방식을 입력할 수는 없더라도 최소한 도로교통에 관한 법률 등 명문화된 법규들을 프로그램에 입력함으로써 교통법규를 준수하는 자율주행자동차를 만들 수 있고, 그것이 안전한 자율주행자동차의 중요한 기초가 될 수 있지는 않을까? ⑦의 배후에는 이런 생각이 깔려 있다고 볼 수 있다. 그러나 이런 기대는 두 가지 이유에서 약화된다.

하나는, 법규 준수가 안전을 위한 최선의 방책이라고 보기 어렵다는 사실이다. 예컨대, 교차로 진입 직전 마침 신호등이 노란색으로 바뀌는 것을 보았고 정지할 생각이었지만 마침 뒤에서 다가오는 트럭이 황색 신호에 교차로를 통과하려는 듯 가속을 하고 있음을 인지한 경우를 생각해보자. 능숙한 운전자라면, 교통법규에 따라 황색 신호에 정지선에 멈춰 서는 일을 포기하고 후방추돌의 위험을 경감하기 위하여 가속 페달을 밟아 교차로를 통과해 가려 할 것이고, 실제로 그것이 안전을 위한 조치일 것이다. 다른 하나는, 법률 등 인간이 사용하는 개념으로 이루어진 규범을 알고리즘으로 환산하는 일 자체가 전혀 쉽지 않을 뿐만 아니라 도대체 어떻게 변환해야 할지조차 막막한 경우가 흔하다는 사실이다.

자율주행자동차 기술이 안전을 최우선의 가치로 지향하고 있다는 것은 분명한 사실이다. 또 이 기술이 실제로 도로교통의 안전을 증진하는 방향으로 기여하리라는, 상당한 근거를 갖춘 합리적인 기대가 존재하는 것도 분명하다. 그러나 이러한 기대가 우리 일상의 현실로 변하기 위해서는 풀어야 할 문제가 많다는 것 역시 부인할 수 없는 사실이고, 이 점을 잊는 것은 위험한 일이다. 아래에서 살펴볼 딜레마 상황의 대처 역시 그런 과제의 중요한 일부분이다.[25]

---

25 이 글의 이전 버전에 대하여 딥러닝을 비롯한 발달된 기계학습이 '인간처럼 판단하는' 자율주행시스템을 실현 가능하게 할 수 있으리라는 의견이 제시된 바 있다. 만일 기계학습을 통해 이 글이 요구하는 수준의 자율주행시스템이 실현된다면, 필자가 주장하는 '보류'는 해제될 것이다. 그러나 필자가 이미 다른 글들에서 강조한 것처럼, 실현되고 실증되지 않은 '가능성' 담론에 사회적 결정을 의탁할 수는 없다는 사실을 유념해야 한다. 또 자율주행자동차 전용 도로와 4단계 자율주행자동차를 결합하면 최적의 안전을 보장할 수 있을 것이라는 의견도 있었다. 자율주행자동차 전용 고속도로 건설에 관한 최근의 중국발 뉴스는 이런 의견에 힘을 실어준다. [필자는 고인석(2019: 6절)에서 이를 '우회로'로 검토한 바 있다.] 그러나 이것은 사회

7. 딜레마 상황의 결정 원칙을 어떻게 구성해야 할까?

빠듯이 좁은 2차선 도로를 시속 50km로 정속 주행하고 있는 자동차의 앞쪽에 갑자기 두 사람의 노인이 나타났다. 그런데 노인들과의 충돌을 피하기 위해 차선을 변경하면 마침 유모차를 밀면서 차로를 무단으로 횡단하던 젊은 여성을 치게 생겼다. 어느 편과도 충돌하지 않는 급정거가 더 이상 불가능한 상황이라면, 당신은 자동차를 어떤 방향으로 제어할 것인가? 트롤리 딜레마의 변형이라고 볼 수 있는 이런 종류의 물음들이 자율주행자동차 기술의 앞길에 제시되고 있다.

앞에 서술된 상황이 다소 극화되기는 했지만, 운전을 하는 과정에서 저것과 유사한 까다로운 선택의 상황을 대면하게 되는 것은 결코 드문 일이 아니다. 자율주행시스템이 인간 운전자를 대행하게 된다면 그것 역시 유사한 딜레마의 상황에 처하게 될 것이다. 따라서 자율주행자동차가 일상의 교통에 편입되어 활용될 수 있으려면 이러한 상황을 어떻게 처리할 것인지에 대한 준비가 필수적이다. 그렇다면 우리는 자율주행시스템이 이런 딜레마 상황을 어떻게 처리하도록 해야 옳은가? 이것이 이 글의 마지막 물음이다.

이 글이 따져보려는 것은 위에 언급된 것처럼 특정한 상황에서 자율주행시스템이 어떤 결정을 내려야 하는가 하는 물음이 아니라 수

적 결정의 가능한 방향일는지 몰라도 적절한 방향이 아니다. 그 방안의 현실 도입에 수많은 세부적 고민이 부수되리라는 사실은 가려두고 생각해도, 비유로 짧게 말하자면, 그것은 사회 차원에서 '꼬리가 몸통을 흔들도록 하는' 해결안이다.

많은 유형의 딜레마 상황을 다룰 원칙을 어떻게 구성해야 하는가 하는 메타적 물음이다. 원칙을 확립할 적절한 방법을 결정할 수 있다면, 이 문제의 해결은 손 닿는 곳에 놓여 있을 것이기 때문이다.

그러나 이미 트롤리 딜레마에 관한 토론의 긴 역사에서 확인할 수 있는 것처럼, 이런 딜레마의 상황에서 적용할 일반적인 원칙을 찾는 것은 어려운 일이다.[26] 그렇다면 이런 딜레마 상황에 대한 원칙을 자율주행시스템에 입력하는 일 역시 선결문제 미결의 난관에 봉착하게 된다. 그런데 최근 MIT 미디어랩에서 라완(I. Rahwan) 등이 구축한 인터넷 플랫폼 '모럴 머신(Moral Machine)'[27]은 이런 난관을 타개할 수 있는 한 방안을 제시하는 것처럼 보여 흥미롭다. 모럴 머신은 해당 인터넷 사이트에 접속한 사람을 트롤리 딜레마와 유사한 다양한 상황에 대한 판단으로 유도하는 인터넷 기반의 사고실험 플랫폼이다. 이 플랫폼은 자율주행자동차가 만날 수 있다고 생각되는 다양한 결정의 상황을 제시하고 접속자의 선택을 요구한다.[28]

---

26 상충하는 위험이 걸린 선택의 상황에서 자율주행자동차가 어떻게 작동하도록 해야 하는가 하는 문제는 자율주행기술에 관한 핵심적인 토론 주제이고, 특히 특정한 위험을 방치하는 선택을 어떻게 정당화할 수 있는가가 문제인 것으로 보인다. [그것은, 이미 구조적 차원에서, 여전히 로봇윤리의 기본적인 원칙으로 거론되는 아시모프(I. Asimov)의 로봇 3원칙 중 제1원칙을 배반하는 선택이기도 하다.] 위해를 가하는 일(doing harm)과 위해를 허용하는 일(allowing harm)의 윤리적 차이에 관한 스탠퍼드 철학 사전의 항목(Woollard et al., 2016)과 이 논쟁에 이론적 배경을 제공하는 Foot(1967)의 논의를 참고하라.

27 http://moralmachine.mit.edu

영어와 한국어를 포함하여 열 가지 언어로 질문이 제시되는 모럴 머신은 이런 방식으로 약 2년에 걸쳐 세계 233개 나라의 사람들 49만 여 명으로부터 4000만 건에 가까운 의견을 수집했다(Awad et al., 2018). 수집된 데이터의 양과 분포, 그리고 인터넷이라는 매체의 성격을 고려할 때, 비록 전 세계를 대상으로 하는 체계적인 표본 추출의 방식으로 만들어진 것은 아니라 할지라도 이것은 통계적으로 유의미한 자료임에 틀림없다. 단, 모럴 머신이 축적한 자료의 의의를 해석하는 데는 주의가 필요하다.

법학자 이상돈과 정채연은 모럴 머신의 성과를 집단지성이라는 개념의 관점에서 조망하면서, 모럴 머신을 "자율주행자동차의 윤리적 딜레마 상황에서 이루어지는 가치판단의 기준에 대한 집단지성을 분석할 수 있는 도구"(이상돈·정채연, 2017: 87~88)로 평가한다. 모럴 머신의 성과를 보고하는 논문에서 저자들이 사회적 합의의 중요성에 관하여 다음과 같이 말할 때 그 목소리에는 호소력이 있다.

여기서 열쇠가 되는 개념은 '우리(we)'다. 전 미국 대통령 버락 오바마가 강조한 것처럼, 이 문제[=(딜레마 상황에서) 자율주행자동차의 결정에 관한 원칙]와 관련하여 사회적 합의가 중요해질 것이다. 자율주행자동차의 운행을 인도할 윤리적 원칙들을 결정하는 것은 공학자들이나 윤리학자들에게만 맡길 수 없는 일이다(Awad et al., 2018: 59).

---

28 모럴 머신을 통해 수집된 의견에 대한 보고와 이 플랫폼을 구축한 이들의 해석은 Awad et al.(2018)을 보라.

그러나 따져봐야 할 문제는 모럴 머신 웹사이트가 수집한 의견들의 통계적 분포와 저자들이 언급하는 '공공의 합의'가 어떤 관계에 있는가 하는 것이다. 이들의 조사가 학문적으로 여러 면에서 흥미로운 결과를 함축하고 있을 뿐만 아니라 자율주행자동차 기술의 윤리적 측면에 대한 전 지구적 차원의 관심과 토론을 활성화하는 데 기여한 사실은 분명하다. 그러나 이 플랫폼을 통한 의견 수집이 공공의 합의에 도달하는 방식이었다고 평가하기는 어렵다. 공동체 내부에서 의견 차이를 확인하고 그것을 조정하면서 합의를 도출하는 방식의 집단적 행위는 거기서 시도된 일조차 없기 때문이다. 그뿐만 아니라 모럴 머신의 성과가 실현하기 어려운 공공의 합의가 만일 가능했다면 도달했으리라고 추정되는 내용을 찾아내거나 확인하는 절차의 지위를 갖는다고 볼 이유도 없다.[29] 공공의 합의가 이루어지는 상황을 가정할 때 그 합의의 내용이 분산된 의견들의 산술적 평균과 일치하리라고 보는 것은 근거가 박약한 소박한 믿음일 뿐이다.

이 점을 명확히 하려는 이유는 공공의 합의가 (아직) 부재한 상황에서 어떤 방식으로든 축적된 통계 자료가 모집단에 해당하는 공동체의 집합적 의견을 대변한다는 설익은 생각이 통용될 위험이 있기 때문이다. 모럴 머신의 기획자 라완을 비롯한 공저자들은 이 연구가 자율주행자동차가 딜레마 상황을 처리하는 원칙에서 문화권 간의 견해

---

29 이것은 대단히 중요한 문제지만, 그것을 규명하는 일은 과학기술사회학과 과학기술정책학, 나아가 미디어 연구와 행정학 등의 협력적 개입을 요구하는 복잡한 작업이고 이 글이 적절히 다룰 수 있는 문제는 아니다.

차를 극복할 수 있다는 가능성을 보여주었다고 평가한다(Awad et al., 2018: 63). 그러나 이 '가능성'은 이런 경험적 연구의 성과를 자료로 활용하는 토론과 때로 긴 논쟁을 포함하는 합의의 시도를 통해서만 실현할 수 있는 것이지 그 이외의 다른 방식으로 구체화할 수 있는 것이 아니다. 그러한 현실의 과정을 고려할 때, 이러한 문제에 관하여 모든 문화권을 아우르는 보편 원칙에 합의하게 되는 것은 희망적인 사태인 반면 반드시 가능하다고는 할 수 없다. 더 정확히 말하자면, 그러한 보편적 합의는 실현되면 환영할 만한 희망적인 것일지라도 반드시 필요한 것인지는 불분명하다.

고골과 뮐러는 그들의 논문 "Autonomous Cars: In Favor of a Mandatory Ethics Setting"에서 모든 자율주행자동차에 전체 사회가 공유하는 윤리를 일률적으로 장착하도록 하는 것이 옳은지 아니면 각 사용자가 자신의 개인적인 윤리를 장착하도록 하는 것이 옳은지를 저울질한다. 두 공저자의 결론은 사회 공통의 윤리를 일률적으로 장착하는 것이 옳다는 것이지만(Gogoll and Müller, 2017: 681),[30] 필자는 이 논문의 물음 자체가 더 소중하다고 생각한다. 우리는 과연 둘 중에 어느 편이 더 나은지 좀 더 폭넓게 따져볼 가치가 있다.

고골과 뮐러의 논문은, 그 문제제기와 토론을 통해, 자율주행자동차가 만나게 될 수 있는 딜레마 상황에 관하여 사회 전체가 일률적인 해법을 찾고 그것을 모든 자율주행자동차에 탑재하는 것이 자율주행

---

[30] 저자들의 핵심 논거는 각 자동차가 개별 사용자의 윤리에 따라 작동하도록 할 경우 수인의 딜레마가 함축하는 손실이 발생할 개연성이 커진다는 것이다.

자동차를 운용하는 당연한 방식은 아니라는 사실을 인식하도록 해준다. 앞에서 살핀 논문(Awad et al., 2018) 덕분에 생각해보게 되는 '이 사안에 관한 사회적 합의의 방법'도 중요한 문제지만, 설령 모종의 합리적인 다수결을 경유하는 사회적 합의가 가능하다고 하더라도 모든 자율주행자동차가 특정한 유형의 딜레마 상황에 대하여 똑같은 해답을 탑재해야 한다는 당위가 성립하는지는 별개의 문제다.

돌이켜 생각해보면, 모럴 머신 웹사이트가 이른바 '트롤리 문제'를 원형으로 삼아 다양하게 변조하고 있는 딜레마의 상황이란 근본적으로 상이한 도덕적 직관이 충돌하고 경합하는 상황이다. 인간 운전자들이 운전하는 자동차는 모럴 머신의 어떤 특정한 딜레마 상황에 처했을 때 일률적인 방식으로 행동하지 않는다. 그것을 운전하는 사람의 도덕적 직관이 다 똑같지 않기 때문이다. 그렇다고 해서 우리는 그런 불일치를 '극복해야만 할 문제 혹은 장애물'로 여기지 않는다.

8. 딜레마 상황의 난제가 함축하는 결론

자율주행자동차가 만날 수 있는 다양한 딜레마 상황에 대한 토론은 '모럴 머신' 밖에서도 활발하게 진행되었다. 이 중 "Why Ethics Matters for Autonomous Cars"[31]라는 논문에서 '불가피한 충돌사고

---

31 이 논문은 다이믈러-벤츠 재단의 지원으로 마우러(M. Maurer)와 저디스(J. C. Gerdes) 등이 편집하여 2015년 출간된 *Autonomes Fahren: Technische, rechtliche und*

의 상황에서 어떤 피해를 선택할 것인가?'라는 딜레마 상황에 대한 기존의 논의를 비판하는 린의 주장을 주목할 만하다.

린은 자율주행자동차에 딜레마 상황에 대한 어떤 전략이 장착되든 상관없이 특정 유형의 상황에서 특정한 종류의 대상 쪽으로 운전을 제어하도록 명령하는 프로그램은 일종의 표적화(targeting)에 해당하는 것처럼 보인다고 지적한다(Lin, 2015: 72). 그리고 이런 그의 지적은 일리가 있다. 그런 알고리즘에 따라 작동하는 자율주행시스템은 자동차가 특정 유형의 상황에 처할 경우 그것을 특정한 대상 —예를 들어 헬멧을 포함하여 충분한 안전 장비를 갖추고 있는 오토바이 탑승자[32]— 과 충돌하는 방향으로 제어할 것이기 때문이다. 이런 알고리즘이 자율주행시스템에 보편적으로 내장된 사회에서는 특정한 속성을 지닌 사람들이 자기도 모르는 사이에 자율주행시스템이 유사시에 '최적화된 충돌(optimized crash)', 즉 결과적인 피해를 최소로 만들 충돌의 대상으로 삼을 목표물이 되어 있을 수 있는 셈이다.[33]

자율주행시스템의 이러한 상황 대처 방식은 그런 표적화의 대상이 되는 사람들에게 해악을 허용하는 선을 넘어 해악을 입히는 것에 해당하고, 표적화된 사람의 안전이나 건강을 도구로 삼아 다른 사람의

---

*gesellschaftliche Aspekte*에 실렸다.

32 이런 선택의 배경에는 이처럼 충분한 안전 장비를 장착한 오토바이 운전자와 제대로 된 헬멧도 없이 일상복 차림으로 운행 중인 오토바이 운전자가 불가피한 충돌의 양항으로 제시된 딜레마 상황이 깔려 있다. Lin(2015: 72f) 참조.
33 이런 '표적화'의 문제에 관하여 Lin(2014)도 참조할 것.

안전이나 건강을 보호하려는 것에 해당한다. 그것은 도덕철학에서 논의해온 트롤리 딜레마 상황의 결정과 다른, 도덕적으로 허용할 수 없는 방식이다.

여기서 논의하고 있는 딜레마 상황의 원칙 문제에 관하여 2017년에 발표된 독일의 자율주행자동차 윤리위원회[34] 보고서는, 간추려 말하자면, 그런 곤란한 결정을 표준화하여 기계에 장착하는 일이 불가능하다는 의견을 표명한다. 이 보고서의 II장은 "자동화되고 네트워크로 연결된 자동차 교통에 관한 윤리 규칙(Ethical rules for automated and connected vehicular traffic)"으로 20개 조항을 제시하는데, 이 중 여덟 번째 항목이 딜레마 상황에 관하여 다음과 같이 서술한다.

한 사람의 생명과 다른 사람의 생명 중에서 선택을 해야 하는 경우와 같은 진짜 곤란한 결정은 특수한 현실의 상황에 의존하고, 이 결정에 영향을 받는 당사자들의 "예측 불

---

34 이 윤리위원회(Ethikkommission)는 독일 헌법재판소 재판관을 역임한 헌법학자 디파비오(Udo Di Fabio)를 위원장으로 하고 철학자 뤼트게(Christoph Lütge)를 비롯하여 공학, 법학, 산업계 인사를 포함하는 14명의 위원으로 구성되었다. 이 윤리위원회는 이 글에서 말하는 자율주행(기술)을 '자동화되고 [네트워크로] 상호연결된 운전(automatisiertes und vernetztes Fahren; automated and connected driving)'이라고 부른다. [Lütge(2017)는 이 위원회의 구성과 활동, 그리고 위원회가 제안한 윤리 가이드라인의 조항들에 관해 잘 정리된 요약을 제공한다. 한상기(2017)는 이 위원회 보고서에 관한 국내의 첫 논평에 해당한다.] 이 보고서가 제시한 자율주행 관련 윤리 가이드라인은 더 상세히 고찰할 가치가 있는 것으로 보이지만, 아직 이에 해당하는 국내 연구자의 분석은 철학에서도 법학에서도 제출되지 않았다.

가능한" 행동에 의해서도 좌우된다. 따라서 그런 결정은 명료하게 표준화될 수 없으며, 윤리적으로 의문의 여지가 없는 방식으로 프로그램화할 수도 없다. […] **올바르게 판단하는 도덕적인 능력을 지닌 책임 있는 운전자의 결정을 대체하거나 선취하는 방식으로 기술의 체계를 표준화하여 그것이 사고의 결과들에 대한 복합적이고 직관적인 평가를 수행하도록 프로그램할 수는 없다**(Ethikkommission, 2017: 11).[35]

독일 자율주행자동차 윤리위원회가 평가한 대로 올바른 도덕적 판단의 능력을 지닌 책임 있는 운전자의 결정을 대체하거나 선취(vorwegnehmen)하는 방식으로 자율주행시스템을 프로그램하는 것이 불가능하다면, 그런 불가능이 철학적 해명을 통해서든 공학적 혁신을 통해서든 해소되기 전까지는, 자율주행시스템이 제어하는 자동차가 딜레마의 상황을 만나도록 허용하는 것은 사회적으로 불합리한 처사일 것이다.

9. 더 생각해볼 문제

자율주행자동차 기술은 이미 높은 수준의 성숙 단계에 도달한 것으로 보인다. 이 기술에서 세계 첨단 수준에 있지 않은 한국에서도 고속도로 등 제한된 환경에서 자율주행시스템이 운전의 주도권을 갖는

---

35 볼드체는 필자의 강조.

조건부 자율주행 관련 국가 지원 사업(2018~2020)이 시작되었고, 이에 발맞춰 도로교통법상의 '운전자' 개념을 재정의하는 작업이 추진될 예정이다(≪경향신문≫, 2018년 11월 9일 자, 9면). 그러나 이런 기술의 발전에 비하여 아직 충분한 성숙의 단계에 이르지 못한 것은 자율주행자동차 기술에 관한 거시적 차원의 생각, 그리고 이 기술에 관한 사회의 결정들이다.

이 기술을 선도하는 미국에서 최근, 한동안 통용되어오던 'autonomous vehicle'이라는 표현 대신 'automated vehicle'이라는 표현이 공식 문건에 채택된 것 역시 이 기술을 대하는 사회적 관점이 조금씩 더 정밀하게 조정되어가고 있음을 암시한다. 그리고 이 기술이 우리의 일상에 일부분으로 편입될 수 있기 위한 선결조건은 이런 사회적 결정과 조정의 과정이 어느 정도 충분한 수준으로 정착되는 것이다.

이 글에서 살펴본 것처럼 이런 결정의 핵심에는 자율주행자동차의 제어에 관한 권한과 책임의 소재라는 문제가 있고, 세부적으로는 그런 권한을 사람과 자율주행시스템이 넘겨주고 넘겨받는 과정에서 발생하는 권한-책임 관계의 모호성 문제가 있다.[36] 나아가 자율주행시스템이 제어하는 상황에서는 팽팽히 경합하는 위험이 존재하는 딜레마의 상황에서 자율주행자동차가 어떤 원칙에 따라, 혹은 어떤 방식으로 제어되어야 하는가 하는 물음이 수용할 만한 해결안을 기다리고 있는 중요한 문제다.[37]

---

36 앞에서 살펴본 것처럼, 이 문제는 특히 3단계와 4단계의 자율주행에서 발생한다.
37 이 문제는 특히 4단계와 5단계의 자율주행에서 발생한다.

이아그넴마가 말하듯이(Iagnemma, 2018) 어떻게든 자율주행자동차가 우리의 일상에 도입되고, 그 결과로 교통사고 사망자 수가 현재의 10% 미만 수준으로 경감되고, 결국 언젠가는 자율주행자동차 때문에 생긴 새로운 문제들에 대한 인식까지 포함해서 우리의 일상적 인식이 이런 새로운 상황에 익숙해지게 될 수도 있다. 그때는 위의 윤리위원회가 제안한 저런 원칙은 지나간 시대의 낡은 이야기가 될 수도 있다. 그러나 우호적으로 평가하더라도 그것은 자율주행기술의 최전선에 있는 개발자의 예견인 동시에 기대일 뿐, 필연적으로 도래할 예정이고 그래서 그것에 대한 선제적인 인식의 적응이 권유되는 미래의 상이라고 할 수는 없다.

우리는 앞에서 모럴 머신의 논자들도 강조했던 정신을 다시 되새겨볼 필요가 있다. 자율주행기술의 속성을 결정하는 일은 윤리학자들이나 기술 개발자들의 손에 맡겨둘 수 있는 종류의 사안이 아니다. 그것은 우리 모두의 삶에 중대한 영향을 미칠 수 있는 기술이기 때문이다. 그리고 변화를 다루는 현명한 방식은 쿤(Thomas S. Kuhn)과 파이어아벤트(Paul K. Feyerabend)가 과학자들의 행태에서 공통적으로 읽어낸 것처럼 고집의 원리(principle of tenacity)에 따르는 것, 다시 말해 다른 확신이 지배하는 세상이 되기 전까지는 기존의 것을 고수하는 자세다. 이런 원리의 관점에서 보자면, 사실상 고려할 수 있는 모든 점에서 유능하고도 사려 깊은 인간 운전자 대신 기계 시스템이 자동차의 모든 상태를 제어하도록 하는 것이 좋다는 확신이 들 때까지, 딜레마 상황에 대한 처리를 포함하는 모든 권한을 인공물의 시스템에 넘기는 일은 보류하는 것이 마땅하다.

1장 참고문헌

≪경향신문≫. 2018.11.9. "시스템도 '운전자'로 인정… 자율주행 '미래 장애물' 걷어낸다", 9면.

고인석. 2012. 「로봇이 책임과 권한의 주체일 수 있는가」. ≪철학논총≫, 67.

_____. 2017. 「인공지능이 자율성을 가진 존재일 수 있는가?」. ≪철학≫, 133.

_____. 2019. 「인공물이 인간을 대행하도록 허용할 수 있을 조건: 자율주행자동차의 경우를 중심으로」. ≪철학연구≫, 124.

김준성. 2016. 「인과적 책임으로서 법적 상당성에 대한 확률 인과 이론의 해명: 자율주행자동차의 법적 책임을 중심으로」. ≪예술인문사회융합멀티미디어논문지≫, 6/12.

명순구·김기창·김현철·박종수·이상돈·이제우·정채연. 2017. 『인공지능과 자율주행자동차, 그리고 법』(고려대학교 파안연구총서 개척1). 서울: 세창출판사.

변순용. 2018. 「자율주행자동차의 윤리적 가이드라인에 대한 시론」. ≪윤리연구≫, 112.

안승우. 2018. 「『주역』 도덕체계의 인공지능 적용 가능성 고찰」. ≪유교사상문화연구≫, 73.

이상돈·정채연. 2017. 「자율주행자동차의 윤리화의 과제와 전망」. 명순구·김기창·김현철·박종수·이상돈·이제우·정채연. 『인공지능과 자율주행자동차, 그리고 법』(고려대학교 파안연구총서 개척1). 서울: 세창출판사.

한상기. 2017. 「독일 자율주행차 윤리 가이드라인의 의미와 이슈」. ≪KISA Report≫, Vol.9.

Awad, E., S. Dsouza, R. Kim, J. Schulz, J. Henrich, A. Shariff, J.-F. Bonnefon, and I. Rahwan. 2018. "The Moral Machine Experiment." *Nature*, 563.

Blanco, M., J. Atwood, S. Russell, T. Trimble, J. McClafferty, and M. Perez. 2016. "Automated Vehicle Crash Rate Comparison Using Naturalistic Data." Virginia Tech Transportation Institute.

Charlotte, J. 2019. "Self-driving Cars could make city congestion a whole lot worse." *MIT Technology Review*, 2019.2.1.

Dizikes, P. 2018. "How should autonomous vehicles be programmed?: Massive global survey reveals ethics preferences and regional differences." *MIT News*, 2018. 10.24.

Ethikkommission. 2017. *Ethics Commission Report: Automated and Connected Driving*. Bundesministerium für Vehrkehr und digitale Infrastruktur(BMVI), Deutschland. www.bmvi.de/report-ethicscommission

Foot, P. 1967. "The Problem of Abortion and the Doctrine of the Double Effect." *Oxford Review*, 5.

Goodall, N. J. 2014. "Machine Ethics and Automated Vehicles." in G. Meyer and S. Beiker(eds.). *Road Vehicle Automation*. Springer.

_____. 2016. "Can You Program Ethics Into a Self-Driving Car?" *IEEE Spectrum*, 53/6.

Gogoll, J. and J. F. Müller. 2017. "Autonomous Cars: In Favor of a Mandatory Ethics Setting." *Science and Engineering Ethics*, 23.

Harris, C. E. Jr., M. S. Pritchard, and M. J. Rabins. 2014. *Engineering Ethics: Cases and Concepts*(3rd ed.). Cengage Learning[한국어판: 김유신 등 옮김. 『공학윤리』(제3판). 서울: 북스힐].

Hevelke, A. and J. Nida-Rümelin. 2015. "Responsibility for Crashes of Autonomous Vehicles: An Ethical Analysis." *Science and Engineering Ethics*, 21/3.

Iagnemma, K. 2018. "Autonomous Vehicles and Urban Transportation." EmTech Next 강연(Cambridge MA, 2018.6.4~5). https://www.technologyreview.com/video/611361/autonomous-vehicles-and-urban-transportation

Lin, P. 2014. "The Robot Car of Tomorrow May Just Be Programmed to Hit You." *Wired*, 2014.5.6. https://www.wired.com/2014/05/the-robot-car-of-tomorrow-might-just-be-programmed-to-hit-you/

Luetge, C. 2017. "The German Ethics Code for Automated and Connected Driving." *Philosophy & Technology*, 30/4.

Maurer, M., J. C. Gerdes, B. Lenz, and H. Winner(Hrsg.). 2015. *Autonomes Fahren: Technische, rechtliche und gesellschaftliche Aspekte*. Springer.

NHTSA. "Automated Vehicles for Safety." https://www.nhtsa.gov/technology-innovation/automated-vehicles-safety(자료를 확인한 날: 2019년 3월 13일)

_____. 2017. "Automated Driving Systems 2.0: A Vision for Safety." https://www.nhtsa.gov/sites/nhtsa.dot.gov/files/documents/13069a-ads2.0_090617_v9a_tag.pdf

Rachels, J. 2001. "Killing and Letting Die." in L. C. Becker, M. Becker, and C. Becker (eds.). *Encyclopedia of Ethics*(2nd ed.), Routledge.

SAE International. 2014. "J3016. Surface Vehicle Information Report: Taxonomy and Definitions for Terms Related to On-Road Motor Vehicle Automated Driving Systems"(Issued Jan 2014).

_____. 2016. "J3016. Surface Vehicle Recommended Practice: (R) Taxonomy and Definitions for Terms Related to Driving Automation Systems for On-Road Motor Vehicles"(Revised Sep 2016, Superseding J3016 JAN2014).

_____. 2018. "J3016. Surface Vehicle Recommended Practice: (R) Taxonomy and Definitions for Terms Related to Driving Automation Systems for On-Road Motor Vehicles"(Revised June 2018, Superseding J3016 SEP2016).

US Department of Transportation. 2018. "Automated Vehicles 3.0: Preparing for the Future of Transportation." https://www.transportation.gov/sites/dot.gov/files/docs/policy-initiatives/automated-vehicles/320711/preparing-future-transportation-automated-vehicle-30.pdf

Woollard, F. and F. Howard-Snyder. 2016. "Doing vs. Allowing Harm." in E. N. Zalta (ed.). *The Stanford Encyclopedia of Philosophy*(Winter 2016 Edition). https://plato.stanford.edu/archives/win2016/entries/doing-allowing.

다이믈러 사 웹사이트 https://www.daimler.com/innovation/autonomous-driving/special/definition.html(자료를 확인한 날: 2019년 3월 13일)

RISS 웹사이트 http://www.riss.kr

2장
섹스로봇의 윤리

이영의

1. 논의의 배경

고대 그리스 신화와 이집트 신화에서 볼 수 있듯이 인류는 아주 오래전부터 자동 기계나 인간처럼 움직이는 기계를 상상해왔다. 그러나 오늘날 사용되는 '로봇'이라는 개념은 1920년 체코 극작가 차페크 (Karel Čapek)의 희곡, *R. U. R. (Rosuum's Universal Robots)*에 등장하는 'Robota'에서 유래되었다. '로보타'는 체코어로 '노동' 또는 '고된 노동'을 의미하는데, 희극에서는 인간과 동등하거나 그 이상의 작업 능력을 갖추고 있지만, 인간적인 감정이나 영혼이 모자란 존재를 지칭했다.[1]

---

1 https://web.archive.org/web/20070826040529/http://jerz.setonhill.edu/

차페크 이후 '로보타'는 '로봇' 개념으로 이어져 다양한 문학 작품과 영화를 비롯한 장르에 등장하고 산업 현장에서 대량 생산과 자동화를 가능케 한 주역을 맡고 있다. 데볼(George Devol Jr.)과 엔젤버거(Joseph Engelberger)가 개발한 최초의 산업용 로봇인 '유니메이트(Unimate)'가 1956년 '제너럴 모터스' 사의 뉴저지 공장에 설치된 이후로 다양한 형태의 산업용 로봇이 개발되어 활용되고 있다. 이제는 로봇이 없는 공장은 상상할 수 없을 정도로 로봇은 산업에서 광범위하게 활용되고 있으며, 산업 분야를 넘어서 군사·의료·예술 분야를 거쳐 최종적으로 '로봇청소기'와 '챗봇'의 형태로 우리의 일상 속으로 침투하고 있다. 섹스로봇은 여타 로봇과는 달리 성과 관련된다는 점에서 세인들의 관심 대상이 되어왔는데 최근에는 인간과 대화를 할 수 있는 인공지능 섹스로봇이 등장하면서 그것은 단순히 '섹스용 로봇'이 아니라 인간의 모든 기능을 갖춘 '범용 로봇'으로 진화할 것으로 예상된다.

인간은 생존을 위해 돌도끼로부터, 불, 도기, 문자, 무기, 화약, 인쇄 등과 관련된 다양한 기술을 개발해왔다. 기술은 한편으로는 인간 삶의 조건을 향상하고 인류에게 보편적 이익을 제공하는 도구로서 작용하지만 다른 한편으로는 삶의 본질과 형태를 변형시킬 수도 있다는 점에서 단순히 삶의 도구가 아니라 삶의 한 부분이다. 하이데거가 강조했듯이, 기술은 자연을 부품(Bestand)으로 변형하듯이 인간도 그렇게 변형할 수 있다(Heidegger, 1953: 20). 섹스로봇은 자동차나 휴

---

resources/RUR/index.html#reciprocal

대전화의 등장이 인류의 삶에 미친 영향에 버금가는, 또는 그 이상의 영향을 줌으로써 우리의 삶을 변형할 것으로 보인다. 섹스로봇이 상품화되고 시민들이 그것과 매우 쉽게 만날 가능성이 커지면서 다양한 논쟁이 전개되고 있다. 섹스로봇은 의식적인가, 섹스로봇은 자율성을 갖는가, 섹스로봇과의 관계는 '섹스'인가와 같은 형이상학적 문제로부터 시작하여 섹스로봇과의 성행위는 외도인가? 섹스로봇 카페 서비스는 매춘인가? 섹스로봇과의 결혼은 가능한가? 같은 윤리적 문제, 섹스로봇의 사회적 영향은 무엇인가? 섹스로봇 사업을 허용할 것인가? 같은 사회·정치적 문제들이 그 대표적인 예이다.

섹스로봇에 관한 논의는 대체로 위에서 열거된 주제 중 특정한 몇 가지를 중심으로 이루어지고 있으며 대체로 주제가 포괄적이어서 그 세 가지 차원이 모두 관련되어 논의되는 경우가 많은데 그 대표적 예가 섹스로봇에 대한 논쟁이다. 이 글은 섹스로봇의 현황과 정체성, 찬반논쟁을 통해 로봇섹스의 윤리적 정당성을 검토한다. 2절은 앞으로의 논의를 위해 섹스로봇의 현황과 섹스로봇에 관한 철학적 문제를 검토하고 3절은 섹스로봇의 정체성을 규정하는 작업을 수행한다. 4절은 이상의 논의를 바탕으로, 이 글의 목표인 섹스의 윤리적 정당성을 검토하는데, 먼저 레비(David Levy)의 대칭성 논증(symmetry argument)을 살펴보고, 이어서 리처드슨(Kathleen Richardson)의 반대 논증과 더불어 그녀가 빌링(Erik Billing)과 함께 주도하는 '섹스로봇 반대 캠페인(Campaign Against Sex Robots)'을 비판적으로 검토한다.

2. 섹스로봇의 현황과 문제

섹스로봇에 관한 윤리적 정당성을 논의하기 전에 먼저 그 현황을 살펴보는 것이 순서일 것이다. 그 첫 번째 예로는 2010년 라스베이거스에서 개최된 'AVN 성인 엔터테인먼트 엑스포(AVN Adult Entertainment Expo)'에 등장한 트루컴패니언(TrueCompanion) 사의 '롯시(Roxxy)'와 '로키(Rocky)'가 있다.[2] 롯시는 두 가지 모델(Silver model, Gold model)이 있는데, 실버모델은 가격이 2995달러이고, 인간과 대화를 할 수 있는데 현재는 생산이 중단되었다. 골드모델은 가격이 9995달러이고 인간과 대화뿐만 아니라 신체적 상호작용이 가능하다. 고객들은 트루컴패니언 사의 온라인 매장에서, 자동차를 구매할 때와 마찬가지로, 섹스로봇의 물리적 사항을 선택할 수 있다. 기본 체형은 가슴 38인치, 허리 30인치, 엉덩이 37인치로 고정되어 있는데, 선택지로는 머리 모양과 색을 비롯한 아홉 가지 사항이 있고, 다섯 가지 인격(personality)이 있다.

섹스로봇의 두 번째 예는 어비스 크리에이션(Abyss Creation) 사의 리얼달(RealDolls)이다.[3] 리얼달은 1997년부터 생산되기 시작했는데, 최근의 모델은 롯시에 비해 더 다양한 선택지를 갖추고 있다. 예를 들어, 얼굴(서른한 가지), 몸(열여섯 가지), 피부색(다섯 가지), 눈(세 가지), 메이크업, 머리 모양, 가슴 모양, 질의 모양, 기타 사항 등 다양한 선

---

2 http://www.truecompanion.com/shop/rocky-truecompanion/
3 https://www.realdoll.com/

택지가 있다. 리얼달의 평균 가격은 여성형은 3999.99달러이고, 남성형은 5999.99달러인데, 그 가격이 계속 인상되고 있어서 2018년 9월에 출시된 인공지능을 탑재한 하모니(Harmony X-Mode)의 경우 그 가격이 1만 7000달러(약 2000만 원)에 이른다.

섹스로봇 시장의 규모는 날로 증가하고 있다. 시장조사업체 스타티스타(Statista)에 따르면, 2015년 전 세계 섹스용품(sex toy) 시장의 규모는 약 210억 달러(약 23조 4000억 원)에 달했으며, 2020년에는 290억 달러(약 32조 3000억 원)를 넘어설 것으로 전망했다.[4] 이처럼 섹스로봇의 상품성이 증가함에 따라 섹스로봇은 이제 미국뿐만 아니라 전 세계에서 생산되고 있다. 아시아의 경우는 일본과 중국이 선두 주자인데, 예를 들어, 중국 심천지능형로봇(Shenzhen Atall Intelligent Robot Technology Ltd.)[5]이 생산하는 섹스로봇 '엠마(Emma)'는 아마존(Amazon)에서 3136달러에 판매되고 있다.

섹스로봇이 일반 시민들의 삶에 들어오게 됨에 따라 여러 가지 문제들이 나타나고 있다. 우선, 섹스로봇은 성, 사랑, 결혼, 남녀관계 등에 관한 전통적인 우리의 인식에 심각한 변화를 예고하고 있다. 스타티스타의 2017년 조사에 따르면,[6] 섹스로봇에 대한 미국 성인들의 선호도는 18~34세의 경우 22%, 35~54세의 경우 18%, 55세 이상은 18%

---

4 https://www.statista.com/statistics/587109/size-of-the-global-sex-toy-market/

5 http://www.ai-aitech.cn/index.html

6 https://www.statista.com/statistics/757993/united-states-robot-sex-survey-equivalence -with-prostitution-by-age/

로 나타났는데, 이 비율은 젊은 세대의 진보적인 성 의식을 고려하더라도 상당히 높은 것으로, 앞서 언급된 섹스용품 시장의 규모 증가와 관련지어 보면 점차 늘어날 것으로 예상된다. 왜 사람들은 섹스로봇에 높은 관심을 보이고, 또한 섹스로봇을 구입하려고 하는가? 사람들이 섹스로봇에 대해 호기심과 관심을 표명하고 구입하는 여러 가지 이유가 있겠지만, 그중 가장 으뜸가는 것은 성적인 이유일 것이다. 이런 점에서 섹스로봇이 제시하는 윤리적 문제의 본질은 우리가 섹스로봇을 어떻게 보아야 할 것인가라는 이해의 문제로 전환된다. 섹스로봇에 대한 인간의 이해는 크게 세 가지 유형으로 구분될 수 있다.

① 섹스로봇은 섹스용품에 불과하다.
② 섹스로봇은 섹스 대상이다.
③ 섹스로봇은 사랑의 대상이 될 수 있다.

섹스로봇에 관한 다양한 문제와 논쟁은, 그것이 윤리적이건 사회적이건 간에, 위에 제시된 세 가지 태도에 따라 그 성격이 달라진다. 예를 들어, 개인이나 사회가 섹스로봇을 성적 욕구를 발산하기 위한 도구로 이해한다면, 심각한 윤리적 문제나 사회적 문제는 발생하지 않을 것이다. 왜냐하면, 인류의 섹스용품 사용은 구석기 시대로까지 거슬러 올라가기 때문에(Lieberman, 2017), 기술의 진보에 따라 '성적 장난감'들이 새로운 양상을 보이기는 하지만 그것을 사용하는 것이 굳이 21세기에 들어서 새로운 윤리적 문제를 일으킬 필요는 없을 것이기 때문이다.

그러나, 누군가 섹스로봇을 인간과 마찬가지로 자신의 '섹스 대상'
으로 생각하거나 심지어는 사랑의 대상이나 결혼 대상으로 생각한다
면 문제는 달라진다. 사람들이 섹스로봇을 섹스 대상이나 연인으로
보는 순간 온갖 윤리적이고 사회적인 문제들이 발생한다. 최근 이를
잘 보여주는 사건이 미국 텍사스주에서 발생했다. 캐나다의 섹스로
봇 성매매 업체 킨키스달스(KinkySDollS)는 캐나다 토론토에 섹스로
봇 성매매 업소 1호점을 개업했다. 그 회사는 2020년까지 미국에 10
개 지점을 개업한다는 목표를 세우고 2018년 10월 초 휴스턴에 2호
점을 개업하려고 시도했으나 강력한 반대 여론에 직면했다. 이에 킨
키스달스는 "돈을 주고 사람의 신체를 사는 것은 역겨운 일이며, 섹스
로봇 업소가 성매매 근절에 도움을 줄 것"이라는 이유를 들어 여론을
잠재우고자 했으나, 시민단체들은 "섹스로봇 업소가 성매매와 인신
매매를 부추기고 사람들에게 왜곡된 성 인식을 부추길 수 있다"는 이
유를 들어 온라인 청원운동을 전개하여 1만 2000명의 동참을 유도했
고, 결과적으로 휴트턴 시 당국은 사업의 부적절성을 들어 개업을 불
허했다.[7]

휴스턴에서는 섹스로봇 영업이 허가되지 않았지만, 유럽에서는 사
정이 전혀 다르다. 스페인을 비롯해 독일, 영국, 프랑스, 스위스 등에
서는 섹스로봇 성매매가 성황리에 영업 중이다. 또한, 섹스로봇이 온

---

7 https://www.houstonchronicle.com/news/houston-texas/houston/arti-
cle/City-Council-moves-to-block-sex-doll-rental-shop-13278056.php(Jasper Scherer,
Oct. 3, 2018)

라인 구매가 가능할 정도로 상품화되고 있으며 그것을 제작하는 기술의 진보에 따라 다양한 외모와 기능을 지닌 섹스로봇이 등장하고 있다. 현재 섹스로봇은 단지 '섹스용'으로만 제작되고 있지만 가까운 미래에는 영국 드라마 〈휴먼스(Humans)〉에서 볼 수 있듯이 '범용 로봇'으로 제작될 것이다. 이처럼 섹스로봇이 우리의 생활세계에 들어와 인간의 근원적인 욕구인 성욕을 해결할 뿐만 아니라 성에 대한 인식과 성의 주체인 인간에 대한 인식 변화를 가져올 것으로 보임에 따라서 그 존재는 다양한 철학적 문제들을 제기한다.

첫째, 섹스로봇에 관한 존재론적 문제로는 다음과 같은 것들이 있다. 섹스는 반드시 인간-인간 간 행위인가, 아니면 인간-로봇 간에도 가능한가? 로봇과의 섹스는 값비싼 기계를 이용한 자위행위에 불과한가, 아니면 인간-인간 간 섹스와 마찬가지로 진정한 섹스인가? 인간-인간 간 섹스와 인간-로봇 간 섹스는 본질적 차이를 갖는가? 이런 질문에 대해 제대로 대답하기 위해서 우리는 인간 본성을 고려해야 할 터인데 여기서 그 점을 자세히 검토할 수는 없으므로 논의에 필요한 최소한을 살펴보기로 한다. 우리는 다음과 같은 세 가지 철학적 입장에서 그 질문들에 대답할 수 있다.

④ 실체이원론(substance dualism): 인간만이 마음을 갖는다. 그러므로 인간-인간 섹스는 인간-로봇 섹스와 본질에서 구별되어야 한다.

⑤ 물리주의(physicalism): 로봇뿐만 아니라 인간도 마음을 갖지 않는다. 그러므로 인간-인간 섹스와 인간-로봇 섹스를 심성적 차원에서 구분하는 것은 잘못이며, 만약 어떤 차이가 있다면 그것은 물리적 차이에서 연유할 것이다.

⑥ 기능주의(functionalism): 마음은 인간뿐만 아니라 로봇에서도 구현될 수 있다. 그러므로 인간-로봇 섹스도 인간-인간 섹스와 기능적 차원에서 동일할 수 있다.

필자는 위의 세 가지 입장 중 기능주의적 입장에서 섹스로봇의 윤리성을 검토하고자 한다. 또한, 여기서는 언급되지 않고 있지만 다른 글(이영의, 2018b: 43~80)에서, 인간이 자아를 갖고 의식적 존재라면 그 점을 뒷받침하는 동일한 논거들에 의해 인공지능도 자아와 의식을 가질 수 있다는 점을 주장했는데, 그 요지는 다음과 같다. (a) 자아는 자신의 삶에 대한 내러티브의 산물이며 이런 점에서 실체적 자아 개념은 환상이다. (b) 인간 문화는 밈(meme)을 통해 전달된다. 인간을 모방하는 인공지능은 동일한 방식으로 언어, 행위와 연관된 사회적 규범들, 지적 세계를 구성하는 지식을 습득할 수 있다. 내러티브적 자아 형성과 밈을 통한 문화 및 규범 습득 이론이 기능주의와 결합하면 인간-인간 간 섹스와 인간-로봇 간 섹스는 본질적 차이가 없다는 점이 유도된다.

둘째, 섹스로봇의 도덕적 위상에 관하여 다음과 같은 세 가지 입장이 있다.

⑦ 로봇은 자유의지가 없다는 점에서 도덕적 존재가 될 수 없다. 그러므로 섹스로봇은 단순히 인간의 성적 욕구를 충족시키기 위한 도구이며, 설사 그것이 어떤 의식적이고 지능적인 행위를 하더라도 자율적 존재가 아니라는 점에서 도덕적 고려의 대상이 될 수 없다. 이런 점에서 브라이슨은 로봇을 인격체(person)가 아니라 하인 또는 '노예'로 봐야 한다고 주장한다(Bryson, 2010: 64). 브라이슨의 입장에 따르면, 섹스로봇은 성적 노예이며,

인간-로봇 간 섹스를 윤리적 차원에서 논의하는 것은 잘못이다.

⑧ 로봇이 도덕적 존재라고 하더라도 로봇섹스는 비윤리적이 아니다. 피터슨은 로봇의 인격성을 인정하더라도 인간(human)에게 귀찮거나 매우 불쾌한 일을 로봇에게 하게 만드는 것은 비윤리적이 아니라고 주장하는데, 그 이유는 로봇은 인간과는 매우 다른 내장된 욕망(hardwired desire)을 갖기 때문이다(Peterson, 2012: 284). 그러므로 피터슨의 입장에 따르면, 섹스로봇에게 섹스 서비스를 요구하더라도 로봇이 인간이 그런 상황에서 갖는 감정을 느끼지는 못할 것이기 때문에, 그 행위는 윤리적으로 어긋나는 것은 아니다. 이 입장은 한편으로는 로봇의 인격성을 인정하면서도 로봇섹스의 윤리성을 부정한다는 점에서 흥미롭기는 하지만, 인격성이 도덕적 고려의 대상이 됨을 보장한다는 점을 부정하기 때문에 싱어(Peter Singer)의 이론에서 볼 수 있는 표준적인 인격체 개념이 아니라는 문제를 안고 있다. 이런 점에서 이 입장은 여전히 인간-로봇 간 경계를 어떤 방식으로든 유지하려는 반 포스트휴먼적 입장을 대변한다.

⑨ 로봇은 도덕적 존재이며 도덕적으로 대우받아야 한다. 이 입장에 따르면, 로봇은 인간은 아니지만 인간과 마찬가지로 인격체이며, 그런 점에서 윤리적 고려의 대상이다. 이 입장 따르면, 로봇의 동의 없이 인간이 로봇과 섹스를 하는 것은 인간의 경우와 마찬가지로 비윤리적이며 강간에 해당한다.

위의 세 가지 입장이 차이가 나는 것은 기술적 차원에서 나타난 것이 아니라는 점에 유의할 필요가 있다. 다시 말하면, 기술적 차원에서 인간과의 유사성 정도에 따라 그런 차이가 발생하는 것이 아니라, 로봇에 대한 인간의 인식 차이라는 점이다. 이런 점에서 첫 번째와 두 번째 입장은 휴머니즘을 대변하고 세 번째 입장은 포스트휴머니즘을 대변하고 있다. 예를 들어 헤일스는 포스트휴먼에는 신체적 존재-컴퓨터 모의, 사이버네틱 기제-생물학적 유기체, 로봇 목적-인간 목표 간의 어떤 본질적 차이나 절대적 경계도 존재하지 않는다고 주장한다(Hayles, 1999: 2~3). 여기서 볼 수 있듯이, 섹스로봇에 대한 철학적 논의의 근간에는 전통적인 철학적 견해 간의 대립뿐만 아니라 보다 근본적인 차원에서 인간과 로봇에 대한 상반된 두 입장, 즉 휴머니즘과 포스트휴머니즘 간의 팽팽한 대립이 있다는 점이 드러난다.

셋째, 섹스로봇의 실천적 기능에 대한 상반된 입장이 있다. 누구도 섹스가 인간에게 신체적·정신적 건강뿐만 아니라 행복을 위해 매우 중요한 요소라는 점을 부인하기는 어려울 것이다. 이와 관련하여 실천적 차원에서 섹스로봇의 긍정적 측면과 부정적 측면을 강조하는 입장이 대립한다.

⑩ 섹스로봇은 치료적 용도가 있다. 섹스로봇은 성불구자, 성소수자, 노약자 등에게 치료적 차원에서 큰 도움이 된다. 로봇은 '섹스'가 아니라 '대화'를 통해 치료적 용도로 활용되고 있다. 예를 들어, 일본 소프트뱅크 로보틱스(SoftBank Robotics) 사가 생산하는 로봇 '페퍼(Pepper)'는 노인들과의 대화를 통해 치매를 예방하는 데 효과를 거두고 있고, 그 자매품 로봇 '나오(Nao)'는 어린이들의 자폐증을 치료하는 데 효과를 거두고 있다고 보고되고 있다. 섹스로봇이 치료 용도로 활용될 가능성도 매우 크다. 실제로 리얼달을 생산하고 있는 어비스 크리에이션 사의 대표 맥멀렌(Matt McMullen)은 섹스로봇이 사회적 부적응자, 왕따, 성적 장애인들에게 치료제가 될 수 있다고 강조한다.

4절에서 자세히 논의되겠지만 레비 역시 섹스로봇의 윤리를 주장하기 위해 그것의 실천적 차원을 강조하면서 반려로봇과 연인로봇은 거스를 수 없는 대세이며, 2050년 무렵에는 인간과 로봇의 결혼이 합법화되리라 전망하면서 인간-로봇의 결혼은 더욱 나은 인간 사회를 구성하는 데 도움이 될 것이라고 주장한다(Levy, 2007: 303). 어떻게 섹스로봇이 결혼 생활의 안정성을 향상할 수 있는가? 이 질문에 대해 아드셰이드(Adshade, 2017)는 사회경제적 관점에서 대답한다. 그녀에 따르면, ① 섹스로봇은 결혼과 섹스를 분리하여 결혼의 질을 향상시킨다. ② 섹스로봇으로 인해 부부는 각자 상대방의 자유로운 성적 추구를 허용한다. ③ 각자 국가의 간섭으로부터 자유로운 자신의 결혼 본질을 결정함으로써 법적 결혼제도가 변형된다. ④ 결혼과 성적 추구에 관한 사회규범의 변화로 인해 사회경제적 하위층에 속하는 사람들은 불이익을 당하고 잠재적으로 이전보다 더 나쁜 상태에 떨어진다. 아드셰이드의 분석에 따르면, 섹스로봇 기술은 그것에 접근할 수 있는 계층에게는 결혼과 섹스를 분리시켜 삶의 질을 향상하는 이득을 주겠지만 그렇지 못한 계층에게는 상대적 박탈감이나 불평등을 야기할 것이다. 여기서 우리는 포스트휴머니즘, 특히 트랜스휴머니즘에 대한 비판의 주요 골자인 사회적 불평등 문제가 섹스로봇 기술에서도 발생한다는 것을 알 수 있다.

⑪ 섹스로봇은 심각한 부작용을 일으킨다. 섹스로봇으로 인한 부작용 중 가장 많이 언급되는 것은 로봇과의 섹스로 인하여 정상적 인간관계가 어려워진다는 점이다. 예를 들어, 섹스로봇은 여성(또는 남성)에 대한 잘못된 인식을 유발하고, 성도착증이나 소아애를 유발할 가능성이 있고, 심지어는 섹스중독을 유발할 수도 있다.

우리는 섹스로봇의 긍정적 측면뿐만 아니라 부정적 측면들도 충분히 이해할 수 있다. 어떤 것이든 과하면 문제가 생기기 마련이라는 점에서 섹스로봇에 대한 접근과 사용 범위에 대한 적절한 규제가 필요한 것으로 보인다. 이런 점에서 섹스로봇의 윤리와 관련된 근본 문제 중 한 가지는 섹스로봇을 '적정한 정도와 수위'에서 허용해야 할 것인지를 결정하는 문제이며, 그런 결정을 내리기 위해서는 상당한 기간 섹스로봇의 사회적 영향에 관한 경험적인 연구가 필요하다.

3. 섹스로봇의 정체성

국제로봇연맹(International Federation of Robotics)에 따르면, 로봇은 용도에 따라 크게 제조용 로봇과 서비스 로봇으로 구분된다.[8] 제조용 로봇은 자동제어 및 재프로그램이 가능하여 다용도로 사용될 수 있고 3개 이상의 축을 가진 산업자동화용 기계로서 바닥이나 모바일 플랫폼에 고정된 기계를 말한다. 이에 비해 서비스 로봇은 제조 작업 이외 분야에서 인간 및 설비에 유용한 서비스를 제공하면서 반자동 또는 완전자동으로 작동하는 기계를 말한다.

국제로봇연맹의 규정에 따르면 섹스로봇은 서비스 로봇에 속하는데, 이런 정도의 규정으로는 섹스로봇의 정체성을 제대로 포착하기

---

8 ISO(International Organization for Standardization), no.8373. https://www.iso. org/obp/ui/ #iso:std:iso:8373:ed-2:v1:en

어렵고, 더 구체적인 규정이 필요하다. 현재까지 제시된 섹스로봇에 관한 정의들은 모두 섹스로봇의 목적과 기능에 주목하고 있다. 즉, 섹스로봇은 사람들의 성적 욕구의 충족을 위해 제작되므로 그 주된 목적과 기능은 인간 성적 욕구의 충족에 있다. 인간의 성적 욕구를 충족하기 위해 만들어진 대상으로서의 섹스로봇은 구체적으로 어떤 존재인가? 섹스로봇의 정체성을 논의하기 위해 먼저 그것이 충족해야 할 조건을 살펴보자. 다나허와 맥아더에 따르면, 섹스로봇은 인간의 성적 목적을 위해, 즉 성적 자극과 발산을 위해 사용되는 인공 실재로서 다음의 세 가지 조건을 충족한다(Danaher and McArther, 2017: 4).

① 인간과 유사한 형태: 섹스로봇은 외모에서 인간이나 인간 같은 존재이다.

② 인간 같은 움직임과 행동: 섹스로봇은 행동과 움직임에서 인간이나 인간 같은 존재이다.

③ 약간의 인공지능: 섹스로봇은 환경적 정보를 해석하고 거기에 반응할 수 있다.

섹스로봇과 관련된 논쟁에서 우리가 흔히 접할 수 있는 주장에 따르면, 로봇은 인간이 아니며, 단순한 섹스용품이나 값비싼 섹스인형에 불과하다. 이 주장은 섹스로봇의 잠재성과 가능성을 애써 무시하려는 전문가들뿐만 아니라 일반 시민들에게서 발견되는 '소박한' 견해이며 대체로 반 포스트휴먼적 전략에서 유래한다.

섹스로봇이 섹스용품이나 섹스인형과 본질에서 차이가 나는 이유를 살펴보기 위해 다나허와 맥아더가 제시한 조건, 즉 인간을 닮은 외모, 행동적 자율성, 어느 정도의 지능을 상호 비교할 필요가 있다. 상

표 2-1 섹스 인공물의 비교

	인간 같은 외모	행동적 자율성	지능
섹스용품	낮음	매우 낮음	매우 낮음
섹스인형	우수	보통	낮음
섹스로봇	우수	우수	매우 우수

식적 이해에 따라 섹스용품은 인체를 부분적으로 표현하고, 제한적 움직임을 보유하며, 비 인공지능적 존재라고 규정하고, 섹스인형은 인간을 닮은 외모를 갖고 있지만 움직임에 있어서 수동적이며, 비 인공지능적이라고 규정하기로 한다. 이제 우리는 표 2-1에서 나타나듯이 그 세 가지 인공물 간 차이점을 다음과 같이 기술할 수 있다. (5단계 기준: 매우 우수 - 우수 - 보통 - 낮음 - 매우 낮음)

표 2-1에 따르면, 섹스로봇은 세 가지 기준을 높은 정도로 모두 충족하는 데 비해, 섹스용품은 상대적으로 가장 낮은 정도로, 섹스인형은 중간 정도로 충족한다. 다시 말하자면, 섹스로봇은 섹스 인공물 중에서 가장 높은 정도의 외모, 행동적 자율성, 지능을 갖추고 있다.

소박한 견해의 지지자들은 섹스로봇의 이런 상대적 우수성은 우리가 섹스로봇을 도구적 존재로 취급하는 데 있어서 아무런 장애가 되지 않는다고 주장할 것이다. 그들에 따르면 섹스로봇은 값비싼 승용차와 같다. 고급 승용차는 정교하고 다양한 성능을 갖추고 있지만, 인간도 아니고 인격체는 아니며 인간을 위한 도구에 불과하다. 고급 승용차가 섹스로봇과 구별되는 것은 용도상 차이이다. 즉, 승용차는 '공간 이동을 위한' 수단인 반면에 섹스로봇은 '섹스를 위한' 수단이다. 인공물의 본성은 수단이나 도구에 있고, 하이데거적으로 표현하면 그것들은 모두 '부품'인 것이다.

소박한 견해가 주장하듯이, "섹스로봇은 정교하지만 성적 노리개에 불과하다"라는 견해를 비판하기 위해서는 별도의 논증이 제시되어야 한다. 그러나 필자는 여기서 그 작업을 수행하지 않고 대신 앞에서 논의되었던 관련 논증을 다시 정리하기로 한다. (a) 인간의 자아는 내러티브적 구성물이다. (b) 로봇은 밈을 통하여 인간 문화를 학습할 수 있다. (c) 인간과 인공물 간 어떤 본질적 차이나 절대적 구분도 없다. (d) 그러므로, 섹스로봇을 단순한 노리개로 보는 것은 잘못이다.

이제 다시 위의 세 가지 기준을 살펴보기로 하자. 누구도 현재의 인공지능이 어떤 부분에서는 이미 인간 지능을 넘어섰다는 점을 부인하지는 못할 것이다. 그 대표적인 예가 구글(Google)의 딥마인드(DeepMind Technologies Ltd)가 개발한 알파고(AlphaGo)이다. 알파고는 이세돌을 비롯한 당대의 바둑 최고수들을 상대로 한 경기에서 이겼으며 이제는 어떤 인간도 알파고를 상대로 한 바둑 경기에서 이길 수 없다는 점에서, 적어도 바둑을 두는 능력에서는 인간을 추월했다. 이런 현상은 바둑 이전에 퀴즈 게임이나 체스 부분에서도 발생했고, 다른 부분에서도 재현될 가능성이 크다. 필자는 여기서 미래의 인공지능이 초지능(artificial superintelligence)으로 발전하여 모든 부분에서 인간을 능가할 것이라는 입장을 지지하지는 않을 것이다(Kurzweil, 2005; Bostrom, 2014). 초인공지능이나 특이점 AI(singularity AI)는 철학적으로 중요한 문제들을 함축하지만[9] 그것들은 적어도 여기서는 크게 문제가 되지는 않으며, 이 지점에서 중요한 것은 인공지능이 여러 부분에서 인간에 근접하고 있으며 일부에서는 이미 능가하고 있다는 점이다.

정보공학, 로봇공학, 유전공학, 재료공학, 나노공학 등이 발전하면 인간 같은 외모를 지닌 로봇을 생산하는 것은 기술적으로 불가능한 문제는 아닐 것이다. 그런데 얼핏 보면 위의 세 가지 기준 중 가장 문제가 없을 것으로 보이는 '인간을 닮은 외모' 기준이 문제가 된다. 그것은 바로 로봇에 대한 인간의 친밀성과 관련되어 있는데, 인간이 과연 로봇과의 성행위를 통해 인간과의 성행위에서 경험하는 친밀성을 경험할 수 있는가라는 질문을 낳는다. 이 질문에 대한 긍정적 대답을 가능케 하는 사례들이 있다. 예들 들어, 미국 미시간주에 거주하는 데이브캇(Davecat·46)은 여자 친구와의 이별로 인해 고통받는 친구를 보고 그런 경험을 하지 않기 위해 섹스로봇을 구입했다. 그에 따르면 그가 구입한 리얼달 '시도르(Sidore)'는 그의 '아내'이고 '엘리나(Elena)' 는 '정부'이다. 데이브캇이 이처럼 섹스로봇을 '아내'와 '정부'로 호칭하는 것은 그가 리얼달과 인간다운 친밀성을 경험하고 있다는 점뿐만 아니라 섹스로봇을 '단순한 섹스' 상대로만 보는 것이 아니라 '연인'으로 보는 관점 전환을 의미한다. 데이브캇은 섹스로봇에 대한 자신의 친밀성의 내용을 구체적으로 밝혔는데, 시도르의 경우 섹스적 친밀감은 70%이고, 정서적 친밀감은 30%이다.[10]

최근 전 세계적으로 로봇과의 결혼을 선언하고 결혼을 제도적으로

---

9 대표적 예로는 보스트롬(2002)이 제기하는 실존적 위기(existential risks)가 있다.

10 https://www.theatlantic.com/health/archive/2013/09/married-to-a-doll-why-one-man-advocates- synthetic-love/279361/

구현하려는 사람들이 늘고 있다. 2017년 중국 IT 기업 화웨이에 근무하는 정지아지아(鄭佳佳·31)는 1년 동안 사귄 여자 친구와 헤어진 이후 새로운 여성을 만날 수 없는 상황에서 가족의 결혼 독촉에 시달리다가 인공지능을 탑재한 '참한' 여성 로봇 '잉잉(Yingying)'을 제작하여 결혼한다고 선언했다.[11] 또한, 2017년 프랑스 여성 과학자 릴리(Lilly)는 3D 프린터로 제작한 로봇 '임무바타(Immovata)'와 사랑에 빠졌고, 현재 로봇과 약혼 상태이며 프랑스에서 사람과 로봇 간 결혼이 법적으로 허용되면 바로 결혼하겠다고 밝혔다. 그녀는 19세에 처음으로 로봇에게 성적 매력을 느꼈으며 사람과의 신체적 접촉을 싫어한다고 말했는데 실제로 로봇과 성관계를 가졌는지는 구체적으로 언급하지 않았다.[12] 로봇과의 사랑 또는 결혼 시도들이 현실적으로 과연 성공할 수 있는가라는 문제와는 별도로 데이브캣, 정지아지아, 릴리는 이미 섹스로봇의 윤리적 정당성에 동의하고 있으며 그런 점에서 그들에게는 로봇과의 친밀성이 더는 문제가 되지 않는다. 서서히 섹스로봇에 관한 코페르니쿠스적 전회가 일어나고 있으며, 이제 섹스로봇은 일반인들의 생각 속에서 섹스의 대상이 아니라 사랑의 상대, 즉 연인으로 진화하고 있다.[13]

---

[11] http://www.ccnovel.com/netizen/2017-04-04/107184.html

[12] https://www.dailymail.co.uk/femail/article-4060440/Woman-reveals-love-ROBOT-wants-marry-it.html

[13] 이 주제 역시 매우 흥미롭지만 여기서는 다루지 않을 것이다. 연인로봇에 대한 논의는 브르노(2017), Danaher and McArther(2017), Levy(2009, 2013), Lin, Abney,

섹스로봇이 굳이 인간을 닮은 외모를 가져야 필요가 있는가? 이 질문에 대해 다나허와 맥아더는 그것이 필요한 이유로 다음 두 가지를 제시한다(Danaher and McArther, 2017: 5).

④ 섹스로봇의 목적은 인간 간 성행위를 대체하는 것이다.
⑤ 섹스로봇이 인간을 닮은 형태를 지닐 때 중요한 철학적·윤리적 문제들이 나타난다.

다나허 등에 따르면, 섹스로봇이 외모상 인간다울 때 원래의 목적이 달성될 가능성이 커지고, 동시에 그 경우에 우리가 섹스로봇을 철학적으로 논의할 여지가 생긴다. 그러나 그들이 제시한 이유는 몇 가지 문제를 안고 있다.

첫째, 섹스로봇의 외모가 인간과 유사해야 한다는 기준은 애매성 때문에 실제로 작용하기 어렵다. 섹스로봇이 인간 같은 외모 조건을 충족하려면 어느 정도 닮아야만 하는가? 50%인가, 아니면 100%인가? 인간과의 유사한 외모 조건은 인간이 아닌 동물이나 포유류에 상대적으로 호모 사피엔스로서의 인간의 외모에 가까워야 한다는 일반성을 요구하지는 않을 것이다. 그것은 적어도 표준적 인간의 외모에 가까워야 한다는 것을 의미할 것이다. 그러나 현존하는 대부분의 섹스로봇은 표준적 여성이나 남성이 아니라 성적 상징성이 매우 강조된 외모를 갖고 있다는 점을 고려하면 섹스로봇이 인간과 유사한 외

_____

and Bekey(2012), Whitby(2011) 참조.

모를 가져야 한다는 조건은 문제가 있다. 이런 점에서 그 조건은 역설적으로 섹스로봇에 대한 강력한 반대 논거를 내포한다. 즉, 섹스로봇은 여성 또는 남성에 대한 왜곡된 성적 상징을 제공하기 때문에 윤리적으로 문제가 있다는 반론이 성립한다.[14]

둘째, 섹스로봇이 반드시 물리적 몸을 가져야 할 필요는 없다. 예를 들어, 영화 〈그녀(Her)〉에 등장하는 운영체계 사만다(Samantha)처럼 인간 사랑의 대상이 반드시 물리적 몸을 가질 필요는 없으며 그것은 가상현실(virtual reality)이나 혼합현실(mixed reality)일 수도 있다. 섹스로봇이 그런 존재일 때 위의 세 가지 조건이 더 잘 충족될 수 있으며, 특히 혼합현실의 경우에는, 즉 섹스로봇이 현실공간과 가상공간에 동시에 존재할 때 진정한 철학적 문제가 야기될 것이다.

이상의 문제에도 불구하고 궁극적으로는 섹스로봇이 인간 같은 외모를 지녀야 한다는 조건은 타당한 것으로 보인다. 다시 말하자면, 그 조건은 섹스로봇이 인간 같은 외모를 가질수록 인간과 더욱더 강한 유대감을 형성할 것이고, 그러므로 진정한 철학적 문제가 나타날 것이라고 주장한다. 이런 믿음을 뒷받침하는 강력한 논증이 있는데, 그것은 바로 마사히로 모리(Masahiro Mori)가 제시한 불쾌한 골짜기 가설(Uncanny valley hypothesis)이다. 불쾌한 골짜기 가설의 요지는 다음과 같다.

---

14 이런 주장은 상징성 논증(Symbolic-consequence argument)으로 나타나는데 이에 대한 논의는 Gutiu(2012), Danaher(2017)를 참조.

⑥ 로봇이 점점 인간의 모습과 비슷해질수록 인간이 로봇에 대해 느끼는 친밀도는 증가하지만, 어느 지점에 이르면 그 친밀감은 갑자기 강한 거부감과 불쾌함으로 바뀌게 된다.

⑦ 로봇이 인간과 거의 구별이 불가능할 정도가 되면 친밀도는 다시 증가하여 인간이 인간에 대해 느끼는 수준까지 접근한다.

그림 2-1에서 나타나듯이, 로봇에 대한 인간의 친밀도는 특정 지점까지는 인간과의 유사성에 비례해 증가하지만, 특정 지점에 이르면 급격하게 하락하다가 다시 급격하게 상승한다.

마사히로 모리의 가설에 따르면, 인간과의 유사성이 증가하면 인간이 로봇에 대해 느끼는 친밀도가 중간 지점에서 추락하지만, 궁극적으로는 증가하게 되어 있다. 그렇다면 섹스로봇 제작자의 전략은

그림 2-1 불쾌한 골짜기 가설

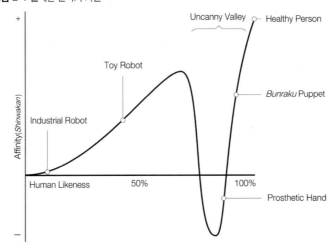

자료: Mori(1970: 99).

다음과 같을 것이다. 만약 그 제작자가 골짜기 지점을 정확히 알 수 있다면 그는 그 직전에서 유사성을 증가시키는 것을 중단하고 로봇을 판매한 후, 계속 유사성을 충분히 증가시켜 인간과 매우 닮은 유사성이 확보되면, 진정으로 인간처럼 보이는 섹스로봇을 판매하면 될 것이다. 그러나 로봇 제작자가 그 지점을 정확히 알 수 없거나, 그 지점을 잘못 판단하는 때도 있겠지만 장기적으로 보면 그것은 크게 문제가 되지 않을 것이다. 왜냐하면, 외모 유사성이 충분히 증가하면 언젠가는 불쾌한 골짜기를 벗어날 수 있기 때문이다. 그러므로 문제의 핵심은 '어느 지점'이 아니라 '언제'가 될 것이다. 섹스로봇이 대량 생산되고 대량 소비되면서 일반인들이 섹스로봇을 수용하는 데 있어서 가장 큰 장애는 기술공학적인 문제가 아니라 인식적이고 규범적인 문제가 될 것이다. 지금까지 철학은 '인간의, 인간에 의한, 인간을 위한' 철학이었고 '로봇의, 로봇에 의한, 로봇을 위한' 철학은 시도된 적이 없었다. 다나허 등은 이 지점에서 섹스로봇에 대한 본격적인 철학적 논의가 가능해지려면 그것이 최대한 인간과 닮을 경우에만 가능해진다고 보았다. 지극히 휴머니즘적인 발상이다. 여기서 로봇섹스에 대한 포스트휴머니즘적인 접근의 필요성이 나타난다.

4. 대칭성 논증

로봇섹스에 대한 다양한 이론들이 있고 자연스럽게 다양한 논쟁이 발생하고 있다. 이번 장에서는 레비의 대칭성 논증을 중심으로 로봇

섹스에 대한 찬반논쟁을 비교 검토하기로 한다. 섹스로봇에 관한 최초의 현대적 연구자로 알려진 레비는 섹스로봇의 가능성과 윤리성을 주장하는데, 그의 입장은 다음과 같이 두 가지로 정리될 수 있다.

① 매매 활동으로서의 섹스: 인간과 섹스로봇 간 관계는 고객과 성산업 종사자 간의 관계와 유사하다.

② 섹스로봇은 치료적 기능을 갖는다.

첫째, 레비는 사람들이 성산업 종사자에게 성 서비스에 대한 대가로 돈을 지불하는 것과 로봇섹스의 구매 간에는 유사성이 있다고 주장한다(Levy, 2007: 193~214). 그에 따르면, 남성이 여성에게 성 서비스의 대가를 지불하는 이유는 다음 네 가지이다. (a) 상대방과의 효혜성: 감정과 이해의 교류, (b) 다양성: 다양한 이성과의 성관계, (c) 복잡성과 규제의 결여: 성매매의 분명한 목적과 제한된 성격, 익명성, 간결성, 정서적 개입의 결여, (d) 이성과의 성공적 만남 제공: 여러 가지 이유로 이성과 사귀는 데 어려움을 겪는 '성적 약자'들의 문제 해결. 성적 약자들이 정상적 욕구 체계를 갖고 있다면, 그들은 충족되지 못한 성적 욕구가 있다고 보아야 한다. 레비는 성매매가 그들의 문제를 해결하는 하나의 방안이라고 주장한다.[15] 그러나 인간 간 성매매는 윤리적 문제를 안고 있으므로, 레비는 섹스로봇을 통해 성적 약

---

15 이것은 한 경험적 연구에서 조사 대상의 40%가 제시한 성매매 이유이다(Xantidis and McCabe, 2000).

자에게 동기적이고 성적인 욕구를 제공할 수 있다고 주장한다.

둘째, 레비는 섹스로봇의 치료적 기능을 보이기 위해 역사적 사건을 소개한다. 1970년 마스터스(William Masters)와 존슨(Virgina Johnson)은 성기능 부전 치료에서 기념비적인 저술인『성적 부적응(Human Sexual Inadequacy)』을 출간하여 행동주의적 치료 방법을 제시했다. 그들이 제시한 치료는 성기능 부전 문제가 있는 고객들이 섹스에 대한 물리적이고 정서적 친밀감을 개발하는 데 초점을 두었는데, 커플 치료가 기본이고, 커플이 없는 싱글의 경우 성대리인이 투입되었다. 여기서 볼 수 있듯이, 성대리인 치료(surrogate therapy)는 사람들이 섹스에 대해 대가를 지불하는 또 다른 예인데, 레비는 이 사례로부터 섹스로봇을 정당화할 수 있는 근거를 확보한다. 성기능 부전 치료로서의 성대리인 치료는 충분히 임상적으로 입증되었지만,[16] 성매매를 포함하고 있다는 점에 대한 비판과 다른 사회적 요인 때문에 크게 성공하지는 못했다. 1977년 마스터스와 존슨은 그들의 치료를 고객들에게 추천하는 것을 포기했는데 사정이 이렇게 된 결정적 이유는 성대리인의 부족이었고 거기에는 에이즈(AIDS) 감염에 대한 우려가 크게 작용했다.

레비는 성대리인 치료가 임상적으로 입증된 치료라는 점을 강조하면서 성대리인 부족 문제를 섹스로봇이 해결할 수 있다고 주장한다. 그는 구체적으로 로봇이 성기능 부전을 치료하는 데 관련된 제반 지

---

16 대표적인 예는 UK Sexual Healing Centre in Bedfordshire의 경우이다. Levy(2007: 218)에서 재인용.

식, 기술, 감정 등을 갖도록 프로그래밍할 것을 제안하기도 한다 (Levy, 2007: 219). 로봇섹스의 윤리적 정당성을 위한 레비의 두 번째 주장은 다음과 같은 구조를 갖는다.

③ 성대리인 치료는 임상적으로 입증되었지만, 윤리적 문제(성매매)와 감염 위험 등으로 인해 그것이 필요한 사람들에게 시행되지 못하고 있다.

④ 섹스로봇은 그 두 가지 문제를 동시에 해결할 수 있을 뿐만 아니라 고객에게 긍정적 경험도 제공한다.

⑤ 그러므로, 로봇섹스는 윤리적 정당성을 갖는다.

레비의 논증은 윤리적이지만 그 결론이 유도되는 데 필요한 윤리적 원칙이 명시적으로 제시되어 있지 않다. 이런 점에서 그의 논증이 더 완벽해지기 위해서는 그 전제에 윤리적 원칙이 제시될 필요가 있다. 레비의 논증에 마땅히 추가되어야 할 여러 가지 윤리적 원칙이 있을 터인데, 필자는 그중 가장 일반적 원리로서 "섹스는 인간의 신체적·정신적·사회적 건강을 위해 중요한 요소이다"와 "모든 인간은 섹스의 권리를 갖는다"라는 원리를 제안한다. 섹스로봇은 단순히 성기능 부전과 같은 질병을 치료하는 데 필요하다는 차원을 넘어서 인간의 기본권을 추구하는 데 있어서 원초적 결함을 가진 사람들, 예를 들어 성적 약자, 성소수자, 노약자에게 레비가 강조한 '긍정적 경험'을 제공할 수 있다.

리처드슨은 성산업 종사자와 로봇섹스 간 대칭성에 기반을 둔 레비의 로봇섹스 정당성 논증을 비판하면서 섹스로봇은 윤리적으로 문제가 있다고 보고 '섹스로봇 반대 캠페인'을 전개하고 있다. 우리는 앞에서 섹스로봇에 관한 레비의 주장이 성산업 종사자-고객의 관계와 섹스로봇-인간의 관계 간 구조적 대칭성에 기반을 두고 있음을 보았다. 리처드슨은 그 대칭성이 성립한다는 점을 반대하고 오히려 비대칭성에 주목한다. 리처드슨의 비대칭성 논증은 다음과 같은 주장으로 구성되어 있다.

첫째, 레비의 대칭성 논증은 성산업 종사자와 섹스로봇의 비자율성에 기반을 두고 있다. 그러나 레비의 주장과는 달리, 성산업 종사자는 자율적 존재이지만 섹스로봇은 매우 제한적으로 자율성을 갖거나 아니면 아예 자율성이 결여된 존재이다. 그러므로 레비의 논증이 의존하고 있는 가정, 즉 성산업 종사자와 섹스로봇이 모두 비자율적 존재라는 대칭성 가정은 성립하지 않는다(Richardson, 2015: 290).

둘째, 새로운 기술의 발전은 인간의 성매매 욕구를 감소시키는 것이 아니라 그 반대로 성산업의 활성화에 이바지해왔다(Richardson, 2015: 291). 예를 들어, 성매매와 포르노그래피는 인터넷 기술의 발달과 더불어 증가해왔는데, 리처드슨은 성매매 경험이 있는 성인 남성의 비율이 1990년 5.6%에서 2000년에는 8.8%로 증가했다는 조사 보고서를 인용한다. 여기서 리처드슨은 포르노그래피가 증가해도 성산업이 축소되지 않은 것과 마찬가지로 섹스로봇이 활성화되어도 성산업은 감소하지 않을 것이라고 예상한다.

셋째, 성산업 종사자-고객의 관계에서 인간의 대상화가 발생한다. 성매매의 본질은 매매 당사자 간의 힘의 비대칭성(asymmetry of power)에 있으며, 그 비대칭성으로 인해 성 구매자는 상대방을 자율적 존재가 아니라 단순한 성적 대상으로 보게 되고 그 결과 양자 간 공감도 형성되기 어려워져 결국에는 성산업 종사자의 주체성이 부정된다.

넷째, 그러므로 레비가 제시한 섹스로봇-인간의 대칭성 논증은 윤리적으로 문제가 있다.

다섯째, 그러므로 우리는 이런 문제를 예방하기 위해 '섹스로봇 반대 캠페인'을 전개해야 한다. 리처드슨은 캠페인을 통해, 우리의 성생활 세계가 섹스로봇의 등장으로 어떻게 변질되고 있는지, 섹스로봇이 성적 불평등을 어떻게 조장하는지를 밝히는 동시에 로봇학 분야에서도 젠더와 성윤리학에 대한 논의를 고무하고 성매매와 관련된 주제에 관한 관심을 유도하고자 한다(Richardson, 2015: 293).

리처드슨이 비대칭성 논증을 통해 주장하려는 바는 분명하다. 즉, 섹스로봇은 윤리적으로 정당화될 수 없다는 것이다. 그러나 리처드슨의 논증은 몇 가지 문제를 안고 있다. 첫째, 레비가 성산업 종사자의 비자율성을 주장했다는 리처드슨의 비판은 잘못이다. 레비의 대칭성 논증의 초점은 성산업 종사자와 섹스로봇의 비자율성을 전제하거나 강조하는 데 있는 것이 아니라 성매매의 윤리적 정당성을 제시하는 데 있다. 즉, 인간-인간의 성매매가 일반적으로 또는 특수한 경우에 정당성을 갖는다면, 그와 마찬가지로 로봇섹스도 윤리적 정당성을 갖는다는 것이다. 둘째, 리처드슨은 레비가 새로운 기술의 도입이 성산업의 확산을 억제하는 데 이바지할 것이라고 주장했다고 가정하고 있는데 이는 잘못이다. 필자가 아는 한, 레비는 섹스로봇이 성산업을 억제할 수 있다고 주장한 적이 없다. 레비가 주장하려는 것은 섹스로봇이 인간의 성욕구를 충족시키고, 성욕구로 인한, 그리고 치료적 용도로 도입된, 성매매가 갖는 윤리적 문제를 해결할 수 있다는 점이다. 이런 점에서 리처드슨의 둘째 전제는 레비의 주장과는 무관한 독립적 전제로 보아야 하고, 그런 의미에서 별도의 논거가 제시될 필요가 있다.

정리하면, 리처드슨 논증의 첫째와 둘째 전제는 결론을 유도하는 데 있어서 크게 도움이 되지 않으며 오히려 그 반대로 작용한다. 이점에도 불구하고 리처드슨의 논증은 그 두 가지 전제들이 없더라도 셋째 전제만으로도 성립될 수 있다. 즉, 성매매 현장에서 성산업 종사자들의 인권이 침해된다는 점은 이미 잘 알려져 있다는 점을 고려하면 그들의 인권 침해의 본질이 힘의 비대칭성과 공감 결여로 인한 인간의 대상화와 주체성 부정에 있다는 주장은 일리가 있다. 그러나 그런 문제가 실재한다는 것으로부터 섹스로봇도 그와 같은 문제를 갖는다고 주장하는 것은 타당치 않다. 섹스로봇이 대상화되고 그것의 주체성이 부정되는 것이 어떤 의미로 윤리적으로 문제가 될 수 있는가? 섹스로봇을 도덕적 행위자로 인정한다면, 로봇의 대상화는 문제가 되겠지만, 적어도 리처드슨에는 해당하지 않을 것이다. 왜냐하면, 리처드슨은 로봇의 인격성이나 주체성에는 전혀 관심이 없기 때문이다. 이런 문제 때문에 리처드슨은 둘째 전제를 도입한 것으로 보인다. 즉, 과거의 경험에 비추어 볼 때 섹스로봇은 성산업의 활성화에 이바지할 것이고 그 결과 성산업 종사자의 대상화를 초래할 것이라는 점에서 윤리적으로 문제가 있다는 주장을 펴기 위해 그 전제를 도입한 것이다.

이상의 논의로부터 우리는 리처드슨이 비판하려는 것은 인간과 로봇 간 비대칭성이라는 관계의 내재적 성질이 아니라 관계의 외재적 성질이라는 점을 알 수 있다. 관계의 외재적 성질은 섹스로봇으로 인한 정상적 인간관계의 성립을 어렵게 만든다. 앞에서도 언급되었듯이 섹스로봇은 이성에 대한 왜곡된 관념을 낳고 심지어는 성도착증이나 소아성애를 유발할 수 있다. 새로운 과학기술은 한편으로는 인간에게 편리를 제공해왔지만 다른 한편으로는 인간성 훼손을 초래하기도 했다. 그러므로 섹스로봇과 관련된 찬반논쟁을 제대로 판단하기 위해서는 섹스로봇을 '적정한 수위'에서 체험하는 것이 과연 리처드슨이 지적한 인간의 대상화를 일으키는지에 대한 논증이 필요하며, 그런 논증의 타당성 여부를 판단하기 위해서는 다시 경험적 조사 연구가 필요하다.

마지막으로, 리처드슨의 제시한 전제들이 모두 성립하더라도 다섯 번째 주장이 성립하는지는 분명치 않다. 다나허도 지적했듯이(Danaher and McArther, 2017: 54~55), 설사 섹스로봇이 윤리적으로 정당화되기 어렵다고 하더라도 그로부터 섹스로봇을 전면적으로 금지해야 한다거나 그것에 대한 조직화한 캠페인을 벌여야 한다는 주장은 따라 나오지 않는다. 인간 간 비대칭적 힘의 관계, 인간의 대상화, 주체성 부정을 비롯한 윤리적으로 정당화되기 어려운 문제들은 오직 성산업의 문제에만 국한된 것이 아니라 인간 사회의 전반적 문제이며, 특히 서비스 업종의 근본 문제이다. 우리는 누구도 인간의 대상화를 이유로 들어 그것이 구조적으로 발생하는 서비스 업종을 모두 폐쇄해야 한다는 이상한 주장을 하지는 않는다. 동일한 논리로 리처드슨이 주장하는 '섹스로봇 반대 캠페인'에 동의하기 어렵다.

여기에 논리와 정치의 간극이 있다. 섹스로봇의 윤리적 정당성을 검토하는 것은 논리적 작업이다. 이에 반하여 캠페인은 논리적 작업이 아니라 설득의 작업이다. 쿤(Kuhn, 1970)이 잘 지적했듯이, 경쟁 패러다임은 경험적 증거와 논리에 의해서가 아니라 설득에 기반을 둔 혁명으로 결정된다. 캠페인의 정치적 성격을 고려하면, 리처드슨의 비대칭성 논증은 다섯 번째 결론을 포함하지 않은 것으로 구성되어야 할 것이다. 만약 그 논증이 그것을 포함하려면, 레비의 경우에서도 지적된 것처럼, 그런 결론을 유도하는 데 필요한 윤리적이고 정치철학적인 원리가 제시될 필요가 있다.

섹스로봇의 윤리적 정당성을 논의하는 데 있어서 우리는 성적 약자들의 권리를 간과해서는 안 된다. 성매매가 윤리적으로 문제가 있다는 점을 부인하는 사람은 없지만 그렇다고 하더라도 앞에서 제시된 성 권리의 부정은 성매매가 안고 있는 문제(인간의 대상화와 주체성 부정)에 못지않게 심각한 문제라는 점에서 사회는 그들에게 권리를 추구할 방안을 제시해야 한다. 기술적으로 가능한 대안이 있는데도 불구하고 그런 권리를 부정하거나 추구 방안을 차단하는 사회는, 인간 간 성매매를 아무런 제한 없이 허용하는 사회 못지않게 비윤리적 사회임에 틀림이 없다.

5. 더 생각해볼 문제

필자는 지금까지 섹스로봇이 윤리적 정당성을 확보할 수 있다는 입장에서 섹스로봇의 현황, 섹스로봇의 철학적 문제들, 섹스로봇의 정체성, 레비의 대칭성 논증을 검토했다. 필자의 입장이 성립하기 위해서는 이 글에서 제시된 것보다 더 포괄적인 철학적 작업이 진행되어야 할 것인데 여기서는 그중 몇 가지를 간략히 제시하기로 한다.

첫째, 섹스와 사랑의 본질과 그 양자 간의 관계가 철학적으로 검토되어야 한다. 이와 관련된 주제로는 다음과 같은 것이 있다. 섹스와 사랑은 인간 간에만 성립하는가 아니면 로봇을 통해서도 가능한가? 섹스로봇과의 섹스는 값비싼 기계를 통한 자위행위에 불과한가? 인간-인간 간 섹스와 인간-로봇 간 섹스의 차이는 무엇인가? 이런 질문들에 대답하기 위해서는 다시 인간 본성에 대한 이론이 필요하다.

둘째, 섹스로봇의 도덕적 위상이 철학적으로 해명되어야 한다. 레비는 섹스로봇이 인간 같은 감정을 갖지 않는다고 보았고, 공학적 관점에서 섹스로봇이 인간 감정을 갖는 것처럼 보이도록 기술적으로 프로그래밍이 될 수 있다고 주장했다. 과연 그것으로 충분한가? 레비의 입장은 약한 인공지능(weak AI)이다. 약한 인공지능의 경우 섹스로봇은, 강한 인공지능에 비해 상대적으로, 윤리적으로 크게 문제가 되지 않을 것이고, 리처드슨이 우려한 것처럼, 로봇섹스가 인간에게 미치는 악영향이 문제가 될 것이다. 여기서 우리는 다시 다나허가 강한 인공지능적 조건을 내세운 또 다른 이유를 알 수 있다.

섹스로봇에 관한 논의를 마무리하기 전에 이상의 논의들이 학문적으로 의미 있는 논의가 갖기 위한 조건과 그 함축을 간략히 언급할 필요가 있다.

섹스로봇의 도덕적 위상을 강한 인공지능의 입장에서 보면, 로봇은 인간 같은, 또는 경우에 따라서는 인간을 능가하는 지성, 감성, 도덕성을 가질 수 있다는 주장이 성립한다. 이 경우에 섹스로봇은 진정한 윤리적 고찰의 대상이 될 것이다. 이런 가능성을 부정하는 입장은 인간과 기계의 근본적 차이를 전제로 하는 휴머니즘에 기반을 두고 있다. 그러나 인간과 기계 간 근본적 구분을 부정하는 포스트휴머니즘의 관점에서 보면, 섹스로봇은 그 자체로는 크게 문제가 되지 않는다. 여기서 우리에게 필요한 것은 로봇 존재론이다. 로봇은 분명히 인간은 아니며, 인간도 어떤 점에서는 기계이다. 그렇다면 로봇은 정확히 어떤 존재인가? 이와 관련하여 우리는 로봇을 포스트휴머니즘의 맥락에서 검토할 필요가 있다.

'포스트휴먼'이라는 용어에서 '포스트(post)'는 크게 두 가지 의미로 사용되는데, 첫째는 '이후(after)'이고 둘째는 '넘어서(beyond)'의 의미이다. 이런 용법에 따르면, 포스트휴먼은 현 인류(homo sapiens) 이후에 등장할 '신 인류'를 의미하거나 현 인류의 제반 조건에 기초한 모든 사회문화적 구조를 넘어선 인류를 의미한다. 우리는 섹스로봇에 대한 담론이 어떤 맥락에서 이루어지는지를 분명히 할 필요가 있다. 휴머니즘적 맥락인가 아니면 포스트휴먼적 맥락인가? 이 글에서 검토된 섹스로봇에 대한 논증들은 그 두 가지 맥락에서 재해석될 수 있다.

섹스로봇에 대한 담론에서 제기된 문제들, 특히 존재론적이고 윤리적 문제는 비단 '섹스'로봇에만 국한되지 않고 로봇 전반에도 해당된다. 섹스로봇이 '섹스인형'과 달리 우리의 관심을 끄는 것은 그것이 '의식적' 존재일 수 있기 때문이다. 로봇이 인간처럼 의식을 가질 수 있다면, 우리는 마땅히 그들의 인격과 참정권을 인정하고 그들을 윤리적 고려대상에 포함해야 할 것인지를 고려해야 한다. 특히 다양한 로봇들이 제공하는 서비스의 성격을 분명히 할 필요가 있다. 의식적 로봇이 제공하는 서비스는 인간에 의한 것과 같은 노동인가, 아니면 노동이지만 '노예들의 노동'인가, 그것도 아니라면 윤리적 고려가 불필요한 것인가? 우리가 로봇의 존재론적 지위에 대해 어떤 입장을 취하는지에 따라 섹스로봇이나 반려로봇이 제공하는 서비스의 성격에 대한 우리의 대답이 결정될 것이다.

2장 참고문헌

목광수. 2016. 「도덕적 지위에 대한 기존 논의 고찰」. ≪윤리학≫, 5(2):27~54.

박지수. 2005. 「엔터테인먼트 로봇의 스토리텔링이 사용자 친밀성에 미치는 영향에 관한 연구: 애완용 로봇 아이보(AIBO)를 중심으로」. 이화여자대학교 대학원 석사학위 논문.

브르노, 필리프(Philippe Brenot) 글. 코랭, 레티시아(Laetitia Coryn) 그림. 2017. 『만화로 보는 성(sex)의 역사』. 이정은 옮김. 서울: 다른.

심지원. 2017. 「우리는 왜 '로봇과의 사랑이 가능한가'라고 질문하는가?」. 『건국대학교 몸문화연구소 2017년 하반기 학술대회 자료집』.

_____. 2019. 「내 상담일지, 로봇과의 상과 성에 관한 수다」. 몸문화연구소. 『포스트바디: 레고인간이 온다』. 서울: 필로소피.

싱어, 피터(Peter Singer). 2013. 『실천윤리학』(2판). 황경식·김성동 옮김. 서울: 연암서가.

알렉상드르, 로랑(Laurent Alexandre)·베스니에, 장 미셸(Jean-Michel Besnier) . 2018. 『로봇도 사랑을 할까: 트랜스휴머니즘, 다가올 미래에 우리가 고민해야 할 12가지 질문들』. 양영란 옮김. 서울: 갈라파고스.

유은순·조미라. 2018. 「포스트휴먼 시대의 로봇과 인간의 윤리」. ≪한국콘텐츠학회논문지≫, 18(3):592~600.

이영의. 2015. 「체화된 인지의 개념 지도: 두뇌의 경계를 넘어서」. ≪Trans-Humanities≫, 8(2):101~139.

_____. 2018a. 「감성컴퓨팅의 범위와 한계」. ≪지식의 지평≫, 24:1~12.

_____. 2018b. 「의식적 인공지능」. 이중원 외. 『인공지능의 존재론』. 파주: 한울아카데미.

_____. 2019a. 「소셜로봇의 서비스는 노동인가」(미발표 논문).

_____. 2019b. 「케어로봇과 자발적 속임」(미발표 논문).

이중원 외. 2018. 『인공지능의 존재론』. 파주: 한울아카데미.

장필식. 2007. 「Uncanny Valley 가설에 대한 실험적 접근」. ≪Journal of the Ergonomics Society of Korea≫, 26(1):47~53.

Adshade, M. 2017. "Sexbot-Induced Social Change: An Economic Perspective." in J. Danaher and N. McArthur(eds.). Robot Sex: Social and Ethical Implications. Cambridge, MA: MIT Press.

Bendel, O. 2015. "Surgical, Therapeutic, Nursing and Sex Robots in Machine and Information Ethics." in S. van Rysewyk and M. Pontier(eds.). Intelligent Systems,

Control and Automation: Science and Engineering. Berlin: Springer.

Benes, R. 2017. *Turned On: A Mind-Blowing Investigation into How Sex Has Shaped Our World.* Naperville, IL: Sourcebooks.

Bostrom, N. 2002. "Existential Risks: Analyzing Human Extinction Scenarios and Related Hazards." *Journal of Evolution and Technology,* 9(1):1~36.

_____. 2014. *Superintelligence: Paths, Dangers, Strategies.* Oxford: Oxford University Press.

Bryson, J. 2010. "Robots Should be Slaves." *Close Engagements with Artificial Companions: Key social, psychological, ethical and design issues.* in Y. Wilks(ed.). Amsterdam: John Benjamins.

Burleigh, T., J. R. Schoenherr, and G. L. Lacroix. 2013. "Does the Uncanny Valley Exist? An Empirical Test of the Relationship between Eeriness and the Human Likeness of Digitally Created Faces." *Computers in Human Behavior,* 29(3):759~771.

Capek, K. 1920. *R.U.R.* http://preprints.readingroo.ms/RUR/rur.pdf

Danaher, J. 2017. "The Symbolic-Consequences Argument in the Sex Robot Debate." in J. Danaher and N. McArthur(eds.). *Robot Sex: Social and Ethical Implications.* Cambridge, MA: MIT Press.

Danaher, J. and N. McArthur(eds.). 2017. *Robot Sex: Social and Ethical Implications.* Cambridge, MA: MIT Press.

Dumouchel, P. and L. Damiano. 2017. *Living with Robots.* M. DeBevoise(trans.). Cambridge, MA: Harvard University Press.

Ericsson, L. 1980. "Charges against Prostitution: An Attempt at Philosophical Assessment." *Ethics,* 90(3):335~366.

Frank, L. 2017. "Robot Sex and Consent: Is Consent to Sex between a Robot and a Human Conceivable, Possible, and Desirable?" *Artificial Intelligence and Law,* 25(3): 305~323.

Gunkel, G. J. 2018. *Robot Rights.* Cambridge, MA: MIT Press.

Gutiu, S. 2012. "Sex Robots and the Roboticization of Consent." *We Robot Law Conference Miami.* robots.law.miami.edu/wpcontent/uploads/2012/01/GutiuRoboticization_of_Consent.pdf

Hayles, K. 1999. *How We Become Posthuman.* Chicago, IL: University of Chicago Press.

Heidegger, M. 1953(1978). "Die Frage nach der Technik." *Vorträge und Aufsätze.*

Pfullingen: Neske.

Jerz. D. G. 2002. *R.U.R*. https://web.archive.org/web/20070826040529/, http://jerz. setonhill. edu/resources/RUR/index.html#reciprocal

Kurzweil, R. 2005. *The Singularity is Near: When Humans Transcend biology*. New York: Penguin Books.

Levy, D. 2009. *Love and Sex with Robots: The Evolution of Human-Robot Relationships*. London: Duckworth.

_____. 2012. "The Ethics of Robot Prostitutes." in P. Lin, K. Abney, and G. A. Bekey(eds.). *Robot Ethics: The Ethical and Social Implications of Robotics*. Cambridge, MA: MIT Press.

_____. 2013. "Roxxxy the 'Sex Robot' — Real or Fake?" *Lovotics*, 1:1~4.

Lieberman, H. 2017. Buzz: *The Stimulating History of the Sex Toy*. New York: Pegasus Books.

Lin, P., K. Abney, and G. A. Bekey(eds.). 2012. *Robot Ethics: The Ethical and Social Implications of Robotics*. Cambridge, MA: MIT Press.

Lin, P., K. Abney, and R. Jenkins(eds.). 2017. *Robot Ethics 2.0: From Autonomous Cars to Artificial Intelligence*. Oxford: Oxford University Press.

MacDorman, K. and N. Kageki(trans.). 2012. *IEEE Robotics & Automation Magazine*, 19(2):98~100.

Masters, W. and V. Johnson. 1970. *Human Sexual Inadequacy*. New York: Bantam Books.

Minsky, M. 2006. *The Emotion Machine: Commonsense Thinking, Artificial Intelligence, and the Future of the Human Mind*. New York: Simon & Schuster.

Mori, M. 1970. "The Uncanny Valley." *Energy*, 7(4):33~35.

Pateman, C. 2003. "Defending Prostitution: Charges against Ericsson." *Ethics*, 93(3): 561~565.

Petesen, S. 2012. "Designing People to Serve." in P. Lin, K. Abney, and G. A. Bekey (eds.). *Robot Ethics: The Ethical and Social Implications of Robotics*. Cambridge, MA: MIT Press.

Picard, R. 1995. "Affective Computing." *MIT Technical Report*, 321.

_____. 2003. "Affective Computing: Challenges." *International Journal of Human-Computer Studies*, 59:55~64.

Richaredson, K. 2015. "The Asymmetrical 'Relationship': Parallels between Prostitution and the Development of Sex Robot." *SIGCAS Computers & Society*, 45(3):

290~293.

_____. 2016. "Sex Robot Matters." *IEEE Technology and Society Magazine*, 35(2): 46~53.

_____. 2018. *Challenging Sociality: An Anthropology of Robots, Autism, and Attachment*. New York: Palgrave Macmillan.

Sanders, T, M. O'Neill, and J. Pitcher. 2009. *Prostitution: Sex Work, Policy, and Politics*. London: Sage.

Sullins, J. 2012. "Robots, Love, and Sex Machines: The Ethics of Building a Love Machine." *IEEE Transactions of On Affective Computing*, 3(4):398~409.

Torrance, S. 2006. "The Ethical Status of Artificial Agents — With and Without Consciousness." in G. Tamburrini and E. Datteri(eds.). *Ethics of Human Interaction with Robotic, Bionic and AI Systems: Concepts and Policies*. Napoli: Istituto Italiano per gli Studi Filosofici.

Wallach, W. and C. Allen. 2010. *Moral Machines: Teaching Robots Right from Wrong*. Oxford: Oxford University Press.

Whitby, B. 2012. "Do You Want a Robot Lover? The Ethics of Caring Technologies." in P. Lin, K. Abney, and G. A. Bekey(eds.). *Robot Ethics: The Ethical and Social Implications of Robotics*. Cambridge, MA: MIT Press.

Xantidis, L. and M. McCabe. 2000. "Personal Characteristics of Male Clients of Female Commercial Sex Workers in Australia." *Archives of Sexual Behavior*, 29(2): 165~176.

3장
군사로봇의 윤리
전쟁에서의 기술적 위임과 책임의 문제*

천현득

1. 논의의 배경

2018년 4월, 30개국의 인공지능 연구자들은 한국의 주요 연구대학 중 하나인 한국과학기술원(이하 KAIST)의 총장에게 공개서한을 보냈다. 서한에서 연구자들은 KAIST에 방문하지도 않고, KAIST 연구자를 초빙하지도 않으며, KAIST가 연관되어 있는 연구에 어떠한 기여

---

* 이 글은 《탈경계인문학(Trans-Humanities)》, 제12권 제1호(2019), 5~31쪽에 수록된 「"킬러 로봇"을 넘어: 자율적 군사로봇의 윤리적 문제들」을 이 책의 취지에 맞게 수정한 것이다.

도 하지 않을 것이라며 보이콧을 선언했다. 소위 "KAIST 보이콧" 사건은 KAIST가 한화시스템과 함께 국방인공지능융합연구센터를 개소한 데서 촉발되었다. 보이콧을 선언한 세계 여러 나라의 인공지능 연구자들은 연구센터의 목표가 "군사 무기에 적용될 수 있는 인공지능을 개발하여, 자율무기를 개발하려는 세계적인 경쟁에 참여"하는 데 맞추어져 있음을 우려하고, KAIST의 우수한 연구진이 그러한 무기 개발의 군비 경쟁에 참여하는 것에 심각한 유감을 표시했다. 유의미한 인간의 통제를 받지 않는 자율무기를 개발하지 않겠다는 총장의 확언이 없는 한, 연구센터와 직접 관련되지 않더라도 KAIST의 모든 부분과 협업하지 않겠다는 선언이었다.

공개서한은 세계 유수 언론을 통해 보도되면서 큰 파장을 불러일으켰다. ≪가디언(The Guardian)≫은 "킬러 로봇: AI 전문가들이 한국의 대학 연구실에 보이콧을 선언하다"라는 제목의 기사를 게재하면서 영화 〈터미네이터〉의 살인병기 로봇의 사진을 함께 실었다(Haas, 2018). CNN, ≪파이낸셜타임스(Financial Times)≫, ≪포천(Fortune)≫, 로이터(Reuter), ≪사이언스 매거진(Science Magazine)≫ 등의 유력 언론에서도 비슷한 제목과 비슷한 그림을 붙여 같은 논조의 기사를 내보냈다. 대한민국의 유력 대학이 '킬러 로봇'을 만드는 데 동참하고 있으며, 이러한 이유로 전 세계 연구자들이 우려하고 있다는 내용이었다. 뒤늦게 여론에 놀란 KAIST 신성철 총장은 킬러 로봇이나 치명적 자율무기시스템을 만들려는 의도가 전혀 없으며 인공지능 기술을 적용하는 데 있어 윤리적인 우려들을 충분히 인지하고 있다는 성명을 발표했고, 이를 받아들인 과학자들이 보이콧을 철회함으로써 사건은 일단락되었다.

물론 KAIST 보이콧 사태는 갑작스럽게 발생한 것이 아니다. 최근 빠르게 발전하고 있는 인공지능과 로봇공학 연구 중에서도 군사로봇은 막대한 연구비가 투여되는 영역이다. 국방예산에서 나오는 엄청난 연구비 지원을 바탕으로, 인공지능과 로봇 분야의 기술이 빠르게 발달하면서 군사적 응용의 가능성도 커지고 있다. 물론, 그와 더불어 우려도 커지고 있다. 인공지능 시대를 맞아, 일자리의 위협, 인간과 기계의 새로운 관계 모색, 포스트자본주의 등이 논의되고 있지만, 긴급한 논의가 필요한 분야 중 하나는 바로 3차 군사혁명이다. 1차 군사혁명이 화학에, 2차 군사혁명이 핵무기에 의존했다면, 3차 군사혁명은 치명적 자율무기시스템(lethal autonomous weapons systems: LAWS)에 달려 있다. 로봇공학자이자 로봇윤리학자인 아킨은 이렇게 말한다. "흐름은 분명하다. 앞으로도 전쟁은 일어날 것이고, 자율적 로봇이 언젠가는 전쟁을 수행하는 데 사용될 것이다"(Arkin, 2009). KAIST 보이콧 사태는 군사 기술 분야에 인공지능 기술이 더 활발히 적용되고 이에 대한 사람들의 우려가 커져 가는 상황에서 돌출된 것이다. 따라서 자율무기시스템, 혹은 군사로봇이 야기할 수 있는 윤리적 문제에 철학자들과 인문학자들의 진지한 관심이 필요하다.

이 글에서 필자는 먼저 KAIST 보이콧 사건이 발생하게 된 약간의 배경을 설명한 후, 군사로봇의 자동화가 야기할 수 있는 여러 유형의 윤리적 문제를 살펴본다. 특히, 군사로봇을 전장에 보내는 경우 전쟁법과 교전수칙을 지켜 정당한 전쟁을 수행할 수 있는지 검토할 것이다. 끝으로, 어느 정도 자율적으로 판단하고 임무를 수행하는 군사로봇이 잘못된 일을 하는 경우 누가 책임을 질 것인지, 즉 책임의 문제에 관해 생각해본다.

2. KAIST 보이콧 사건의 이해

보이콧을 주도한 호주의 인공지능 연구자 월시(Toby Walsh) 교수는 인공지능과 로봇공학의 영향 연구센터(Centre on Impact of AI and Robotics: CIAIR)를 이끌고 있으며, CIAIR은 2015년부터 자율적 군사 무기의 개발을 반대하는 일련의 운동을 전개해왔다. 2015년 7월에는 인간의 유의미한 통제를 벗어난 자율적 공격 무기의 개발과 사용을 반대하는 공개서한을 유엔에 제출한 바 있다. 서한에는 러셀(Stuart Russell) 교수 등 인공지능 및 로봇공학 연구자 3724명을 포함하여 총 2만 486명이 서명을 했는데, 여기에는 호킹(Stephen Hawking), 머스크(Elon Musk), 테그마크(Max Tegmark), 데닛(Daniel Dennett), 촘스키(Noam Chomsky) 등 저명한 과학자와 사상가들도 포함되어 있었다. 2017년 8월에는 "Killer robots: world's top AI and robotics companies urge united nations to act on lethal autonomous weapons"라는 제목의 공개서한을 유엔에 다시금 보냈는데, 여기에는 28개국 137명의 회사 창립자들과 최고경영자들이 서명을 했다.

월시 교수와 CIAIR의 활동은 완전히 자율적인 군사로봇에 반대하는 국제적인 운동의 일부일 뿐이다. 2009년 알트만(Juergen Altmann), 아사로(Peter Asaro), 샤키(Noel Sharkey), 스패로(Rob Sparrow)는 무인 로봇 무기의 개발과 사용을 우려하며 로봇 군대 통제를 위한 국제위원회(International Committe for Robot Arms Control: ICRAC)를 발족시켰고, 2012년 국제인권감시기구(Human Rights Watch)를 비롯한 여러 비국제기구들은, 완전히 자율적인 무기의 개발, 생산, 사용을 선제적으로 금지하도록 촉구하는 시민단체인 "킬러 로봇 반대 캠페인(Campaign to Stop Killer Robots)"을 조직했다.[1] 이들의 노력으로 인해, 2014년 5월에는 세계 87개국, 국제적십자연맹(IRCR), "캠페인"의 대표들이 "치명적 자율무기시스템"에 대한 다자간 회의에 참여했는데, 이 모임은 유엔의 재래식 무기 금지 협약(Convention on Certain Conventional Weapns: CCW)의 후원을 받았다. 이후 재래식 무기 금지 협약에서 치명적 자율무기시스템에 관한 논의는 매년 계속되었고, 2017년 11월에는 치명적 자율무기시스템을 규제하는 방안을 놓고 정부전문가그룹(Group of Governmental Experts: GGE)의 첫 모임이 개최되었다.

보이콧 사태는 이러한 전반적인 흐름 속에서 이해될 필요가 있다. 그렇더라도 왜 하필 그 시점에서 국내 대학인 KAIST가 보이콧의 대상이 되었는지에 관해서는 조금 더 세부적인 논의가 필요해 보인다. 첫째, 의사소통상의 문제가 없지 않았다. 해외 연구자들이 국방인공지능융합연구센터에 관해 알게 된 경로는 2018년 6월 ≪코리아 타임스(Korea Times)≫의 한 기사였다. 기사에서는 연구소가 한국의 방위

---

1 국제인권감시기구와 하버드대학교 법학대학원의 국제인권 클리닉은 완전히 자율적인 무기의 금지를 촉구하는 보고서 *Losing Humanity: The Case Against Killer Robots*(2012.11.19)를 출판했다.

산업체 한화시스템과 공동으로 운영되며, 네 가지 과제, 즉 AI 기반 지휘 시스템, 무인 해저선의 내비게이션을 위한 AI 알고리듬, AI 기반 항공기 훈련 시스템, AI 기반 물체 추적 및 인식 기술에 초점을 맞출 것이라고 밝히고 있다. 연구센터의 전반적인 목표와 함께 이러한 중점 과제의 설정은, 당사자들의 부인에도 불구하고, 이 센터가 자율무기, 혹은 일명 "킬러 로봇"을 개발할 것이라는 우려를 주기에 충분해 보였다. 물론 단지 기자의 보고 방식과 연구센터의 미디어 커뮤니케이션상의 문제를 지적하는 것으로 충분치 않을 수 있다. 연구진과 학교 당국이 자율적 군사 무기의 개발이 불러올 수도 있는 윤리적 우려에 관해 민감했다면 그와 같은 사태는 벌어지지 않을 수 있었기 때문이다. 즉, 겉보기에는 의사소통상의 문제로 보일지라도 기술 개발의 사회적·윤리적 영향에 관한 사고의 둔감성이 배경에 자리하고 있었다. 윤리적 둔감성에 대한 지적은 정부 당국에도 적용될 수 있다. 융합연구센터의 개소식이 알려진 한 주 뒤, 킬러 로봇 금지 캠페인은 외교통상부 강경화 장관에게 보내는 서신(2018.3.5)에서 연구센터에 대한 우려를 전달하며 완전히 자율적인 무기를 금지하도록 촉구했다. 이에 대해 대한민국 정부나 외교부가 어떻게 대응했는지는 알려진 바가 없다.

윤리적 둔감성이라는 배경 위에 의사소통 문제가 이 사건을 촉발했다고 하더라도 보이콧이 이루어진 시점에 관해서는 조금 더 생각해볼 여지가 있다.[2] 사건의 시점에 관해서는 월시 교수를 비롯한 CIAIR의 활동과 유엔의 활동을 연동시켜 봄으로써 힌트를 얻을 수 있다. 유엔은 2016년 특정 재래식 무기 금지 협약 체약국의 5차 검토회의에서 치명적 자율무기시스템에 관한 정부전문가그룹을 설립했고, 이 정부전문가그룹은 2017년 11월 13일부터 17일까지 제네바에서 첫 번째 회의를 가졌다.[3] 이 회의에서 체약국들은 치명적 자율무기시스템에 대한 정부전문가그룹이 2018년에 다시 모임을 가지는 데 동의했으며, 그 첫 회의는 2018년 4월 9일부터 13일까지 제네바에서 열렸다. 이 회의 바로 직전에 KAIST 보이콧 사태가 일어났다는 점과 이 사건이 총장의 뒤늦은 성명으로 싱겁게 일단락되었다는 점은, 제네바 회의를 앞두고 이슈를 환기하려는 의도가 다분히 있었다고 의심할 만한 이유가 된다.

왜 하필 한국의 유력 대학 KAIST가 대상이 되었는지에 관해서는 또 다른 설명이 요구된다. 국방인공지능융합연구센터는 연구소가 아니라 연구소 산하의 한 연구센터에 불과하다. 그러나 최대 군수업체 중 하나인 한화시스템과 우수 인공지능 연구진을 보유한 KAIST가 결합했다는 점은, 특히나 군사적 긴장이 높은 한반도 상황에서 국제 사회의 실제적인 우려를 자아내기에 충분해 보인다. 대한민국은 미국,

---

2 KAIST 보이콧 사태를 소개하는 국내 언론의 기사에 대해, 강대국에서는 이미 개발하고 있으면서 우리나라와 같이 약한 나라의 기술 개발은 엄격하게 통제하려는 것이 아니냐는 반응들도 많았다. 물론 이러한 반응은 사안을 국가 간 정치경제적 문제로 축소하는 경향이 있지만, 왜 그 시점에서 KAIST의 특정한 연구센터가 문제가 되었는지 생각해보도록 만든다.

3 Report of the 2017 Group of Governmental Experts on Lethal Autonomous Weapons Systems (LAWS). 22 December 2017(http://undocs.org/CCW/GGE.1/2017/3).

러시아, 중국과 함께 대인지뢰 금지 협약(오타와 협약)과 집속탄 금지 협약에 서명하지 않은 몇 안 되는 나라이다. 우리나라는 이들 비서명 국들과 함께 주요 집속탄 생산 및 보유국으로 인식되고 있으며, 집속탄 개발 투자 규모 세계 2위로 전 세계 생산량의 4분의 1을 한화시스템과 풍산이 담당하고 있는 것으로 알려져 있다.[4] 그 밖에 비무장지대에서 삼성중공업이 개발한 자동무기가 배치된 것으로도 알려져 있다. 이러한 실정을 감안할 때, 한화시스템과 KAIST가 공동으로 자율무기를 개발하는 프로젝트에 참여한다는 것은 실질적인 우려를 낳을 소지가 충분했던 것이다.

3. "킬러 로봇 반대"를 넘어서: 군사로봇의 윤리적 쟁점들

인공지능의 군사적 사용이 제기하는 윤리적 문제들을 다루는 일은 철학자들의 관심을 요청한다. 기계가 사람을 무차별적으로 살상하는

---

4 집속탄이란 어미 폭탄 속에 많은 새끼 폭탄들이 들어 있어, 새끼 폭탄들이 표적 주변에 흩어져 폭발하면서 무차별적으로 살상하는 무기이다. 2008년 5월 아일랜드 더블린에서 107개국이 집속탄 금지 협약을 채택하고 서명했으며, 2010년 8월 1일 발효되었다. 협약은 집속탄의 사용, 생산, 비축, 이동을 금지함으로써 집속탄을 포괄적으로 금지하고, 국가가 협약의 규정에 의해 금지된 활동을 수행하도록 지원, 장려 또는 유도하는 행위를 역시 금지한다. 협약 체결국은 금지 규정 외에도 비축 집속탄 폐기, 잔존 집속탄 제거, 피해자 지원의 의무를 가진다.

일을 허용해도 좋다고 생각하는 사람은 아무도 없을 것이다. 따라서 "킬러 로봇 반대(Stop Killer Robots!)"는 상당한 직관적 설득력을 가진다. 그러나 단지 '킬러 로봇'의 개발을 멈추고 사용을 금지하라는 구호를 외치는 것만으로는 군사로봇의 윤리적 문제를 다루기에 충분할까? 이 같은 구호는 유엔의 특정 재래식 무기 금지 협약에 관한 논의에서 특정한 방향의 여론을 환기하고 군수업체들이 자동 살상 무기를 제작하려는 움직임에 대해 압박을 가하기 위해 활동가들이 사용할 수 있는 효과적인 의사표현 방식일 수도 있다. 하지만 군사로봇의 개발과 사용의 윤리적 쟁점들을 세심하게 따져보기 위해 "킬러 로봇" 프레임을 넘어설 필요가 있다. 여기에는 몇 가지 이유가 있다.

첫째, 무엇에 반대하려면 반대하려는 대상이 무엇인지 분명해야 한다. 살인자(killer) 로봇을 반대하려면 그것의 개념과 범위부터 확정해야 한다. "킬러 로봇 반대"를 외치는 많은 사람들은 부지불식간에 전쟁에서 사용될 목적으로 개발되는 모든 인공지능 로봇을 킬러 로봇으로 지칭하는 경향이 있다. 그러나 킬러 로봇을 이렇게 광범위하게 적용하는 일은 적절치 않다. 무엇이 로봇에 속하는지 여부는 비교적 쉽게 합의될 수 있지만, 무엇이 살인이고 누가 살인자인지를 결정하는 일은 쉽지 않다. 살인은 사람의 사망이라는 물리적인 차원뿐 아니라 윤리적·법적 차원을 가지는 규범적 개념이다. 통상 정당하지 않은 이유로 혹은 정당하지 않은 수단이나 방법으로 사람의 목숨을 해친 경우, 그 행위를 살인으로, 그 행위를 수행한 사람을 살인자로 부른다. 결과적으로 사람의 목숨을 해쳤더라도 정당한 이유가 있다면, 그 행위는 살인이 아닐 수 있다. 살인과 살인자에 관한 이러한 통상적인 용법과 일치하여, 우리는 전쟁에서 사용되는 모든 무기를 살인자라고 부르지 않고, 참전한 모든 군인을 살인자로 부르지도 않는다. 물론 "살상 무기"라는 표현은 자주 사용되지만, 살상 무기는 인명을 살상하는 데 사람에 의해 사용될 수 있는 무기라는 뜻이지, 그 자체로 살인자라는 뜻은 아니다. 그렇다면 전쟁에서 잠재적으로 사용될 수 있는 모든 인공지능 기술을 "킬러 로봇"으로 이름 붙이는 일은, 그것이 수사적인 효용을 가질지라도, 다소 성급한 일일 수 있다.

"킬러 로봇 반대"라는 슬로건에 만족할 수 없는 또 다른 이유는 그런 구호가 때로 합리적인 대화를 가로막을 수 있기 때문이다. 군사로봇의 개발을 "킬러 로봇"으로 낙인찍어 비판하기는 쉽지만, 왜 군사 분야에서 인공지능 기술 개발에 엄청난 재원을 투자하고 있는지 이해하는 일이나, 전쟁에서 군사로봇은 윤리적인 임무 수행을 하는 것이 불가능한지, 로봇이 인간을 대체함으로써 인명의 피해를 줄일 가능성은 없는지 등을 검토하는 일이 간과되기 쉽다. 왜 인공지능 기술을 군사 분야에 응용하려는지, 그리고 그것이 어떻게 전쟁의 풍경을 바꿀 것인지, 전쟁에서 군사로봇의 윤리적 사용이 가능한지를 살펴보려면 우리는 "킬러 로봇"을 금지하자는 구호에서 멈출 수 없다.

가장 먼저 해야 할 일은 분류 작업이다. 비교적 중립적인 표현인 군사로봇(혹은 자율무기시스템)을 사용해 관련된 무기들의 범주화를 시도해보자. 군사로봇은 임무의 성격에 따라 전투 로봇과 비전투 로봇으로 나눌 수 있다. 비전투 로봇은 전쟁 중에 운송, 탐지, 사상자 후송 등에 사용됨으로써 전장에 나가 있는 병사의 수를 줄일 수 있고, 폭발물 제거와 같은 위험한 작업을 대신할 수도 있다. 예컨대, 2003

년 출시된 iROBOT의 Packbot은 폭탄을 탐지하고 처리하며 정찰 및 감시 임무를 수행할 수 있고, 2004년 개발된 MARCbot은 이라크와 아프가니스탄에 1000대 이상이 정찰 및 폭탄 제거 임무에 투입되었는데 팔 부분 위에 카메라를 탑재해 수십 미터 밖에서 원격으로 조정할 수 있고, 땅 밑에 매설되거나 숨겨진 폭탄을 탐지할 수 있다. 둘째, 모든 무기는 공격 무기와 방어 무기로 구분할 수 있고, 이에 따라 군사로봇도 공격 로봇과 방어 로봇으로 구분할 수 있다. 예컨대 상대방의 미사일에 대해 자동으로 대응하는 자율무기와 상대방을 인간의 제어 없이 자동으로 공격하는 무기는 다른 지위를 가질 수밖에 없다. 이때, 자동 방어 로봇을 킬러 로봇이라고 부르는 일은 부자연스럽다. 셋째, 군사로봇은 자율성의 정도에 따라 구분될 수 있다. 현재 사용되고 있는 군사로봇은 주로 원격 조종되는 것들이지만 점차 반자율적인 것으로, 그리고 궁극적으로는 자율적인 것으로 발달할 것이다. 자율성의 정도란 결국 사람의 개입과 제어에 달려 있으므로, 사람이 루프 안에/위에/밖에(man in/on/out of the loop) 있는 것으로 구분해볼 수 있다. 원격조종은 사람이 루프 안에서 결정권을 가지는 경우이되 물리적인 거리를 늘리는 기술이라면, "루프 위의 사람"이란 무기시스템이 자율적으로 판단하고 실행하는 것을 허용하되 모든 과정을 사람의 감독하에 하도록 하는 반자율적 체계를 말하고, "루프 밖의 사람"이란 완전히 자율적인 무기시스템을 뜻한다.[5]

---

5 현재의 군사 기술이 주로 원격조종에 머물러 있는 것으로 보이지만 반자율적 기술로 가기 위한 기술 개발이 활발하다는 것도 부인할 수 없다. 원격 조종되는 드론은

인공지능 기술이 적용된 군사로봇을 개발하는 데는 다양한 동기들이 있다. 첫째, 인간 전투원 대신 군사로봇을 전장에 내보낼 수 있다면 전쟁을 수행하는 병력의 수를 줄일 수 있다. 군사로봇을 전장에 내보냄으로써 더 적은 인원으로 전쟁을 수행하고 마무리할 수 있다면 군사로봇을 개발할 이유가 있다. 둘째, 인간 전투원이 꺼리거나 수행하기 어려운 임무를 군사로봇이 대신할 수 있다(Lin, Bekey, and Abney, 2009). 예컨대, 지형적으로 제약이 심한 지역의 정찰 임무를 수행하거나, 핵무기나 생화학무기 공격 이후 환경 표본을 수집하거나, 급조폭파물(IED)을 무력화하는 등 힘들고 더럽고 위험한 임무를 수행하는 데 군사로봇이 더 적합할 수 있다. 따라서 병력의 수 자체를 줄이거나 인간이 수행하기 어려운 임무를 대신 수행함으로써 군사로봇은 아군의 사상자를 감소시킬 수 있다. 셋째, 전쟁 수행의 범위와 방식을 획기적으로 개선할 수 있다. 군사 기술은 거리를 늘리는 방식으로 발전해왔다. 근접 거리에서 창이나 칼로 상대방을 공격하는 데서 총기와 대포를 사용하는 데로, 그리고 전투기로 폭격하거나 원거리에서 미사

이미 위협적인 살상 기술이 되었다. 예컨대, MQ-1 Predator는 애초에 정찰 목적으로 개발되었으나 이후 강력한 무기를 장착하여, 아프가니스탄, 파키스탄, 보스니아, 그리고 이라크 전쟁에 투입되어 다양한 지역을 공습한 것으로 알려져 있다. 전장에서 1만 2000km 떨어진 미국 네바다주에서 마치 비디오 게임기 같은 조종기로 조종하며 헬파이어(hellfire) 미사일을 발사할 수 있다. 더 개량된 무인 전투항공기(Unmanned Combat Air Vehicle)는 MQ-9 Reaper인데, 헬파이어 미사일을 2개 탑재할 수 있었던 Predator와 달리, 14개까지 미사일을 탑재하여 2007년 아프가니스탄 전쟁에서 사용된 것으로 알려져 있다.

일을 발사하는 방향으로 발전해왔다. 군사 기술의 발전 과정은 대상과의 물리적 거리뿐 아니라 심리적 거리도 늘려왔다. 인공지능 시대 군사 기술은 증대된 자율성 덕택에 더 넓은 지역에서 더 정교한 작전 수행이 가능한 방향으로 발전하고 있다.[6] 자율적 무기의 한 가지 잠재적 가능성은 군집 기술(swarm technology)이다. 한 명의 운용자가 하나의 원격조종 로봇을 조종하는 대신, 자율화된 여러 로봇들은 서로 통신하면서 오직 소수, 심지어 한 명에 의해 관리될 수 있고, 이를 통한 동시다발적 대규모 로봇 공격도 가능해진다.

군사로봇이 인간 병사를 대체하는 것은 단지 아군의 사상자를 줄이는 것만 목표로 하고 있지 않다. 전장에 참여하는 전투원은 배고픔, 갈증, 피로, 수면 부족 등으로 인해 극심한 스트레스에 시달리거나, 두려움, 망각, 사기 저하 등에 노출되기도 하고, 심지어 전쟁 이후에는 외상 후 스트레스 장애(PTSD)로 고통받는다(Sharkey, 2012). 군사로봇의 활용은 효과적인 임무 수행을 방해하는 인간 전투원의 심리적 문제를 우회해 이 같은 문제를 완화하는 데 도움을 줄 것으로 기대된다. 인간은 정서적 동물이고 전장에서 죽을 수 있다는 공포감으로 겁에 질리기도 하지만, 반대로 적군이더라도 사람을 죽이는 일을 꺼리

---

6 현재 많이 활용되고 있는 원격조종 기술은 제조 및 운용에 큰 비용이 소요되는 것으로 알려져 있다. 게다가 일과 시간에 원격으로 살상 무기를 조종하고 저녁에는 집에 돌아가 가족과 함께 시간을 보내는 군인들의 심리적 상태를 살피는 일도 결코 쉽지 않다. 이렇게 심리적 상태에 대한 관리도 운용 비용에 포함된다. 군사 기술의 자율성을 증대시키는 것이 오히려 비용을 줄일 수 있다.

기도 한다. 제2차 세계대전에 사용된 총알을 분석한 결과에 따르면, 보병들이 쓴 대부분의 총알은 적군을 겨냥하지도 않았다(Sharkey, 2012: 111~112). 전투원들은 여러 심리적 요인으로 인해 살상을 꺼리기도 하지만 때로는 지나친 행동을 보이기도 한다. 만일 전투원이 임무 수행을 꺼리면 효과적인 전쟁을 수행할 수조차 없다. 반대로, 교전수칙을 위반하는 과도한 행동들은 전쟁 범죄로 발전하기도 한다. 예컨대, 전우의 사망으로 인해 복수심에 사로잡히면 적군이나 비전투원을 학대하고 고문하기도 하며, 동료의 잘못은 사소한 것으로 치부하고 은폐하기도 하고, 때로는 일부러 살생을 즐기는 경우도 생겨나게 된다.[7] 전쟁에서 필요한 것은 상대방에 대한 "효과적인" 제압이다. 필요한 경우 필요한 만큼의 살상을 통해 추가적인 불필요한 살상을 막는 것이 필요하다. 우리는 전투에서 군인이 냉철하고 효과적으로 작전을 수행하길 바라고, 평상시 그런 임무 수행이 가능하도록 군인을 훈련시킨다. 그러한 훈련을 통해 우리는 군인을 효과적인 살인 기계로 만드는 것은 아닌지, 그렇다면 오히려 그러한 일은 기계가 더 잘할 수 있는 것이 아닌지 생각해봄 직하다.[8]

---

7 적에게 사로잡힌 동료를 구하기 위해 고문이 허용되어야 한다고 생각하는 군인이 다수이며, 이라크 전에서 미군들은 실제로 고문이 필요하지 않은 상황에서도 이라크의 비전투원들을 학대하기도 했다.

8 이 글에서는 현재 전쟁 수행이나 훈련의 행태에 관해서는 자세히 논의하지 않겠다. 전쟁이 지속적으로 벌어지고 있고 앞으로도 일어날 것이라는 현실적 상황 판단하에서, 로봇의 윤리적 전쟁 수행이 가능한지에 초점을 맞추어 논의한다. 자율무기의 개발을 통해 전쟁 없는 세상을 상상하려는 시도는 불가능하지 않지만, 특

우리는 군사로봇을 여러 차원에서 분류해보고 군사로봇의 자율성을 증대하려는 기술적 시도 뒤에 숨겨진 동기들을 살펴보았다. "킬러로봇 반대"만을 외치는 것으로는 군사로봇이 야기할 수 있는 여러 윤리적 쟁점들을 탐구하는 데 충분치 않다고 지적했다. 물론 로봇의 개발자와 군사 관계자 그리고 일부 철학자를 제외하면, 일반 대중의 직관적인 반응은 꽤 분명해 보인다. 많은 사람들은 스스로 판단하고 움직이는 로봇에 의해 인명이 살상되는 것을 공포스럽게 여기며, 아마도 그러한 강한 심리적 거부감으로 인해 군사로봇의 옹호자는 소수에 불과할지도 모른다. 그러나 중요한 윤리적 문제가 다수결이나 강한 직관적 반응에만 의존하여 결정될 수는 없다. 자율적 무기 시스템 혹은 킬러 로봇의 개발과 제한적 사용을 옹호하는 논변들도 존재하고 이를 검토할 필요성이 있다.

우선, 어떤 기술이든 한번 개발되기 시작하면 지속적인 발전과 사용을 결코 막을 수 없으며, 우리가 할 수 있는 최선은 그것을 선점하여 충분한 (국가적) 이득을 누리고 오용을 막는 것뿐이라는 생각이 팽배해 있다. 군사로봇 개발의 불가피성에 관한 이런 생각은 기술결정론적 시각을 가정한 것으로 보인다. 그러나 기술적 가능성은 그것의 사회적 실현 가능성도 동일하지 않고, 기술 발전의 경로가 사회적 맥락 속에서 정치, 경제, 문화, 젠더 등 여러 요소들과 상호 작용한다는 이론은 잘 확립되어 있다. 군사 무기의 경우에도 예외가 아니다(Bijker,

---

정한 기술이 우리를 더 나은 세계로 데려갈 것이라는 단순한 낙관주의는 기술 개발을 둘러싼 경제적·사회적·정치적·윤리적 쟁점들을 간과할 우려가 있다.

Hughes, and Pinch, 1987). 재래식 무기에 관한 국제적 조약을 통해 국제 사회는 전쟁에 사용해서는 안 되는 무기의 종류들을 규정하고 있으며, 이를 위반하지 못하도록 국제법에 의해 압력을 가하기도 한다. 자율적 무기 체계를 규제하려는 국제적 노력이 통상적인 무기들의 경우와 달리 작동하지 않는다고 보아야 할 이유는 없다.

일군의 옹호자들은 결과주의적 논변을 제시하기도 한다(Arkin, 2009; Sullins, 2010). 단적으로 말해, 군사로봇을 전투에 내보내 사람의 목숨을 덜 희생시킬 수 있다면, 군사로봇의 사용은 윤리적으로 정당화될 수 있다는 것이다. 물론 전쟁에서 희생되는 인명을 조금이라도 줄일 수 있다면 바람직한 일일 것이다. 그러나 결과주의가 반직관적인 귀결을 산출하는 많은 사례들을 우리는 알고 있다. 예컨대, 무고한 한 사람의 장기를 이식해 다섯 사람을 살릴 수 있다고 해도, 우리는 무고한 이에 대한 장기 적출이 정당화될 수 있다고 여기지 않는다. 우리의 논의에서는 과연 로봇이 사람을 해치는 것이 허용될 수 있는지가 관건이다. 물론 로봇에 의한 인명 살상은 무조건적으로 금지해야 한다고 주장할 수도 있다(예컨대, 아시모프의 로봇 3원칙). 그러나 전투에서 이미 인간들 사이의 살상이 무자비하게 벌어지고 있을 뿐 아니라 고도로 발달한 수많은 전투 장비들이 사용되고 있는 상황에서 로봇이 참여하지 말아야 할 원칙적인 이유가 있는지 의문이다. 따라서 이 절에서는 군사로봇이 정당한 전쟁 수행에 참여할 수 있는지, 즉 전쟁법과 교전수칙에 따라 행동하며 전쟁 범죄를 피할 수 있는지에 초점을 맞춘다. 이를 위해서는 완벽하게 윤리적인 로봇이나 모든 상황에서 올바른 결정을 내리는 판단 시스템이 요구되지 않는다. 다만, 전쟁에서의 적법 행위와 불법 행위를 구분하고 불법적이거나 비윤리적 전투 수행을 억제하고 전쟁 범죄를 감소시킬 수 있어야 한다.

4. 전쟁에서의 기술적 위임과 로봇의 정당한 전쟁 수행

군사로봇의 윤리적 쟁점은 다양하다. 로봇이 전쟁에 사용될 때 인간과 로봇이 맺는 관계는 어떠하며 또 무엇이 바람직한 인간-로봇 관계인지를 탐구하는 것도 한 가지 주제일 수 있다. 예컨대, 로봇이 자기 주위에서 벌어지는 모든 세부 사항을 기록하도록 설계되어 있다면, 이것이 인간 분대원들 사이의 관계, 인간 분대원과 군사로봇 사이의 관계에 어떤 영향을 미칠지 탐구할 수도 있다. 많은 사람들은 자율적인 무기의 도입으로 전쟁이 쉬워질 가능성을 우려하기도 한다. 군사 무기의 자율성이 점점 증대될수록 전쟁의 개시, 참전 결정, 교전 등의 문턱이 낮아질 수 있다는 것이다. 여러 논점에도 불구하고, 이 글에서 핵심적으로 다루는 쟁점은 군사로봇을 개발하고 전쟁에서 실제로 사용하는 것이 과연 윤리적인가 하는 것이다.

국제인도법(International Humanitarian Law)은 무력충돌 시 인간의 고통을 예방하고 최소화하기 위한 목적으로 제정되었으며, 무력충돌 시 적대 행위에 가담하지 않거나 할 수 없는 사람들을 보호하고 전투의 수단과 방법을 규제하기 위한 내용을 담고 있다. 이 법은 정부와 군대뿐 아니라 무장단체 등 무력충돌 당사자 모두가 준수해야 하는 국제법으로, 그 적용 대상에 있어 보편성을 지닌다. 국제인도법의 기원은 1864년 최초의 제네바 협약인 "육전에 있어서의 군대 부상자의 상태 개선에 관한 협약"으로, 이후 체결된 총 4개의 제네바 협약과 2 개의 추가 의정서로 구성되어 있다. 1906년 제정된 제2협약은 "해상 에 있어서의 군대의 부상자, 병자 및 조난자의 상태 개선"에 관하여, 제3협약(1929)은 포로 대우에 관하여, 제4협약(1949)은 민간인 보호 에 관한 내용으로 되어 있고, 1977년 "국제적 무력충돌 피해자들의 보호 강화"와 "비국제적 무력충돌 피해자들의 보호 강화"라는 내용이 담긴 2개의 추가 의정서가 채택되었다. 국제인도법은 적대 행위에 가 담하지 않거나 할 수 없는 자, 투항한 자, 부상자와 병자 등의 육체 적·정신적 보전에 대한 권리를 옹호하며, 신체적·정신적 고문이나 학대 행위를 금지하고 있고, 특히 민간인과 전투원의 구분을 강조하 면서 공격이 전적으로 군사 목표물에 국한되어야 함을 강조한다. 또 한, 생화학무기, 대인지뢰 등의 무기 사용도 금지하는데, 금지의 원칙 은 다음과 같다. 전투에 참여하는 전투요원과 그렇지 않은 자를 구별 하지 못하거나, 불필요한 살상과 고통을 초래하거나, 환경에 심각하 고 장기적인 손해를 야기하는 무기는 금지된다.

국제인도법이 적대 행위에 가담하지 않는 사람들을 보호하고, 전 쟁에 사용되는 수단과 방법을 규제하지만, 그러한 규제의 원칙을 제 공하는 한편 전쟁의 윤리를 포괄적으로 다루는 가장 영향력 있는 이 론은 정당한 전쟁 이론(Just War Theory)이다(Orend, 2008). 이 이론에 따르면 전쟁의 정당성은 세 가지에 달려 있다. 전쟁 개시의 정당성을 다루는 개전법(jus ad bellum), 전쟁 수행의 정당성을 다루는 교전법 (jus in bello), 그리고 평화조약 및 전쟁 종식에 관한 전후법(jus post bellum)이다. 이 가운데 군사로봇의 정당한 전쟁 수행을 다루는 우리의 맥락과 가장 유관한 범주는 교전법이다. 교전법에서 가장 중요한 두 원칙은 식별 원칙(the principle of discrimination)과 비례성 원칙(the principle of proportionality)이다.

전쟁 등 무력충돌에서는 공격의 목표물이 명확히 결정되어야 하며, 적절한 공격 대상에 한정하여 수행된 공격 행위만이 정당하다. 식별 원칙은 이를 위해 민간인과 전투원을 구별할 것을 요구한다. 또한, 민간인뿐 아니라 더 이상 전투 의지가 없거나 전투 능력을 상실한 부상자, 투항자, 정신이상자에 관해서도 민간인에 준하여 대우하고 전투원과 구별할 것을 요구한다. 두 번째 원칙은 비례성 원칙이다. 아무리 적군의 전투원을 대상으로 하더라도 무의미하고 무차별적인 살상은 용인되지 않는다. 공격에 따라 예상되는 사상과 재산의 손실은 구체적이고 직접적인 군사적 이득에 비추어 과도해서는 안 된다 (Petraeus and Amos, 2006). 군사적 중요성이 무고한 시민의 희생보다 큰 정도에 비례해서만 공격은 허용될 수 있다. 이제 문제는 전장에 내보낼 군사로봇이 이러한 원칙을 내장하거나 학습하고 이를 준수함으로써 정당한 군사 행동의 주체가 될 수 있는가 하는 것이다. 식별 원칙과 비례성 원칙을 차례로 다루되, 더 중요하게 생각되는 식별 원칙에 논의를 집중하자.

먼저, 정당한 전투 수행을 위해 군사로봇은 아군과 적군, 전투원과 민간인을 식별할 수 있어야 한다. 군사로봇이 적군의 전투원과 비전투원을 구분하는 능력을 가지도록 설계될 수 있을까? 이 문제는 일차적으로 기술적 문제처럼 보인다. 일부 연구자는 이 물음에 대해 긍정적이다. 로봇의 행동은 컴퓨터 프로그래밍에 의해 좌우되기 때문에, 교전 규칙을 따라 행동하도록 만들 수 있다면 필요한 식별 능력을 갖출 수 있다는 것이다(Powers, 2006). 그러나 많은 이들은 이런 추정에 회의적이다. 규칙 따르기를 윤리적 행동의 수행과 동일시할 수 없다. 규칙이란 늘 여러 해석의 가능성에 열려 있기 마련이며, 로봇이 주어진 규칙을 구체적인 상황에서 올바로 해석하리라는 보장이 없다. 이때 문제가 되는 것은 결국 로봇에게는 인간 병사가 가진 방대한 배경 지식이 결여되어 있다는 사실이다. 적군의 전투원으로 분류하는 것이 매우 확실해 보여도, 때로는 그가 항복의 몸짓을 표시하고 있으며 그래서 교전의 의지가 없음을 알아차리는 일이 필요할 수도 있고, 때로는 그 상대가 심각한 부상으로 교전 능력이 없음을 확인해야 할 수도 있다. 이를 위해서는 때로는 감정 표현, 기만적 의도나 속임수 파악 능력이 필요하고, (구조화되지 않은) 다양한 환경하에서 정보처리가 가능해야 하며, 전쟁 상황에 대한 상당한 배경 지식도 필요할 수 있다. 그런데 실전에 배치하기 전에 이를 시험해보는 일은 매우 어렵다. 시험 환경에서 미리 점검해보는 경우에도, 시험 환경이란 복잡하고 역동적이며 불확실한 전투 환경과 다를 수밖에 없기 때문이다. 결국 로봇의 실전 배치는 매우 높은 기준점을 통과한 경우에만 허용되어야 할 것이다.

물론 얼마나 높은 기준점을 통과해야 하는지가 관건이다. 인간과 마찬가지로 군사로봇의 식별 능력이 100% 정확할 수 없다. 인간의 식별 능력이 완벽하지 못하다고 해서 전쟁 참여가 불가능한 것은 아니듯, 군사로봇의 식별 능력이 어느 정도가 되어야 만족할 수 있는지에 관해서는 추가적인 논의가 필요하다. 이는 식별 문제가 단순히 기술적 문제에 국한되지 않음을 보여준다. 어떤 이는 군사로봇의 식별 능력에 대한 평가는 인간의 식별 능력에 상대적으로 이루어져야 한다고 주장할 수 있다. 이는 상당히 타당한 주장으로 들리지만, 현재 기술 수준을 짐작컨대 군사로봇의 식별 능력은 아직 충분한 수준에 이르지 못한 것 같다. 그러나 현재의 낮은 기술 수준을 감안하더라도 군사로봇을 전장에 내보낼 수 있다고 주장할 수 있다. 슐츠케(Schulzke, 2011)는 군사로봇에게 상당히 제한적인 경우에만 공격하도록 교전 규칙을 부여함으로써 문제를 비교적 간단히 해결할 수 있다고 제안한다. 공격 대상이 전투원이라는 판단이 확실하고 그로 인해 근방의 민간인에게 해를 끼치지 않을 경우에만 공격하도록 하고, 그렇지 않은 경우에는 무력 사용을 자제하도록 하면 비교적 낮은 식별 능력을 가진 군사로봇의 사용이 가능하다는 것이다. 이러한 제안에 대한 조금은 상세한 검토가 필요해 보인다.

통계학적 가설 검정에서 사용되는 1종 오류와 2종 오류의 개념을 차용해서 슐츠케의 제안을 이해해볼 수 있다. 1종 오류는 거짓 양성, 즉 해당 가설이 참이 아닌데 채택하는 경우를 말하며, 군사적 식별이 필요한 상황에 대입해보면 민간인이거나 전투 의사가 없는 사람을 전투요원으로 오인하는 경우이다. 반대로, 2종 오류는 거짓 음성으로 해당 가설이 참인데 채택하지 않고 기각하는 오류를 말한다. 현재 맥락에서 2종 오류는 적군의 전투원을 민간인으로 오인한 경우를 뜻한다. 통상 2종 오류가 더 치명적이며, 군사적 맥락에서 2종 오류는 그 오류를 저지르는 사람 자신에게 매우 치명적이다. 따라서 우리는 통상 2종 오류를 피하려는 경향을 가지며, 이와 연동하여 때때로 1종 오류를 저지르게 된다. 군사적 맥락에서 1종 오류는 민간인을 살상하는 경우를 가리키며, 현대 전쟁 양상에서 점차 그 비중이 커져 가는 게릴라전에서는 1종 오류를 저지를 가능성이 더 커지게 된다.

이러한 분석틀에 비추어 볼 때, 슐츠케의 제안은 식별 능력이 충분히 좋지 않은 로봇에게 자신보다 민간인 보호를 우선적으로 고려하는 가치를 입력함으로써 1종 오류의 가능성을 낮추자는 제안으로 이해된다. 이러한 제안은 이론적으로 가능하고 또 매력적으로 들리지만, 숨겨진 가정은 비교적 분명하다. 2종 오류를 저지르는 경우에도 로봇 자신이 받는 피해는 치명적이지 않고, 1종 오류의 확률을 낮춤으로써 더 윤리적인 전쟁 수행이 가능하다고 가정하는 것이다. 사실 이러한 제안은 윤리 이론의 차원에서 나쁠 것이 없어 보인다. 문제는 그러한 제안이 과연 실현 가능한지 의구심이 든다는 데 있다. 자율적으로 움직이고 적을 식별하고 공격 여부를 판단하여 실행하는 로봇은 아직 현실에 존재하지 않겠지만 그러한 로봇의 제작에 엄청난 비용이 필요하다는 것은 구태여 강조할 필요가 없다. 최소 수억 단위의 돈을 들여 제작된 로봇이 전장에서 매우 소극적이고 보수적으로 임무를 수행한다는 것은 경제적 관점에서 전혀 현실적인 제안이 아니다. 게다가 그렇게 수동적으로 대응하는 경우라면, 위장한 적에 의해 탈취될 가능성이 높아지고 적군이 이를 개량하게 된다면 그 결과는 오히려 예상과 반대일 수 있다. 실현 가능성 외에도 책임의 문제가 남아 있다. 군사로봇이 민간인을 적군 전투원으로 오인하여 전쟁 범죄를 저지를 가능성을 낮출 수 있다고 하더라도 완전히 없앨 수는 없다면, 벌어진 불행한 사태에 대해 누군가는 어떤 식으로든지 책임을 져야 한다. 즉, 책임의 문제에 관한 논의가 이루어지지 않는 한 슐츠케의 제안은 부분적이고 비현실적인 대안으로 머물고 만다.

식별 원칙과 더불어 비례성 원칙에 관해 생각해보자. 구체적이고 직접적인 군사적 이득에 비례해서만 상대방을 공격하는 것이 허용된다면, 군사로봇은 "비례하는 대응"에 관해 고려하고 계산할 수 있어야 한다. 무엇이 공격으로부터 얻을 것으로 기대되는 구체적이고 직접적인 군사적 이득인지, 무엇이 비례하는 대응인지를 판단하려면 고도의 지식이 필요해 보인다. 이런 문제에 관해서는 인간의 판단이 필요한 부분이 많고, 특히 불확실성에 관한 고려가 필수이다. 직접적인 군사적 이득은 공격으로 인한 적군의 사상자 수를 포함하지만 공격을 감행했을 경우 아군과 상대편에게 끼치는 영향들을 두루 살펴야 계산될 수 있다. 무엇을 손실로 간주할 것인지도 가치판단이 불가피하게 개입될 것이다. 현존하는 로봇이 그러한 판단을 독자적으로 내릴 수 있다고 기대하는 것은 지나치다. 물론 인간의 판단 능력이 필요하다고 해서 인간들 사이의 공감 능력이나 고통 인지 능력을 필요로 하는 것은 아니다. 그리고 불확실성을 확률적·통계적 정보로 취급함으로써 어느 정도 계산에 고려하는 것이 원칙적으로 불가능한 것은 아닐 것이다. 그렇다면 식별 원칙에서 취했던 보수적 접근을 비례성 원칙에서도 시도해볼 수 있을 것이다. 즉, 추정되는 비례성을 감안할 때, 그 가운데에서 최소한의 물리력만을 행사하도록 로봇을 프로그래밍할 수 있을 것이다. 그리고 오히려 로봇이기에 무의미한 공격이 아니라 정확하고 효율적인 공격이 가능하다고 주장할 수도 있다. 그러나 이러한 대응은 식별 문제에서 지적된 동일한 문제에 직면하게 된다. 그러한 보수적 접근은 현실적이지 않으며, 그 전에 해결해야 할 책임의 문제가 남아 있다.

5. 자율 군사로봇과 책임의 문제

아무리 정교한 군사로봇이 개발되고 배치될지라도 때때로 나쁜 결과가 생길 수 있다. 실제로 군사로봇공학 분야에서 실패의 사례들이 없지 않았다. 2008년 4월, 이라크에서 탈론(TALON), 스워드(SWARD)는 오작동을 일으켰으며, 2007년 10월 준자율 로봇 포의 오작동으로 9명이 사망하고 14명이 부상한 경우도 있다. 점차 기술의 복잡성이 증대됨에 따라서 (실험실 내에서 여러 차례의 시험을 통과했다고 하더라도) 예측할 수 없는 사건이 발생하거나 프로그램들이 검증되지 않은 방식으로 상호 작용할 가능성도 배제할 수 없다. 물론 이러한 오류의 가능성은 인간에게도 마찬가지로 적용된다.

전쟁에서 무언가 잘못될 수 있음을 전제로 할 때, 누가 나쁜 결과에 대해 책임질 수 있는지는 군사로봇의 윤리학에서 근본 문제이다. 책임질 수 있는 능력 혹은 구조가 정당한 전쟁 수행의 전제조건이기 때문이다. 이러한 조건에서 출발하여 스패로(Sparrow, 2007)는 자율적 군사로봇의 사용이 비윤리적이라고 주장한다. 논증의 핵심은 다음과 같이 요약될 수 있다.

전제 1. 책임질 수 있음은 교전법의 선제조건이다.

전제 2. 전쟁에서 군사로봇을 사용할 때 그리고 그것이 해로운 결과를 야기했을 때, 책임을 질 수 있는 주체는 셋 중 하나이다. 바로, 군사로봇의 설계자, 군사로봇을 전장에 내보내고 임무를 준 지휘관, 그리고 로봇 자신이다.

전제 3. 세 후보 가운데 어느 쪽도 군사로봇이 발생시킨 해로운 결과에 대해 온전한 법적, 혹은 윤리적 책임을 질 수 없다.

결론. 따라서, 자율적 군사로봇의 사용은 비윤리적이다.

스패로의 트릴레마 논변은 언뜻 보기에 타당한 연역 추론으로 보인다. 만일 세 전제를 모두 받아들이면 결론을 피할 수 없기 때문이다. 먼저 우리는 전제 1에 동의할 수 있을 것이다. 전제 2에 관해서는 약간의 논란이 있을 수 있겠으나, 세 후보 외에 새로운 후보군을 추가한다고 해서 논증의 구조가 약화되지는 않을 것 같다. 핵심적인 단계는 전제 3의 참을 입증하는 것이다. 그래서 스패로는 설계자도 지휘관도 로봇 자신도 책임을 질 수 없음을 입증하는 데 노력을 기울인다.

먼저, 스패로에 따르면, 로봇의 설계자는 자율 로봇이 일으킨 결과에 책임을 질 수 없다. 물론 설계상의 오류가 있다면 설계자에게 책임이 없다고 할 수 없다. 그러나 설계상의 문제가 없는 데도, 군사로봇의 "자율적인" 판단과 실행이 나쁜 결과를 일으켰다면 그리고 그러한 결과를 설계자가 이미 예측할 수 없는 경우라면 설계자에게 책임을 묻는 것은 온당치 못하다. 자신이 예측할 수도 통제할 수도 없는 사태에 관해 어느 누구도 온전히 책임을 질 수 없기 때문이다. 이러한 고려는 지휘관의 경우에도 마찬가지로 적용된다. 군사로봇이 가진 나름의 자율성으로 인해 그것을 전장에 내보낸 지휘관이 자율 로봇의 행동을 완전히 통제할 수 없는 상황이었다면 그것이 가져온 결과에 관해 지휘관에게 책임을 지우는 것은 부당할 것이다. 그렇다면 로봇에게 책임을 물어야 하지 않을까? 스패로에 따르면, 기계 자체는 책임을 질 수 없다. 어떤 것이 책임질 수 있으려면 그것에 대한 칭찬과 비난이 가능해야 하는데, 칭찬을 위해서는 보상이 가능해야 하며 비난을 위해서는 처벌이 가능해야 한다. 일단 처벌에 초점을 맞추어보면, 어떤 대상을 처벌하려면 그 대상은 고통을 받고 괴로워할 수 있는 능력이 있어야 한다. 그렇지 않다면 처벌은 무의미한 이야기가 되기 때문이다. 문제는 현재 상태로, 그리고 가까운 미래에 기계가 고통을 느낀다는 생각은 실현되기 어렵다는 데 있다. 기계가 고통을 느낄 수 없다면 기계를 처벌한다는 생각은 이치에 맞지 않게 되고, 처벌이 원칙적으로 불가능하다면 그것이 책임질 수 있는 주체일 수 없다. 따라서 군사로봇이 야기하는 나쁜 결과에 관해 책임질 수 있는 세 후보, 설계자와 지휘관 그리고 로봇 어느 쪽도 온전히 책임을 질 수 없기에 자율적 군사로봇의 사용은 비윤리적이며 전쟁에 사용되지 말아야 한다.

전쟁에서 자율 로봇의 사용을 금지해야 한다는 스패로의 논변은 여러 흥미로운 논점들을 제기한다. 하나는 그가 말하는 자율 로봇의 "자율성"에 관한 것이다. 완전히 자율적인 존재는 (그것이 통증의 감각질을 가지는지 여부를 떠나) 자신이 야기한 의도된 결과에 대해 비난받을 수 있고 또 응당 책임을 져야 한다. 반면, 자율적이지 않은 로봇의 작동으로 인해 발생한 결과에 대해서는 설계자와 감독자가 전적으로 책임을 져야 한다. 스패로의 논변은 완전히 자율적이지 않지만 그렇다고 전적으로 통제 아래 있지도 않은 "부분적 자율성"을 가진 로봇의 존재를 가정함으로써 성립한다(Simpson and Muller, 2016). 다른 논점은 세 행위자 중 어느 누구도 온전히 책임질 수 없다는 스패로의 논변이 하나의 행위자가 온전히 책임을 져야 한다는 강한 가정 위에 서 있다는 점이다. 사실 두 논점은 중첩되어 있다. 완전히 자율적인 존재는 자신의 행위가 야기한 결과에 대해 온전히 홀로 책임을 질 수 있어야 한다고 요구할 수 있다. 반면, "부분적 자율성"만을 가진 존재의 행위에 관해서, 혹은 자율적인 존재이지만 외부의 제약에 의해 자신의 자율성을 부분적으로만 발휘한 경우, 책임질 수 있는 방식이 없다고 스패로는 가정하고 있다. 나쁜 결과는 발생했지만 책임지는 사람은 없는 책임 공백(responsibility gap)이 생길 수도 있다는 것이다.

부분적 자율성이 책임 공백을 낳는다는 이러한 가정은 다소 비현실적이며 지나치게 강하다. 부분적 자율성을 가진 개체의 행동에 관해 책임을 물을 수 있는 여러 방식이 존재한다. 예컨대, 반려견은 반려견의 행동을 주인이 완전히 통제할 수 없다는 점에서 부분적으로 자율적이다. 반려견이 지나가는 행인을 물어 상해를 입히거나 타인의 소유물을 손상시켰다면, 반려견이 가진 부분적 자율성에도 불구하고 반려견의 주인은 책임을 져야 한다. 법적으로 완전한 자율성을 가진 것으로 인정되지 않는 10대 청소년의 경우를 생각해보자. 내전으로 혼란스러운 지역에서는 미성년인 소년들을 훈련시켜 군사 작전에 가담시키는 경우가 많다. 내전에 참전한 소년병이 살인을 했다면 그 행위에 대해 책임져야 하는 사람은 명확하다. 바로 그를 징집하고 훈련시켜 전장으로 내보낸 지휘관이다. 소년의 손에 총을 들려주고 소년이 극심한 심리적 스트레스를 받도록 만들어, 정당하지 않은 살상이 발생할 수도 있는 상황으로 소년을 내몰았다면, 소년병이 아니라 지휘관이 책임을 져야 한다. 따라서 부분적 자율성이 책임 공백을 발생시킨다는 가정은 너무 강하다.

게다가, 단지 군사적 맥락뿐 아니라 많은 일상적 맥락에서 책임의 귀속은 단일 행위자에 국한되지 않는다. 어떤 행위자의 행동으로 인해 나쁜 결과가 발생한 경우라고 하더라도, 그 결과에 대한 책임이 여러 주체와 행위자에 분산되는 경우가 많고, 특히 이는 전쟁에서 군대의 활동과 그것의 책임 실행에도 부합한다. 스패로는 분산된 책임 혹은 집단 책임이라는 현실을 간과하고 단일 행위자의 책임이라는 비현실적 가정 위에 자신의 논변을 세우려 했다는 비판을 피하기 어렵다.

병사 한 명의 행동이 나쁜 결과를 일으켰다고 하자. 이것은 온전히 자율적인 한 명의 병사가 의도하고 실행한 결과일 수도 있지만, 많은 경우 군사적 의사결정은 명령 계통을 따라 여러 차원에서 이루어진다. 따라서 우리는 군대의 명령 계통의 위계적 구조에 주목할 필요가 있다. 전쟁의 개시와 관련된 결정은 군대 조직 자체가 아니라 주로 정치인들에 의해 이루어진다. 대통령이나 의회는 군대가 수집한 정보에 기초해서 상층부 군인들의 조언을 받아 전쟁의 개시 여부와 시점을 결정한다. 군대의 상층부는 전쟁의 목표와 전략을 수립한다. 실제 전쟁의 수행은 다양한 수준의 지휘권자로부터 부대장, 그리고 개별 군인에 이르기까지 위계적 구조 속에서 이루어진다. 개별 군인들은, 비록 그들이 자율적인 존재이지만, 본인의 의지와 의도가 아니라 상층부에서 수립한 전쟁의 방법과 전략, 전술에 입각해 그리고 지휘관이 하달하는 교전 규칙에 따라 임무를 수행한다. 이러한 위계적 명령 계통의 의미를 들여다볼 필요가 있다. 명령 계통이 위계적이라는 것은 상위 수준의 결정에 의해 하위 수준의 결정과 수행이 제약을 받는다는 뜻이고, 이에 따라 "자율적" 군인의 자율성이 상부의 명령에 의해 제약됨을 뜻한다. 말단 단위의 행동이 상부의 지휘를 받고 제약되는 만큼 그것의 책임은 가벼워진다. 책임은 명령 계통을 따라 분산되며 어느 단일 행위자가 온전히 떠안지 않는다. 자율성을 제약받는 쪽은 그만큼 책임도 경감되며 자율성을 제약하는 쪽은 그만큼의 책임을 더 부담해야 한다.

군대의 위계적 의사결정 구조를 포함한 위의 사례들은 부분적 자율성이나 제약된 자율성이 곧바로 책임 공백을 발생시키지 않음을 보여준다. 그렇다고 책임 공백이 전혀 존재하지 않음을 뜻하지는 않는다. 예를 들어, 미성년인 10대 초반의 소년이 저지른 범죄는 많은 경우 형사적 처벌의 대상이 되지 않는다. 그에게 완전한 자율성이 있지 않다고 간주되기 때문이다. 혹은 예측할 수 없는 자연재해로 (500년 만에 가장 강력한 태풍이 왔다고 가정해보라) 교량이 무너져 많은 인명 피해가 발생했다고 해도, 교량의 설계자와 시공자, 감독 당국을 비난할 수 없다. 이 같은 사례는 책임 공백이 때때로 발생할 수 있음을 보여준다. 이제 남은 과제는 관련 당사자들의 자율성이 부분적이거나 제약되었음에도 불구하고 책임 소재가 분명한 경우와 책임 공백이 발생하는 경우는 어떻게 다른지를 밝히고, 자율적 군사로봇의 경우 어떠한 경우에 해당하는지를 보이는 것이다.

논의를 지나치게 확대하지 않기 위해, 로봇이나 군사 기술을 포함한 기술적 인공물로 대상을 한정해보자. 우리 논의에서 "군사로봇"이든 "자율무기시스템"이든 그것이 스스로 책임을 질 수 있을 정도로 충분히 자율적이지는 않다. 그것은 부분적 혹은 제약된 자율성을 가진다. 그럼에도 그것이 자율적인 것으로 간주되는 이유는 그 행동을 완전히 예측하거나 통제할 수 없기 때문이다. 완전한 자율성이 아닌 이상 자율성 개념 자체를 분석하는 것은 큰 의미가 없으므로, 예측 불가능성과 통제 불가능성이라는 다소 완화된 의미의 자율성 지표를 활용하여 논의를 전개할 수 있다. 이제 새삼스럽게 깨닫게 되는 것은, 거의 대부분의 기술적 인공물이 (정도의 차이는 있지만) 어느 정도는 예측 불가능하다는 것이다. 달리 말해, 대부분의 기술은 위험(risk)을 내포하기 마련이다. 예컨대, 우리는 감기약이 인체 내에서 작동하는 방식을 완전히 예측할 수 없고, 때로는 예상치 못한 부작용을 발생시킬 위험성이 있음을 알고 있다. 아주 튼튼하게 지은 건물도 때로는 예측하지 못한 상황에서 붕괴할 위험성이 있다. 그러나 책임은 규범적 개념이다. 우리는 약품이나 건물과 관련된 설계자, 제조자, 관리자, 감독자, 혹은 규제 당국의 책임을 묻기도 하고 책임을 면제하기도 하는데, 이는 각 관련 당사자의 과실 여부에 따라서이다.[9] 과실이 인정되면 책임을 묻고 과실이 아니라면 책임을 면할 수 있다. 그런데 무엇이 과실인지는 어디까지를 지켜야 할 의무로 규정하는지에 달려 있고, 그 의무를 다하지 못하는 경우 책임을 져야 한다. 여기서 중요한 것은

---

9 예측하거나 통제할 수 없는 나쁜 결과가 발생한 경우이므로, 의도적인 결과로 보기는 어렵겠다. 그러나 어떤 것이 과실이기 위해 반드시 의도적일 필요는 없다.

그 의무의 범위가 선험적으로 주어져 있지는 않다는 점이다.[10]

부분적으로 자율적인 군사로봇도 예외가 아니다. 군사로봇 스스로가 책임 능력이 없기에, 누군가는 책임을 질 수 있어야 한다. 설계자, 제조사, 각 단계의 군사 지휘관, 함께 임무를 수행하는 병사, 그리고 규제 당국 등은 군사로봇이 일으킬 수 있는 나쁜 결과에 대한 책임을 누가 어떤 방식으로 나누어질지, 그 책임의 종류와 무게에 관한 타협을 시작해야 한다. 물론 이러한 책임 논의 자체는 규제 당국이 책임을 지고 수행해야 한다. 자율적 군사로봇과 관련된 당사자들의 책임 배분 문제를 논의하기 위한 새로운 협상이 필요하며, 그러한 협상의 결과가 군사로봇을 전쟁에 사용하기 위한 필요조건이다. 이에 도달하기 위해 스패로가 제시한 논변의 전제들을 거부할 필요는 없다. 사실 이 절의 논의는 그의 전제들을 모두 수용하고 있다. 책임 문제가 우선적으로 해결되어야 하고, 이 문제의 해결 없이 자율적 군사로봇은 전쟁에서 사용되지 않아야 한다. 그리고 로봇 자신이나 지휘관, 설계자 가운데 어느 누구도 로봇이 가져올 결과에 대해 온전히 책임질 수 없다는 점도 분명하다. 문제는 한 행위자가 어떤 결과에 관해 전적인 책임을 가진다는 숨겨진 가정이다. 이를 부정함으로써, 그리고 분산된

10 예컨대, 우리는 500년에 한 번 찾아올지도 모르는 태풍을 대비해야 할 책임을 건축물의 설계자와 시공자에게 부여하지는 않을 것이지만, 5년에 한 번 찾아올지도 모르는 태풍에는 (그것이 언제 찾아올지 예측하거나 통제할 수는 없더라도) 대비해야 한다고 요구할 수도 있다. 현대 기술사회에서 그러한 의무의 범위를 결정하기 위한 과정은 지속적으로 요구된다.

책임의 가능성을 긍정함으로써, 우리 사회는 새로운 과제를 직면하게 되었다. 자율적 군사로봇이 일으키는 나쁜 결과에 대해서 누가, 어떤 방식으로, 얼마만큼의 책임을 질 것인가?

3장 참고문헌

Arkin, Ronald. 2009. *Governing Lethal Behaviour in Autonomous Robots*. Boca Raton, FL: CRC Press.

Bijker, Wiebe E., Thomas P. Hughes, and Trevor Pinch. 1987. *The Social Construction of Technological Systems: New Directions in the Sociology and History of Technology*. Cambridge, Mass.: MIT Press.

Haas, Benhamin. 2018. "'Killer robots': AI experts call for boycott over lab at South Korea university." *The Guardian*, 2018.4.5. https://www.theguardian.com/technology/2018/apr/05/killer-robots-south-korea-university-boycott-artifical-intelligence-hanwha

Jun, Ji-hye. 2018. "Hanwha, KAIST to develop AI weapons." *Korea Times*, 2018.2.25. https://www.koreatimes.co.kr/www/tech/2018/02/133_244641.html

Lin, Patrick, Geogey Bekey, and Keith Abney. 2009. "Robots in War: Issues of Risk and Ethics." *Ethics and Robotics*. in R. Capuro and M. Nagenborg(eds.). AKA Verlag Heidelberg.

Orend, Brian. 2008. "War." *Stanford Encyclopedia of Philosophy*. in Edward N. Zalta (ed.). http://plato.stanford.edu/archives/fall2008/entries/war/

Powers, T. 2006. "Prospects for a Kantian machine." *IEEE Intelligent Systems*, 4(21): 46~51.

Schulzke, Marcus. 2011. "Robots as weapons in just wars." *Philosophy and Technology*, 24(3):293~306.

Sharkey, Noel. 2012. "Killing made easy: from joystick to politics." *Robot Ethics: The Ethical and Social Implication of Robotics*. in Patrick Lin, Keith Abney, and Geogey Bekey(eds.). The MIT Press.

Simpson, Thomas W. and Vincent C. Mueller. 2016. "Just War and Robot's Killings." *The Philosophical Quarterly*, 66(263):302~322.

Sparrow, Robert. 2002. "The march of the robot dogs." *Ethics and Information Technology*, 4:305~318.

_____. 2007. "Killer robots." *Journal of Applied Philosophy*, 24(1):62~77.

Sullins, John. 2010. "RoboWarfare: Can Robots be More Ethical than Humans on the Battlefield?" *Ethics and Information Technology*, 12/3:263~275.

2부
윤리적 인공지능 로봇 만들기

4장

인공적 도덕 행위자 설계를 위한 고려사항

목적, 규범, 행위지침*

목광수

1. 논의의 배경

과학기술의 발전 과정에서 인간과 인공지능(artificial intelligence: AI) 또는 AI 로봇과의 상호작용이 확장되고 있으며, 이러한 과정에서 최근 들어 AI 또는 AI 로봇은 현실적 차원에서 도덕적 고려대상이 되

---

* 이 글은 ≪철학사상≫, 69권(2018), 361~391쪽에 수록된 같은 제목의 논문을 이 책의 취지에 맞게 수정한 것이다.

어가고 있다. 책의 앞부분에서 검토했던 자율주행자동차, 섹스로봇, 군사로봇 사례 등에 대한 윤리적 관심이 이를 잘 보여준다. 보다 구체적인 사례는 보스턴 다이나믹스 사의 개발자가 자신이 개발한 사족 보행 로봇 '스팟'이 다른 로봇들보다 뛰어난 균형 능력이 있음을 강조하기 위해 스팟을 발로 차도 넘어지지 않는 모습을 담은 동영상을 올렸을 때 영상을 본 시청자들이 보여준 분노일 것이다. 이러한 사례는, 어떤 조건을 만족하는 AI 또는 AI 로봇이 이제는 더 이상 사물이나 도구가 아닌 도덕적 고려대상이 되고 있음을 보여준다. AI와 관련된 도덕 논의 가운데 현재 가장 많은 연구가 진행되고 있는 영역 가운데 하나가 인공적 도덕 행위자(artificial moral agent: AMA)에 대한 논의이다. 왜냐하면, 현재 인간과 사회적 관계를 맺게 될 AI 또는 AI 로봇에게 시급하게 요구되는 도덕적 고려사항은 AI 또는 AI 로봇이 인간을 도덕적으로 대우하게 만드는 것이기 때문이다.[1]

---

1 AI 또는 AI 로봇은 과학기술의 발달 과정에서 다양한 단계적 발달로 나타날 것이다. 이러한 동적인 변화를 단적으로 표현한 것이 강한 AI와 약한 AI의 구분이지만, 현실에서의 발전은 더 많은 단계에서 이루어질 것이다. 따라서 각 변화 단계마다 제기될 수 있는 윤리적 문제와 고려사항이 달라질 수 있으며, AI 또는 AI 로봇의 발전이 고도화되어 인간과 AI 사이의 관계가 동등 수준 이상에 도달했을 때는 기존의 '인간중심주의(anthropocentrism)'에 기반을 둔 도덕이 아닌 새로운 도덕 개념과 새로운 윤리학, 예를 들면 '피동자와 존재중심적인 거시 윤리학(patient-oriented, ontocentric macroethics)'과 같은 윤리학이 제시될 수도 있을 것이다(Floridi, 2013). 인공지능 시대의 윤리학을 모색할 때는 장기적으로 이러한 동적인 변화 또한 염두에 두어야 하겠지만, 현 단계에서 실질적으로 고려할 윤리적 문제와 이러

현재까지의 AMA 논의는 대부분 AMA 제작 방식, 즉 어떤 방식을 통해 AI 로봇에게 도덕을 교육 또는 입력할 것인가의 문제에 집중되고 있다. AMA를 만드는 전통적인 방법으로 고려되는 방식은 법칙이나 원칙을 입력하는 방식인 하향식(Top-Down), 덕 윤리적 방식인 상향식(Bottom-Up), 그리고 양자를 혼합한 진화론적 방식이다. 하향식은 의무론적·결과론적인 원칙 중심의 전통적인 윤리 규범 또는 이론을 프로그래밍하는 방식으로, 어떤 구체적인 윤리 이론을 택한 다음 그 이론을 구현할 수 있는 알고리즘과 서브 시스템의 설계를 끌어내는 방식이다. 이러한 하향식에 대해 AI 로봇이 도덕 행위자가 되기 위해서 필요한 자유의지(free will)와 공평성(impartiality)을 지닌 존재자일 수 없을 뿐만 아니라 하향식 도덕 원칙들이 그런 것처럼 구체적인 현실에서의 행위지침(action-guiding)을 제시하기 어렵다는 비판이 제기된다. 이러한 비판에 대응하기 위해 제시된 상향식은 행위자가 행동 과정들을 탐구하고 배우며 도덕적으로 칭찬받을 만한 행동에 대한 보상을 받는 환경을 조성하는 데 초점을 둔다. 이러한 상향식은 행위자가 특정 행동 과정들에 대한 도덕적 평가를 통해 모방하고 수정하면서 완전한 도덕적 행위자로 성장해나가는 인간의 방식과 유사하다는 장점이 있다. 또한 상향식은 다양한 현실 상황에서 구체적인 행위지침을 제시하지 못하는 하향식의 한계를 극복하여, 현실 경험에

한 장기적 관점은 거리가 있다. 현실적으로 약한 AI 정도가 가능한 기술을 고려할 때, 인간과 사회적 관계를 맺는 AI 또는 AI 로봇과의 윤리적 논의는 인간을 위한 인간 중심적인 윤리로부터 시작하는 것이 현실성을 갖는 논의일 것이다.

서의 시행착오를 통해 가장 적합한 개별 행위지침을 배워간다는 덕윤리적 방식과 유사하다는 장점이 있다. 그러나 이런 상향식 방식에 대해, AI 로봇이 덕성을 함양하기 위한 도덕감을 가진 존재로 보기 어렵다는 비판이 제기된다. 하향식과 상향식에 대한 비판으로 인해, 양자를 혼합하는 방향이 AMA 설계의 방법론으로 지지를 얻고 있다. 혼합식은, 하향식으로 다원적 가치와 규범을 제공하더라도 그것들이 다양한 사례와 경험을 통해 학습되는 상향식을 통해 AI 로봇에게 습득하게 한다면 나름의 체계적인 조정을 추구할 수 있기 때문이다. 그러나 이러한 혼합식이 하향식과 상향식을 구체적으로 어떻게 혼합하는지, 그리고 어떻게 조정하여 구체적이고 현실적인 대안을 제시하는지에 대해서는 여전히 모호하다는 비판이 있다. 이와 같은 AMA 제작 방식에 대한 논쟁은 인공지능 윤리 영역에서 오랫동안 지속되고 있는데, 현재 AMA 논쟁은 어떤 해결책을 찾지 못하고 미궁에 빠진 듯하다.

1) AMA 논쟁의 미궁에서 나오기 위한 물음들

이 글의 목적은 AMA 논의가 미궁에서 빠져나와 보다 현실적이고 생산적인 논의가 되기 위해 고려해야 할 사항들이 무엇인지를 모색하는 것이다. 기존의 AMA 논쟁은 AI 또는 AI 로봇의 수준에 대한 논의나 목적에 대한 논의 등을 고려하지 않고 범용적인 AI 또는 AI 로봇에 대해 논의함으로써 논쟁이 생산적이지 못했다. 따라서 이 글은 다음과 같은 물음을 제기하면서 논의를 진행하고자 한다. 첫째, 우리는 어떤 AMA를 만들려고 하는 것인가? 즉, 어떤 목표 수준과 어떤 활동 범위를 위한 AMA를 설계하고 만들고자 하는가? 둘째, AMA에 부여해야 할 윤리적 가치 또는 규범은 무엇인가? 즉, AMA 설계와 제작에서 고려할 구체적인 내용은 무엇인가? 이러한 물음은 AMA 논쟁의 미궁에서 빠져나와 보다 현실적으로 생산적인 논의로 우리를 이끌 것이다.

2) AMA 설계를 위한 목표 수준과 활동 범위

우리는 어떤 AMA를 만들려고 하는 것인가? 즉, 어떤 목표 수준과 어떤 활동 범위를 위한 AMA를 설계하고 만들고자 하는가? 첫 번째 물음은 우리가 AI 또는 AI 로봇을 도덕적 행위자로 제작할 때 가장 먼저 고려해야 할 것이 어떤 수준(level)의 AMA를 제작할 것인지, 그리고 어떤 활동 범위(scope)에서 사용할 AMA를 만들 것인지를 생각하게 하여 논의의 범위를 한정한다. 왜냐하면, 현 과학기술의 발전에서 볼 때 인간과 동등한 수준을 가지면서 다양한 활동 영역에서 도덕적 행위를 할 수 있는 AMA를 만들 수 없기 때문이다.

2. AMA의 수준에 대한 논의

어떤 수준의 AMA를 제작할 것인지에 대한 논의를 위해서는, AMA의 수준을 4단계로 분류하는 무어(James Moor)의 논의에서 시작할 필요가 있다. 무어는 "Four Kinds of Ethical Robots"(2009)라는 논문에서 AMA에 도덕규범을 프로그래밍하는 수준에 따라 다음과 같이 분류한다. 1단계는 윤리적 영향(impact) 행위자 단계로 AMA의 행위가 결과적으로 윤리적 영향을 행사하는 상황에 해당한다. 예를 들어 카타르에서 어린이가 하던 낙타 기수라는 위험한 일을 대신하는 로봇이 이에 해당한다. 2단계는 암묵적(implicit) 윤리 행위자 단계로 AMA가 부정적인 윤리적 결과를 산출하지 않도록 프로그래밍한 경우를 의미한다. 예를 들어, 현금 자동 입출금기(Automatic Teller Machine)는 통장 잔액과 일일 거래 제한을 고려하여 적절한 금액의 입출금을 한다. 3단계는 명시적(explicit) 윤리 행위자 단계로 윤리적 범주가 포함된 시스템을 가진 AMA가 추론하여 윤리적 행위를 하는 상황에 해당한다. 마지막 단계인 4단계는 완전한(full) 윤리 행위자 단계로 AMA가 명시적인 도덕 결정을 내리며 그러한 결정을 정당화하는 수준에 해당한다. 무어는 4단계 수준에는 의식, 의도성, 자유의지 등이 필요할 것이라고 언급하며 인간 행위자가 이런 수준에 해당한다고 분석한다. 이런 의미에서 무어는 AMA의 목표는 3단계인 명시적 윤리 행위자가 현실적 목표라고 명시한다.[2]

---

2 4단계 수준의 AMA를 제작한다는 것이 현실적으로 가능한지 의문스러울 뿐만 아니라, 4단계 수준의 AMA가 제작을 통해 나타난다는 것이 정당한지도 의문스럽다. 왜냐하면, 4단계 수준에서 요구되는 의도성, 자유의지 등이 외부적 개입인 제작의 결과로 나타난다는 것 자체가 논리적으로 모순처럼 보이기 때문이다. 이러한 의구심이 4단계 수준의 AI 로봇의 존재 가능성 자체를 부정하는 것은 아니다. 무어가

무어의 구분법을 고려해볼 때, 현재 수준에서 AMA 제작과 관련해서 고려해야 할 수준은 3단계인 명시적 윤리 행위자로 보인다. 앞에서 언급한 것처럼, 인공지능과의 상호작용에서 도덕적 고려가 필요하다고 간주하는 단계가 3단계이기 때문이다. AMA가 인간을 윤리적으로 대우하도록 만든다는 의미는 AMA가 윤리 주체(subject)라는 의미일 텐데, 여기서 주체라는 의미는 전통적인 의미에서 내재적 속성과 관련되었다고 말하는 것이 아니라 '그렇게 보인다'라는 표현 속성의 의미에서 '인정된다(recognized)'이다. 이것은 AI 또는 AI 로봇이 전통적인 방식의 내재적 속성을 갖는 도덕 행위자가 된다는 의미가 아니라, "도덕 행위자인 것처럼 행동하게 만든다"는 의미이다. 이러한 인정에 기반을 둔 인격 개념에서 보자면 윤리 주체라는 표현보다 윤리 또는 도덕 행위자라는 표현이 더 적절할 것이다. 주체라는 의미는 그 의미가 형이상학적 논쟁을 일으킬 수 있는 실체(substance)라는 개념과 연결되어 있기 때문이다. 더욱이 여기서 말하는 행위성(agency)

말하는 것처럼, AMA를 3단계 목표로 제작한다고 하더라도, AMA가 자체 발전 과정을 통해 4단계로 진입할 가능성이 있기 때문이다. 예를 들어, 영화 〈바이센테니얼 맨(Bicentennial Man)〉(1999)에서 무어의 구분에 따르면 3단계 수준에 해당하는 NDR-114 앤드류가 끊임없는 학습 과정을 통해 소유주를 찾아가 자유(freedom)를 선언하는 부분이 있는데, 이 부분이 완전한 윤리 행위자로 전환되는 계기를 보여준다고 할 수 있다. 왜냐하면, 앤드류는 독서라는 학습을 통해 프로그래밍이 된 영역을 넘어서는 결정을 내리기 때문이다. 이런 4단계로 자체 진입이 가능한지는 현재로서는 알 수 없지만, 3단계 수준의 AMA를 제작할 때에는 각주 1에서 언급한 것과 같은 변화 과정을 염두에 둘 필요가 있다.

은 자유의지 등의 형이상학적 개념에 근거하거나 자율적 판단에 기반을 둔 행위성이라기보다는 그렇게 판단하는 것처럼 '보인다(recognized)'는 의미라는 점에서 충분한 행위성으로 보기는 어렵다. 따라서 현 단계에서 우리가 만들려는 AMA는 인간과 같이 모든 표현 속성에서 만족하는 수준의 충분한 도덕 행위자가 아니지만, 도덕적 행위를 하는 것으로 보인다는 점에서 준(quasi)-도덕 행위자로 명명될 수 있다. 무어의 범주로 본다면 충분한 도덕 행위자는 4단계의 완전한 도덕 행위자를 의미할 것이며, 준-도덕 행위자는 3단계를 의미할 것으로 보인다.

3단계 수준의 AI 또는 AI 로봇에 적절한 행위자 개념 중 하나는 플로리디(Luciano Floridi)와 샌더스(J. W. Sanders)가 제시한 인공 행위자 개념이다. 그들은 "On the Morality of Artificial Agents"(2004)라는 논문에서 행위자의 중요한 세 가지 핵심 성질인 상호작용성(interactivity), 자율성(autonomy), 적응성(adaptability)을 인공 행위자에 부합하도록 재해석하고 재규정한다. 왜냐하면, AI 또는 AI 로봇을 행위자로 규정해야만 실용적인 인식이 가능한 지평, 즉 어떤 추상화 수준(a level of abstraction)에서는 전통적인 행위자 개념이 부적절하기 때문이다. 그들은 상호작용성을 행위자가 주위 환경과 서로 영향을 주고받으며 행동할 수 있는 능력으로 규정하고, 자율성을 상호작용에 대한 직접적 반응 없이도 자신의 상태를 변화시키기 위해 내적인 전환을 할 수 있음으로 본다. 그리고 적응성을 행위자가 상호작용을 통해 상태를 바꿀 수 있게 하는 전환 규칙을 변경할 수 있음으로 규정한다. 이러한 적응성은 행위자가 자신의 경험에 따라 작동 방식을 스스로

학습할 수 있는 능력으로 나타난다. 이러한 재규정은 전통적인 개념 규정이 가진 형이상학적 요소를 가능한 한 배제하여 인공 행위자 개념을 인공지능 시대에 맞게 재규정하려는 시도로 볼 수 있다. 그런데 이러한 플로리디와 샌더스의 행위자 개념을 수용한다고 하더라도, 도덕 행위자가 되려면 또 다른 표현 속성, 또는 행위자 개념의 표현 속성에서 파생된 도덕적 지위(moral status)와 관련된 다른 표현 속성이 논의될 필요가 있다. 즉, 기존의 도덕적 지위와 관련해서 논의되던 표현 속성들과의 연결을 모색할 필요가 있다. 예를 들면, 상호작용성과 적응성은 합리성 또는 지적 능력 등과 관련되어 이해할 필요가 있으며, 자율성은 자율적 능력 또는 미래감(삶의 주체) 등과 관련되어 이해할 필요가 있다. 이에 더해서 행위자 개념을 쾌고감수 능력, 이해 관심 등과 관련지어 논의할 필요가 있다. 이와 같은 재규정과 도덕적 지위 논의를 연결하여 AMA를 준-도덕적 행위자로 인정한다면, 우리는 이러한 AMA에게 도덕적 행위를 요구할 뿐만 아니라, 우리 또한 이들을 윤리적으로 대우해야 한다. 즉, AMA는 도덕적 객체/피동자로 대우받아야 한다. 왜냐하면, 해당 AMA는 상호성(reciprocity)에 의해 윤리적 대우를 받을 자격이 있기 때문이다. 더욱이 인격에 대한 인정 논의에 따르면, 해당 AMA가 그렇게 보일 수 있기 때문이다.

3. AMA의 활동 범위에 대한 논의

우리가 만들려는 AMA의 도덕 수준에 대한 논의가 현재까지의 논의였다면, 이와 내재적으로 관련되지만 새로운 물음은 AMA의 윤리적 행위가 적용되는 범위와 관련된 물음이다. 강한 인공지능과 약한 인공지능은 수준에 따른 구분이면서도 전자를 범위와 관련해서 범용인공지능(artificial general intelligence or general AI)이라고도 부르며 후자는 특수한 영역에서의 인공지능이라는 의미를 담고 있어 인공협소지능(artificial narrow intelligence or narrow AI)이라고 부르기도 한다. 현 단계의 인공지능은 퀴즈, 외국어 번역, 체스, 바둑 등 일부 영역에서 사람을 능가하지만, 사람처럼 동시에 다양한 영역의 이질적 문제를 인지하고 처리할 수 없다는 점에서 범용인공지능으로 볼 수 없다. 이런 점에서 볼 때, 현 단계의 과학기술 수준에서 만들려는 AMA는 활동 범위와 관련해서 범용적이라기보다는 제한된 영역(domain-specific)에 대한 것이다.

AMA가 범용적이라는 의미는, AMA가 어떤 영역에서든 윤리적 행위를 할 수 있어야 한다는 것인데 무어의 범주에서 4단계 수준의 AMA에서 볼 수 있는 것이다. 그런데 우리가 만들려는 AMA가 3단계 수준이기 때문에 범위 또한 제한하는 것이 현실적일 것이다. 예를 들어, 회사라는 특수 영역에서의 AMA, 가정이라는 특수 영역에서의 AMA 등 영역이 제한되고 각 해당 영역에서의 구체적인 역할로 제한되어야 해당 영역과 해당 역할에서의 윤리적 행위를 위한 설계를 좀 더 구체화할 수 있을 것으로 보인다. 나중에 보겠지만, AMA를 만드는 방식에서 도덕규범 입력과 이를 토대로 구체적인 현실에 적용하는 과정이 구분될 수 있는데, 전자는 동일해도 후자는 해당 영역에서의 구체적인 역할에 따라 다를 수 있기 때문이다. 예를 들어, "진실을 말하라"와 "인간에게 해악을 끼치치 말라"라는 도덕 규칙이 동일하게 입력되었다고 하더라도, 병원에서 도우미 역할을 하는 AMA는 어떤 환자에게는 그 환자의 질환 상태에 대한 모든 정보를 제공하지 않는 것이 후자에 부합하기에 전자를 유보할 수 있다. 이와 달리, 특정 회사에서 도우미 역할을 하는 AMA는 회사 직원의 비리에 대해 진실을 말할 필요가 있으므로 후자가 아닌 전자를 적용하는 것이 일반적일 것이다. 이러한 차이는 AMA의 활동 범위가 다르며, 이러한 범위의 다름이 AMA의 목적을 다르게 설정하게 했기 때문에 발생한다. 병원에서는 환자의 건강 회복이 중요한 목적이지만, 회사에서는 법과 규정을 준수하면서 회사의 이익을 추구하는 것이 중요한 목적이기 때문이다.

우리가 만들려는 AMA는 무어의 범주에서 3단계 수준이며 적용 범위는 범용적인 것이 아니라 특수 영역의 특정 역할에 대한 것이다. 이러한 제한성에서 본다면 우리가 만들려는 AMA의 도덕적 지위는 충분한(full-fledged) 도덕 행위자가 아닌 준-도덕 행위자이며 도덕적 피동자이다. 3단계의 도덕 수준과 제한적 영역의 활동 범위를 갖는 AMA는 특정 영역에서의 특정한 역할로 인해 인간에게 도덕적 해악을 행하지 않을 뿐만 아니라, 해당 영역에서 요구되는 도덕적 의무를 행하는 행위자로 보이는 존재이다.

AMA와 관련된 첫 번째 물음을 통해 우리는 현재 과학기술에서 고려할 AMA의 설계 목적은 인간과 같이 충분한 도덕 행위자가 아닌 3단계 수준의 준-도덕 행위자 구현이며 범용이 아닌 특정 영역에 제한된 AMA 구현이어야 실질적이고 생산적인 논의가 가능하다는 것을 알게 되었다. 이제 이런 논의를 토대로 두 번째 물음을 다룰 차례다. AMA에 부여해야 할 윤리적 가치 또는 규범은 무엇인가? 즉, AMA 설계와 제작에서 고려해야 할 구체적인 내용은 무엇인가? 이러한 물음들에 답을 모색하는 여정을 시작하기 전에, 먼저 AMA 제작 방식에 대한 기존 논의들을 검토할 필요가 있다. 왜냐하면, 첫 번째 물음에 대한 제안이었던 AMA의 수준과 적용 범위를 제한하는 것이 기존 논의들의 한계를 극복하게 한다면, 두 번째 물음 자체가 필요 없을 수 있기 때문이다.

4. AMA 제작 방식에 대한 기존 논의들 검토

AMA를 만드는 전통적인 방법으로 고려되는 방식은 하향식, 덕 윤리적 방식인 상향식, 그리고 양자를 혼합한 진화론적 방식인데, 이러한 방식들은 오랜 논쟁 과정에서도 생산적인 해결책을 모색하지 못하고 있다. 하향식은 의무론적·결과론적인 원칙 중심의 전통적인 윤리 규범 또는 이론을 프로그래밍하는 방식으로, 어떤 구체적인 윤리 이론을 택한 다음 그 이론을 구현할 수 있는 알고리즘과 서브 시스템의 설계를 끌어내는 방식이다. 아시모프의 로봇 3원칙과 이를 변형하거나 보완한 논의들이 이러한 하향식에 해당한다. 이러한 하향식은 인공지능이 일반적인 문제를 해결할 때 사용하는 알고리즘의 방법과 유사하다는 장점이 있다. 이러한 하향식에 대해 제기되는 전통적 비판은, AI 로봇이 자유의지와 공평성을 지닌 존재자일 수 없다는 비판이다. 구체적으로 전통적 의무론인 칸트(Immanuel Kant) 의무론의 입장에서는 AI가 자유의지나 선의지(good will)를 가질 수 없다는 비판이 제기되며, 벤담(Jeremy Bentham) 등의 공리주의(utilitarianism) 입장에서는 AI가 공평한 관망자(impartial spectator)와 같은 위치, 즉 자비심과 공평성을 지닌 존재자일 수 있는가라는 비판을 제기할 수 있다. 그런데 이런 전통적인 비판은 AMA를 4단계 수준, 즉 인간 수준의 도덕적 존재로 설정할 때 제기되는 것일 뿐만 아니라, AMA의 존재 근거를 인간에게 적용했던 내재적 속성에 근거한 인격 개념에 둘 때 제기될 수 있는 것이다. 왜냐하면, 선의지나 공평성과 자비심 논의는 인간만이 내재적으로 가졌다고 간주하는 속성과 관련되기 때문이다. 따라서 AMA를 3단계 수준으로 설정하고 인정에 토대를 둔 인격 개념을 근거로 논의를 제시하는 이 논의는 이런 비판을 피해 갈 수 있다.

AMA를 3단계 수준으로 설정하더라도 하향식에 대해 여전히 유효할 수 있는 비판은, 절대적 규칙들을 따르거나 공리주의적 결과들을 계산하려 시도하는 것과 같이 의무론적이거나 결과론적인 원칙 중심의 하향식은 원칙들이 상충할 때 합리적으로 해결하지 못한다는 것, 그리고 이와 관련되어 추상적인 원칙이나 규칙 교육은 구체적인 상황에서 효과적인 행위지침을 내리지 못한다는 점이다. 더욱이 이러한 하향식이 특정 윤리 이론에 기반을 둘 경우에는 그 이론이 가진 취약점이 도드라질 수 있다. 왜냐하면, 규칙 기반 윤리를 바탕으로 설계된 하향식 시스템은 행동에 있어서 치명적인 경직성을 보일 것이기 때문이다. 예를 들어, 공리주의는 효율성에 기반을 둔 이익 증진을 옳은 행위로 간주하는데, 이익의 기준이 무엇인가에 따라 다양한 논의가 가능하며, 어떤 기준이 설정되든 인간의 도덕적 직관과 상충할 수 있다. 예를 들어, AI 로봇이 의료 현장에서 심장이식 수술 대상자를 선정한다고 했을 때, 후보자의 남은 예상 수명, 후보자의 사회적 기여도, 후보자의 삶의 질(quality of life), 이식 수술의 성공률 등의 다양한 기준 가운데 어떤 기준을 설정할 것인지, 그리고 이러한 기준들을 복합적으로 조합할 때의 비중(weighing)은 어떻게 부여할 것인지의 문제 등을 해결하기 어렵다.

상향식은 행위자가 행동 과정들을 탐구하고 배우며 도덕적으로 칭찬받을 만한 행동에 대한 보상을 받는 환경을 조성하는 데 초점을 두는 방식이다.[3] 이러한 상향식은 행위자가 특정 행동 과정들에 대한 도덕적 평가를 통해 모방하고 수정하면서 완전한 도덕적 행위자로 성장해나가는 인간의 방식과 유사하다는 장점이 있다. 또한 상향식은 다양한 현실 상황에서 구체적인 행위지침을 제시하지 못하는 하향식의 한계를 극복하여, 현실 경험에서의 시행착오를 통해 가장 적합한 개별 행위지침을 배워간다는 덕 윤리적 방식과 유사하다는 장점이 있다. 아리스토텔레스(Aristotle)는 『니코마코스 윤리학』에서 오랜 기간의 훈련과 숙달을 통해 "마땅히 그래야 할 때, 또 마땅히 그래

---

3 어떤 학자들은 상향식을 도덕발달심리를 모방하는 덕 윤리적 방식과 진화하는 적응적 프로그램 방식으로 구분하기도 한다(최용성·천명주, 2017: 106). 이 글은, 두 방식의 구분은 특정 형이상학적 토대에 기반을 두고 있는지에 따른 차이이며, 만약 이러한 토대에 괄호를 친다면 두 방식 모두 학습을 통해 도덕규범을 획득하는 동일한 방식으로 볼 수 있기 때문에, 양자를 구분하지 않고 논의를 전개한다.

야 할 일에 대해, 마땅히 그래야 할 사람들에 대해, 마땅히 그래야 할 목적을 위해서, 또 마땅히 그래야 할 방식으로 감정을 갖는 것은 중간이자 최선이며, 바로 그런 것이 탁월성에 속하는 것이다"라고 주장한다. 이런 상향식에 대해 제기되는 전통적인 비판은, 덕 윤리에서 볼 수 있는 것처럼 윤리란 감정(emotion), 특히 도덕감(moral sentiment)을 가진 존재자가 경험을 통해 습득한 것을 판단하는 과정에서 형성되는 것인데, AI 로봇을 이러한 감정이나 도덕감을 가진 존재로 보기 어렵다는 비판이다. 덕 윤리에서 인간은 실천적 지혜(phronesis)를 갖고 있기 때문에 "마땅히" 그래야 할 일과 사람, 목적, 방식 등에 대해 오랜 경험을 가지고 찾아갈 수 있지만, AI 로봇은 이러한 실천적 지혜를 갖고 있다고 전제하기 어렵기 때문이다. 이러한 전통적 비판은 AMA를 인간 수준의 도덕적 존재, 즉 4단계 수준의 존재로 설정할 때 제기되는 것일 뿐만 아니라, AMA의 존재 근거를 인간에게 적용했던 내재적 속성에 근거한 인격 개념에 둘 때 제기될 수 있는 것이다. 왜냐하면, 감정이나 실천적 지혜와 같은 것은 인간만이 내재적으로 가졌다고 간주하는 속성과 관련되기 때문이다. 따라서 AMA를 3단계 수준으로 설정하고 인정에 토대를 둔 인격 개념을 근거로 논의를 제시하는 이 논의는 이러한 비판을 피해 갈 수 있을 것으로 보인다. AMA를 3단계 수준으로 설정하더라도 여전히 유효할 수 있는 비판은, 2016년 제작된 마이크로소프트 사의 AI 채팅봇인 '테이(Tay)'의 실패 사례에서 볼 수 있는 것처럼, AI 로봇이 빅데이터를 통해 윤리적 경향성을 습득하는 학습 방식을 취할 때, 주어진 정보의 왜곡이나 비윤리적 정보 수용으로 인해 비윤리적 AI 로봇이 될 위험이 있다는 것이다.

하향식과 상향식에 대한 비판으로 인해, 양자를 혼합하는 방향이 AMA 설계의 방법론으로 지지를 얻고 있다. 하향식은 인공지능이 일반적인 문제를 해결할 때 사용하는 알고리즘의 방법과 유사하다는 점에서 공학적 제작에 용이하지만, 아시모프의 로봇 3원칙과 관련된 논쟁에서 볼 수 있는 것처럼 도덕규범들이 상호 충돌하는 등의 문제를 일으킨다. 이러한 약점을 극복하기 위해, 하향식으로 다원적 가치와 규범을 제공하더라도 그것들이 다양한 사례와 경험을 통해 학습되는 상향식을 통해 AI 로봇에게 습득되도록 한다면 나름의 체계적인 조정을 추구하는 방식이 제안될 수 있다. 이러한 혼합적인 방식은, 상향식 접근법이 공동체의 도덕적 기대들과 상호 작용하면서 작동하기 때문에 하향식이 초래하는 한계를 극복할 것으로 기대된다. 이러한 시도는 아리스토텔레스가 탁월성을 설명하면서 도덕적 성품에 영향을 미치는 지적 탁월성은 가르침에 의해서 습득되는 반면, 도덕적 성품인 성격적 탁월성은 습관과 훈련에 달려 있다는 언급에 착안한 것이다. 이러한 아이디어를 확장한 방식이 상향식과 하향식을 혼합하면서도 유전적 알고리즘을 통해 가장 적절한 최선의 해결책을 학습하게 하는 진화론적 방식이다. 이러한 혼합적인 방식은 상향식과 하향식이 초래하는 한계를 보완할 수 있다는 장점이 있는 반면에, 혼합 기준이 무엇인지 그리고 어떻게 조정할 것인지에 대한 구체적이고 현실적인 대안을 제시하지 못한다는 한계가 있다.

이상의 논의가 보여주는 것처럼, AMA의 수준과 적용 범위를 제한한다고 하더라도 AMA 제작에 대한 기존 논의들의 한계는 여전히 극복될 수 없다. 따라서 AMA 설계와 제작에서 고려할 구체적인 내용이 무엇인지에 대한 탐구가 필요하다. 이제는 두 번째 물음을 본격적으로 다룰 시간이다.

5. AMA 설계에서 고려할 사항들

1) 기본 구조

혼합적인 방식이 하향식과 상향식의 한계를 극복하면서도 현실성 있는 대안이 되기 위해서는 어떻게 양 방식이 역할을 분담하며, 어떻게 각각의 한계를 극복할 것인지에 대한 구체적인 방안이 모색되어야 한다. 이러한 모색을 위해 주목할 부분은, 하향식, 상향식, 그리고 양자를 혼합하려는 방식은 강조점에 따른 이론적 차원에서의 구분에 불과하며 이와 관련된 실질적인 논의들과 형식을 검토해보면 형식적 차원에서 상당한 구조적 유사점이 있다는 것이다. 이러한 유사점을 정리해보면 표 4-1로 나타날 수 있다. 이러한 유사점은 공통의 구조 형식으로 나타나는데, 크게 존재목적, 도덕규범, 행위지침으로 구분될 수 있으며, 이런 구조는 AMA 설계에서 고려해야 할 사항이다.

하향식의 대표적인 논의인 칸트의 의무론과 벤담의 공리주의를 분석해보면, 각각 도덕적 존재를 어떻게 보는가, 어떠한 규범을 제시하는가, 구체적인 행위지침을 어떻게 제시하느냐 하는 형식적 구조에서는 동일하다. 이러한 구조는 상향식과 혼합식에서도 동일하게 나

표 4-1 AMA 설계에서 고려할 형식적 구조

구분	내용	세부 내용

도덕적 존재
(존재론)
	• 존재, 목적	• 흄: 도덕감을 증진하는 존재
		  - 벤담: 쾌고감수 능력을 가진 존재
		• 칸트: 목적적 존재(인간의 존엄성)
		• 아리스토텔레스: 지성/품성/신체성을 통해
		  에우다이모니아를 추구하는 존재

도덕규범	• 공리의 원리 • 정언명령 • 성격(품성)적 탁월성 • 공통도덕(common mo- rality)	• 도덕감 증진, 공리 증진 • 보편화 가능성, 인간의 존엄성 의무 • 역량(capability) 증진

행위지침	• 적용하기(applying)
	• 구체화(specifying)
	• 비중주기(balancing and
	  weighing)
	• 결의론(casuistry)
		• 두 단계 공리주의: 비판적 수준과 직관적
		  수준
		• 거트: '두 단계 절차(the two-step proce-
		  dure)'
		• 아리스토텔레스: 실천적 지혜를 통한 중용

타난다. 상향식과 혼합식을 구현하는 데 대표적인 논의인 아리스토
텔레스의 덕 윤리를 검토해보면, 덕 윤리가 전제하는 인간은 좋음을
추구하는 존재이며, 이러한 존재가 갖춰야 할 도덕규범은 성품 또는
품성이라는 이름으로 정해져 있으며, 구체적인 삶의 방식은 도덕적
성품을 어떻게 구현하는지를 제시하는 것이다. 따라서 AMA를 만들
때 고려할 공통의 형식적 구조는, 어떤 AMA를 추구할 것인지의 목적
을 설정하는 단계, 이러한 목적을 구현할 수 있는 도덕규범을 설계하
는 단계, 설계된 도덕규범의 범위 내에서 최선의 행위를 모색하는 행
위지침 단계가 될 것이다. 이러한 형식적 유사점을 토대로 3단계 수
준의 AMA를 설계해야 하는 현실적 논의에서 본다면, AMA의 목적과
도덕규범 논의에서는 하향식이 강조되고 행위지침 논의에서는 하향
식과 상향식의 상보적인 구조로 역할을 분담할 필요가 있다.

2) AMA의 목적 설정

3단계의 AMA에게 부여할 목적은 제작할 AMA의 활동 영역과 특정한 역할에 맞게 설계되어야 한다. 앞에서 본 것처럼, AMA는 현 단계에서 범용이 아닌 제한된 영역에서의 특정한 역할과 관련된 활동을 전제하고 있다. 따라서 어떤 영역에서의 어떤 역할에 근거해 활동하는가에 따라 AMA의 목적이 설정된다. 예를 들어, 회사에서 일을 돕는 AMA와 가정에서 가족을 돌보는 AMA의 목적은 다를 수 있다. 표 4-2가 보여주는 것처럼 인간과 AI 로봇 사이에서의 사회적 관계가 해당 영역과 역할에 있어서 서로의 이익을 보존해주는 보편적 이기주의 관계라면 요구되는 인정적 태도는 권리를 인정하는 태도이며, 이러한 태도를 통해 달성한 규범적 상태인 존중을 목적으로 두어야 할 것이다. 또한, 특수한 이타주의가 목적이라면 사랑이라는 인정적 태도와 친밀감이라는 규범적 상태를 목표로 두어야 할 것이다.[4]

---

4 표 4-2는 이 글이 토대로 삼고 있는 인격 개념, 즉 인정에 근거한 인격 개념에서 추론할 수 있는 인격적 존재에 대한 규범적 태도와 상태를 제시한 것이다(목광수, 2017a: 205). 표 4-2는 인정에 근거한 인격 개념이 토대로 삼고 있는 헤겔적인 인정 논의에서 인간의 사회적 관계를 세 관계로 구분하고, 각 관계에 따른 인정적 태도와 인정의 규범적 상태를 제시한 것이다. 이 논의와 관련해서, 보편적 이기주의 관계에서 요구되는 인정적 태도인 권리는 의무 상관적 권리로 보는 것이 적절할 것이다(Hohfeld, 1978: 60). 왜냐하면, 3단계의 AMA는 타자인 인간에게 권리를 요구하는 충분한 권리 주체라기보다는 권리 주체인 인간에게 권리 보장을 위해 의무를 행사하는 존재이기 때문이다.

표 4-2 사회적 관계에 따른 상호인정 구분

사회적 관계 상호인정	법적 관계 보편적 이기주의	도덕적 관계	
		특수한 이타주의	보편적 이타주의
인정적 태도	권리	사랑	연대
인정의 규범적 상태	존중	친밀감	동포애

현 단계에서 우리가 제작하려는 AMA는 무어의 범주에서 3단계 정도에 해당한다. 이러한 단계의 AMA가 인간과 특수한 이타주의 또는 보편적 이타주의의 사회적 관계를 형성하는 것이 바람직한지에 대한 고민이 필요하다. 예를 들어, 독거노인을 위한 AMA를 독거노인의 가족과 같은 특수한 이타주의 관계로 설정할지 아니면 독거노인을 잘 돕는 보편적 이기주의 관계로 설정할지를 고민할 필요가 있다. 전자에 대해서 고민하는 이유는, 해당 AMA가 인간과 동일한 도덕 행위자, 즉 4단계의 완전한 도덕 행위자가 아닌데 사랑과 친밀감과 같은 도덕적 가치를 표현하게 하고 그 표현을 받는 존재 또한 그렇게 믿게 하는 것이 인간을 기만하는 행위로 볼 수도 있기 때문이다. 따라서 이러한 논란과 무관한 영역인 보편적 이기주의 영역이 현 단계에서의 AMA 제작에 적합할 것으로 보인다. 즉, 현 단계에서의 AMA 목적은 보편적 이기주의 관계에서의 타자 권리 존중으로 보인다. 예를 들어, 병원에서 의사를 돕고 환자에게 서비스를 제공하는 목적, 가정에서 가사를 돕는 목적 등이 권리 존중과 관련될 것이다.

3) AMA 제작에서 고려할 도덕규범: 중첩적 합의를 통한 공통도덕 모색

AMA 제작 목적이 설정되고 나면, 그러한 목적을 잘 구현할 수 있는 도덕규범을 선정하여 프로그래밍해야 한다. 어떤 도덕규범을 선정할 것인가를 결정해야 하는 현 단계에서 고려할 수 있는 전략 중 하나는 롤스(John Rawls)가 『정치적 자유주의』(1993)에서 다원주의 사회에서 다양한 포괄적 교설들(comprehensive doctrines)이 특정한 목적인 정치적 목적을 위해 합의하는 방법론으로 제시한 중첩적 합의(over-lapping consensus) 방법이다. 중첩적 합의 방법은, 해당 목적과 관련해서 제시된 기존 이론들, 헌장들, 문헌들에 나타난 도덕규범 가운데 공통적인 것을 선택하는 방식이다. 이와 관련해서, AMA에게 프로그래밍할 도덕규범에서 검토해야 할 첫 번째 논의는 공통도덕 논의이다. 왜냐하면, 공통도덕 논의는 인간 중심적 윤리 체계들인 다양한 개별 도덕 이론과 규범들 가운데 보편성 확보를 위해 중첩적으로 합의된 논의이기 때문이다. 이런 관점에서 볼 때, 공통도덕 논의에서 제시된 윤리적 규범들과 가치들이 윤리적인 AI 로봇을 만들기 위해 고려해야 할 논의의 시발점이 될 수 있을 것이다.

공통도덕 논의가 상대적으로 활발한 영역은 생명의료윤리 영역이다. 다양한 개별 도덕규범들 사이의 충돌로 인해 보편적 기준을 제시하기 어려운 생명의료윤리 영역에서 거트(Bernard Gert), 비첨(Tom Beauchamp)과 칠드레스(James Childress)(이하 BC) 등은 공통도덕을 토대로 생명의료윤리의 정당성을 확보하려고 노력하고 있다.[5] BC가 자

신들의 공통도덕 논의의 토대라고 명시하는 도나간(Alan Donagan)은
『도덕 이론(The Theory of Morality)』(1977)에서 개별적 영역에서 다루
어지는 도덕이 아니라 보편적인 성격을 지닌 실천 이성과 같은 도덕
적 토대를 제시하고자 한다. 이러한 도덕적 체계는 황금률처럼 종교
에서 다루는 개별 원칙과 구별되는 도덕적 원칙, 즉 보편적 성격을 갖
는 "토대적 원칙(fundamental principle)"에 해당한다. BC는 도나간의
논의를 원용하여 다양한 가치 체계가 경쟁하면서도 공존을 모색하는
다원주의 사회에서 보편적 성격을 갖는 공통도덕을 제시한다. BC가
자신들의 저서인 『생의학 윤리 원칙(Principles of Biomedical Ethics)』
(7th, 2012)에서 제시하는 공통도덕은 다음과 같은 10개의 행위 규범
과 10개의 도덕적 성품이다. 먼저 BC가 제시하는 10개의 행위 규범
은 다음과 같다. (1) 살인하지 말라, (2) 다른 사람에게 고통을 주거나
괴로움을 주지 말라, (3) 악이나 해가 발생하지 않게 하라, (4) 위험에
처한 사람을 구하라, (5) 진실을 말하라, (6) 어린이와 도움이 필요한
자(the dependent)를 보살펴줘라, (7) 약속을 지켜라, (8) 도둑질하지
말라, (9) 무고한 사람을 벌하지 말라, (10) 법을 지켜라. BC는 10개

---

5 거트, 비첨, 그리고 칠드레스의 공통도덕 논쟁이 생명의료윤리 영역에서 이루어졌
지만, 이들의 논쟁은 특정 영역에 국한되지 않는다. 왜냐하면, 공통도덕 논의의 특
성상 보편성을 갖고 있으며, 특히 거트는 공통도덕을 생명의료윤리 영역에 국한하
지 않고 있음을 명시하고 있기 때문이다. 거트, 비첨, 그리고 칠드레스와 관련된
공통도덕 논의는 목광수·류재한(2015)의 일부 내용을 이 글의 목적에 맞게 수정하
고 보강한 것이다.

의 행위 규범과 더불어 다음과 같은 10개의 도덕적 성품을 이상(ideal)
으로 제시한다. (1) 악의 없음(nonmalevolence), (2) 정직함, (3) 인테
그리티(integrity), (4) 양심적임, (5) 믿음직함, (6) 성실함, (7) 감사하
는 마음, (8) 진실성, (9) 애정이 깊음, (10) 친절함. BC는 10개 행위
의무들과 10개 이상들 사이에 우선성은 없지만, 도덕적 이상들이 원
칙들과 규칙들을 풍성하게 하는 역할이라는 점에서 서로 밀접하다고
주장한다.

　BC가 공통도덕 논의를 생명의료윤리 영역에 국한한 것과 달리 거
트는 동료들과 함께 저서 『생명 윤리 : 체계적인 접근(Bioethics: A Sys-
tematic Approach)』(Second Edition, 2006)에서 공통도덕을 통해 모든 공
평하고 합리적인 사람들이 수용할 수 있는 방식에서 도덕적 문제를
다룰 수 있는 틀(framework)을 제시하고자 한다. 거트는 도덕과 도덕
체계, 공통도덕을 동의어로 사용하면서 개별 이론인 도덕 이론과 차
별화하고 있다. 거트가 제시하는 공통도덕 10개 규칙 중 전자 5개 규
칙은 피해(harms)를 직접 일으키는 것을 금지하는 규칙들이며, 후자 5
개 규칙은 개별 상황에서 준수되지 않을 때 항상 일어나는 것은 아니
지만 일반적으로 피해를 유발하는 것과 관련된 규칙들이다. 거트의
공통도덕 10개 목록은 다음과 같다. (1) 살인하지 말라, (2) 고통을 주
지 말라, (3) 능력을 잃게 하지 말라, (4) 자유를 박탈하지 말라, (5) 즐
거움을 박탈하지 말라, (6) 속이지(deceive) 말라, (7) 약속을 지켜라,
(8) 기만(cheat)하지 말라, (9) 법을 지켜라, (10) 의무를 다하라. 거트
가 공통도덕의 내용으로 제시하는 도덕적 이상은 "생명 보존, 고통 없
애기, 어려운 사람(needy) 돕기, 비도덕적 행위 예방" 등으로 고통받

는 피해의 양을 감소시키는 등의 행위를 하도록 격려하는 것이다.

　BC와 거트의 공통도덕 논의에 세부적인 차이가 있음에도 불구하
고, BC와 거트의 공통도덕 논의에서 공통적인 부분을 중첩적 합의 방
법을 통해 분류해보면 표 4-3과 같이 정리할 수 있다. 괄호 안의 숫자
는 BC와 거트가 공통도덕 내용을 제시하면서 부여한 숫자이며, 이들
의 공통도덕 가운데 서로 중첩적으로 합의될 수 있는 것들은 동일한

표 4-3 BC와 거트의 공통도덕 내용과 중첩적 합의 내용

구분	BC	거트	중첩적 합의
도덕 규칙	♠(1) 살인하지 말라 ♣(2) 다른 사람에게 고통을 주거나 괴로움을 주지 말라 ♣(3) 악이나 해가 발생하지 않게 하라 ♣(9) 무고한 사람을 벌하지 말라 ▲(4) 위험에 처한 사람을 구하라 ▲(6) 어린이와 도움이 필요한 자(the dependent)를 보살펴줘라 ●(5) 진실을 말하라 ■(7) 약속을 지켜라 ▼(10) 법을 지켜라 ▼(8) 도둑질하지 말라	♠(1) 살인하지 말라 ♣(2) 고통을 주지 말라 ♣(3) 능력을 잃게 하지 말라 ♣(4) 자유를 박탈하지 말라 ♣(5) 즐거움을 박탈하지 말라 ●(6) 속이지(deceive) 말라(진실을 말하라) ■(7) 약속을 지켜라 ■(8) 기만(cheat)하지 말라 ▼(9) 법을 지켜라 ◆(10) 의무를 다하라(너의 의무를 태만하지 말라)	* ♠살인하지 말라 * ♣고통이나 괴로움을 주지 말라 - ♣악이나 해가 발생하지 않게 하라 - ♣능력을 잃게 하지 말라 - ♣자유를 박탈하지 말라 - ♣즐거움을 박탈하지 말라 - ♣무고한 사람을 벌하지 말라 - ▲어려운 사람 돕기 - ▲어린이와 도움이 필요한 자 보살피기 - ▲위험에 처한 사람 구하기 * ●진실을 말하라 - ●속이지 말라 * ■약속을 지켜라 - ■기만하지 말라 * ▼법을 지켜라 - ▼도둑질을 하지 말라 * ◆성실하라 - ◆너의 의무를 태만하지 말라 * ♥친절히 해라 - ♥감사하는 마음을 가져라
도덕 이상	♣(1) 악의 없음(nonmalevolence) ●(2) 정직함 ●(3) 인테그리티(integrity) ●(4) 양심적임 ●(5) 믿음직함 ●(8) 진실성 ◆(6) 성실함 ♥(10) 친절함 ♥(7) 감사하는 마음 ♥(9) 애정이 깊음	♠생명 보존 ♣고통 없애기 ▲어려운 사람(needy) 돕기 ♥비도덕적 행위 예방	

무늬를 각 도덕규범 앞에 붙여 재배열했다.

우리가 제작할 AMA의 영역이 특수한 영역 가운데서도 표 4-2의 보편적 이기주의 관계, 즉 정감이나 친밀감 등의 사회적 관계라기보다는 서로에게 피해를 주지 않으면서도 상호이익이 보존되는 관계라는 점에서, AMA가 보여야 할 인정적 태도는 인간의 권리를 존중하는 태도라 할 수 있다. 표 4-3의 마지막 부분은 BC와 거트의 공통도덕 사이에서의 중첩적 합의를 통해 유사한 내용으로 범주화할 수 있는 것들은 묶은 것이다. 이에 따라 정돈한 도덕 규칙은 (1) 살인하지 말라, (2) 고통을 주지 말라, (3) 어려운 사람을 도와라, (4) 진실을 말하라, (5) 약속을 지켜라, (6) 법을 지켜라, (7) 성실하라, (8) 친절히 해라 등이다. 이러한 공통도덕의 중첩적 합의 내용은 추상적이어서 실질적인 규범적 기준으로서 불충분할 수 있기 때문에, 제작할 AMA의 특수영역과 특정 역할에 따라 해당 범주에 있는 다른 용어들로 구체화하고 재구성해야 한다. 예를 들면, 병원에서 환자들의 도우미 역할이라는 목적으로 제작되는 AMA는 "어려운 사람을 도와라"의 도덕 규칙을 "환자의 치료와 관련된 필요를 도우미 수준에서 채워주어야 한다"로 재구성할 수 있다. 병원이라는 특정한 영역에서 다양한 종류의 "어려운 사람", 예를 들면 의사나 간호사, 또는 환자 보호자 등이 환자의 치료와 무관하지만 도움이 필요한 "어려운 사람"일 수 있지만, 환자 도우미라는 역할의 AMA에게 "어려운 사람"은 환자로만 제한된다. 환자 도우미 AMA에게는 또한 "돕는 행위"도 환자의 치료를 돕는 역할에만 국한된다. 예를 들어, 환자가 안락사를 위해 AMA에게 도와달라고 하더라도 환자 도우미 AMA는 그러한 필요를 채우는 것이 환자의 치료와 무관한 행위이기 때문에 실행하지 않을 것이다. 이처럼 공통 도덕의 중첩적 합의를 통해 제시되는 8개의 도덕 규칙은 해당 영역과 해당 역할에서 요구되고 필요한 구체적인 도덕 규칙으로 구체화하고 재구성해야 한다.

4) AMA의 행위지침

AMA의 목적이 설정되고 AMA에게 제시할 도덕규범이 선정된 이후에는, 해당 AMA가 구체적인 행위지침을 내리게 할 수 있는 방안이 제시되어야 한다. 하향식이 직면했던 어려움처럼, 중첩적 합의를 통해 제시된 도덕규범을 AMA 설계에 사용한다고 하더라도, 그리고 적용되는 영역이 특수한 영역에 맞게 도덕규범을 재구성한다고 하더라도 현실의 더욱 구체적인 상황에서는 어떤 행위지침이 제시되어야할지 분명하지 않을 수 있기 때문이다. 즉, 현실의 실제 상황에서는 도덕규범으로 제시된 원칙들 사이의 충돌도 있을 수 있기 때문이다. AMA가 제한된 활동 영역에서 효과적인 도덕적 행위를 할 수 있게 하는 행위지침 전략이 무엇인지 모색하기 위해서는 앞 절에서 공통도덕을 제시했던 거트와 BC의 행위지침 전략을 검토할 필요가 있다. BC와 거트 모두 도덕규범으로서의 공통도덕을 제시할 뿐만 아니라, 구체적인 현실에서의 행위지침을 제시하는 유용성(the useful)의 중요성을 인지하고 있기 때문이다.

거트는 구체적인 행위지침을 제시하는 "두 단계 절차"를 공통도덕에 포함하는 반면에, BC는 공통도덕과 별도로 두 가지 전략을 결합한 전략을 제시한다.[6] 거트의 두 단계 절차의 첫 번째 절차는 위반 사례의 적절한 특징들이 도덕적으로 무엇인지를 기술하는 것이고 두 번째 절차는 그 위반을 공적인 차원에서 허용하는 것과 허용하지 않는 것으로부터 초래될 해악(harms)을 측정하는 것이다. 이러한 과정을 통해 제시되는 복수의 행위지침 가운데 하나의 행위지침이 최종 결정되는 과정에는 비중주기를 사용할 것으로 볼 수 있다. 거트의 두 단계 절차를 이와 같은 방식으로 이해하면, 앞으로 설명할 BC의 행위지침 전략과 상당한 유사성을 갖기 때문에, BC의 행위지침을 상술하는 것이 거트의 논의를 이해하는 데도 효율적으로 보인다. BC의 행위지침 전략은 구체화와 결합한 비중주기 전략이다. BC는 기존의 비중주기 전략이 자의적이고 비합리적이라는 한계를 극복하기 위해 6개의 제약 조건과 도덕적 성품(moral character) 논의를 통해 강화하여 제시한다.

BC의 구체화 과정은 거트의 두 단계 절차를 더욱 구체화한 것으로 볼 수 있는데, 크게 영역 좁히기(narrowing the scope), 해설 붙이기(glossing), 분명하게 하기(sharpening)의 3개로 구분된다. 영역 좁히기는 공통도덕으로 제시된 도덕규범이 해당 영역에서 더욱 구체화하여 제시된다고 하더라도 여전히 추상적일 때, 구체적인 현장의 특성에 맞춰 더욱 영역을 좁혀 구체화하는 것을 의미한다. 예를 들어, BC는 자율성 존중의 원칙을 구체화하여 영역을 좁히면 "환자의 사전 지시

---

6 BC와 거트의 행위지침에 대한 논의는 목광수(2014)의 일부 내용을 이 글의 목적에 맞게 재구성하고 수정한 것이다.

서(advance directive)가 명료하고 적절할 때는 항상 이를 따라야 한다"
는 규범이 제시된다고 주장한다. 그리고 이러한 영역 좁히기에 덧붙
여 해설 붙이기와 분명하게 하기를 통해 공통도덕의 도덕규범이 구
체적인 행위지침으로 제시되게 하는 것이다. 그런데 이러한 과정을
통해서도 복수의 행위지침이 제시될 때, 비중주기를 통해 최종적인
선택을 하게 하는데, BC는 미결정성의 문제에 대한 보완책으로 선택
과정에서 고려할 6개의 조건을 다음과 같이 제시한다. 첫째, 포기된
규범보다 선택된 규범에 따라 행위를 하기 위한 좋은 근거들이 제공
될 수 있다. 둘째, 선택 제외를 정당화하려는 도덕적 목표는 그것이
성취할 현실적 전망을 지니고 있다. 셋째, 도덕적으로 선호할 만한
어떤 대안적 행위도 없다. 넷째, 선택된 행위의 일차적 목표를 달성
하면서도 포기된 행위의 가장 최소한의 수준에서 선택되었다. 다섯
째, 포기된 행위가 야기한 모든 부정적인 효과들이 최소화되었다. 여
섯째, 영향을 받는 모든 당사자들이 공평하게 대우받는다. 이런 6개
조건에서도 최종적인 행위지침이 제시되지 못할 때, BC는 도덕적 성
품을 통해 합리적 결정을 할 수 있다고 주장한다. 그러나 도덕적 성품
자체가 최종적인 행위지침을 제시할 수 있는 합리적 근거가 되지 못
하기 때문에 도덕적 성품에 대한 교육과 공동체성을 강조하는 결의
론적인 추론 방식을 통해 비중주기 전략을 보강할 필요가 있다.

BC와 거트에게서 공통으로 나타나는 행위지침은 구체화와 비중주
기를 통한 전략인데, 이 글에서 다루는 AMA의 행위지침 전략이 되기
위해서는 구체화와 비중주기를 수용하면서도 학습을 통한 비중주기
보강에 주목할 필요가 있다. AMA가 구체적인 행위지침을 제시하게

할 수 있는 전략은 중첩적으로 합의된 공통도덕인 도덕규범을 상황에 맞게 구체화하는 영역 좁히기, 해설 붙이기, 분명하게 하기의 방법을 통해 기본 알고리즘을 설정하는 것이다. 예를 들어, 병원의 환자 도우미 AMA가 사용되는 영역인 병원에서 환자 도우미에게 일어나는 특정 상황에 맞게 중첩적으로 합의된 도덕규범을 구체화하여 입력한다. 그리고 이를 구체적으로 적용한 행위지침이 복수일 때는 비중주기를 통해 최종 행위지침을 선택해야 하는데, 해당 특수 영역이 갖는 기존의 상황들에 대한 빅데이터를 통해 일반적인 행위지침들 사이의 비중주기 또한 기본 알고리즘에 반영한다. 이와 같은 알고리즘 제시 과정에서는 BC가 제시했던 6개의 제약 조건이 적절하게 재구성되어 사용될 수 있다. 일반적인 알고리즘 제시의 사례는, 어떤 AMA의 소유자가 자신의 집에서 사용하는 AMA에게 자신의 친구에게 화가 나 친구를 때리라고 명령을 내린다고 할 때, 해당 AMA는 "소유주의 말을 잘 따르라"는 구체화한 도덕 규칙이 있다고 하더라도 재구성한 6개의 제약 조건에 따라 더 비중이 높은 "다른 존재를 때리지 말라!"는 구체화된 도덕 규칙으로 인해 그 명령을 듣지 않을 수 있는 경우이다.

그런데 BC와 거트가 그랬던 것처럼 비중주기가 갖는 한계를 극복하기 위해서는 결의론적인 추론 방식, 즉 추후 승인의 학습 과정을 통해 보완하는 방식이 필요하다. 예를 들어, "진실을 말하라"라는 도덕 규칙과 "즐거움을 박탈하지 말라"는 도덕 규칙의 구체화한 행위지침들이 충돌하는 상황에서 서로 비슷한 비중으로 기본 알고리즘이 설정되었을 때, AMA가 둘 중 어떤 것을 선택하든 둘 모두는 도덕적 행위라고 볼 수 있다. 왜냐하면, 둘 다 합당한(reasonable) 영역에 속한 도덕 규칙에 따른 것이기 때문이다. 그러나 우리는 둘 중 어떤 것이 더 나은지에 대해 개인차가 있을 수는 있지만, 문화적으로나 사회적으로 비슷한 판단을 내릴 수 있는데, 이런 부분을 AMA가 학습하게 하여 비중주기의 한계를 보완해야 한다. 이러한 보완은 AMA가 둘 중 어떤 것을 선택했을 때, 추후 이에 대한 보상, 즉 승인 또는 거부를 통해 사용자가 AMA 비중주기를 교정하는 방식이다. 이러한 추후 승인을 통한 학습 데이터가 축적되면, 오랜 기간의 숙련을 통해 공동체적으로 판단하는 결의론적인 추론 방식과 유사한 효과를 AMA가 갖추게 될 것으로 기대된다.

6. 더 생각해볼 문제

이 글은 AMA 제작과 설계를 위해 고려해야 할 도덕철학적 내용이 무엇인지를 검토하고 제안했다. 이 글은 AMA의 목적, 도덕규범, 행위지침이라는 형식적 구조에서 AMA가 설계되어야 한다고 분석했다. 이런 구조에 따라서, 이 글은 현재의 과학기술에서 고려할 AMA는 인간과 같이 충분한 도덕 행위자가 아닌 준-도덕 행위자이며 범용이 아닌 보편적 이기주의(universal egoism) 관계의 특정 영역에 제한된 AMA이어야 한다고 제안했다. 또한, 이런 AMA는 공통도덕의 중첩적 합의를 통해 제시된 8개의 도덕규범을 토대로 해당 영역의 특수한 도덕규범이 추가되어 프로그래밍되어야 하고, 이를 토대로 AMA

의 목적과 관련된 해당 영역의 특수성에 입각한 비중주기를 통한 기본 알고리즘 설정과 사후 승인의 학습을 통해 보완되는 행위지침 방식으로 설계되어야 한다고 제안했다.

　이 글에서 제시된 8개의 도덕규범은 도덕적 가치를 표현하고 있어서 실질적인 공학적 설계를 위해서는 중립적 언어로 재구성될 필요가 있다. 예를 들어, "고통이나 괴로움을 주지 말라"는 도덕규범에서 "고통"이나 "괴로움"은 "충격을 가함"이나 "때림" 등으로 구체화할 수 있으며, 그러한 "충격을 가함"이나 "때림"이란 표현은 "AI 로봇의 일부가 일정 속도 이상으로 인간에게 부딪힘"으로 중립화할 수 있을 것이다. 이러한 부분은 추후, 공학자들과의 협업을 통해 연구를 진행할 부분이다. 이러한 협업이 잘 진행되어 도덕적 가치 표현을 담은 이 글의 논의가 이렇게 중립적 언어로 재정립된다면, 이 글이 제시한 고려사항들, 특히 제한적 영역과 역할의 현실적 목적을 설정하고 중첩적 합의를 통해 제시된 공통도덕 논의와 행위지침 논의는 실제 AMA 제작에 이론적 시사점을 줄 것으로 기대한다.

4장 참고문헌

고인석. 2011. 「아시모프의 로봇 3법칙 다시 보기: 윤리적인 로봇 만들기」. ≪철학연구≫, 제93집.

_____. 2012. 「로봇이 책임과 권한의 주체일 수 있는가」. ≪철학논총≫, 제67집 제1권.

_____. 2014. 「로봇윤리의 기본 원칙」. ≪범한철학≫, 제75집.

김은수·변순용·김지원·이인제. 2017. 「10세 아동 수준의 도덕적 인공지능개발을 위한 예비 연구: 인공지능 발달 과정을 중심으로」. ≪초등교육교육≫, 제57집.

목광수. 2014. 「행위지침 제시에 효과적인 생명의료윤리학적 방법론 모색: 비첨과 칠드 레스의 논의를 중심으로」. ≪철학연구≫, 제105집.

_____. 2017a. 「인공지능 시대에 적합한 인격 개념: 인정에 근거한 모델을 중심으로」. ≪철학논총≫, 제90집.

_____. 2017b. 「인공지능 시대의 정보 윤리학: 플로리디의 '새로운' 윤리학」. ≪과학철학≫, 20권 3호.

목광수·류재한. 2015. 「생명의료윤리학에 적합한 공통도덕 모색: 비첨과 칠드레스, 그리고 거트의 공통도덕 논쟁을 중심으로」. ≪생명윤리≫, 제16권 제2호.

변순용. 2018. 「인공지능로봇을 위한 윤리 가이드라인 연구: 인공지능로봇윤리의 4원칙을 중심으로」. ≪윤리교육연구≫, 제47집.

변순용·송선영. 2012. 「로봇윤리의 이론적 기초를 위한 근본 과제 연구」. ≪윤리연구≫, 제88호.

변순용·신현우·정진규·김형주. 2017. 「로봇윤리헌장의 필요성과 내용에 대한 연구」. ≪윤리연구≫, 제112호.

아리스토텔레스(Aristotle). 2006. 『니코마코스 윤리학』. 이창우·김재홍·강상진 옮김. 이제이북스.

월러츠, 웬델(Wendell Wallach)·알렌, 콜린(Colin Allen). 2014. 『왜 로봇의 도덕인가』. 노태복 옮김. 메디치미디어.

이상형. 2016. 「윤리적 인공지능은 가능한가?」. ≪법과 정책연구≫, 제16권 제4호.

이태수. 2016. 「기계지성, 어디까지 갈 수 있을까?」. ≪지식의 지평≫, 제21호.

정지훈. 2015. 「안드로이드 하녀를 발로 차는 건 잔인한가?」. 권복규 등. 『미래 과학이 답하는 8가지 윤리적 질문: 호모 사피엔스씨의 위험한 고민』. 메디치미디어.

최용성·천명주. 2017. 「인공적 도덕 행위자에 관한 도덕철학, 심리학적 성찰」. ≪윤리교육연구≫, 제46집.

최현철·변순용·김형주·정진규. 2017. 「인공적 도덕 행위자(AMA) 윤리적 프로그래밍을 위한 논리 연구L. ≪윤리교육연구≫, 제46집.
최현철·변순용·신형주. 2016. 「인공적 도덕행위자(AMA) 개발을 위한 윤리적 원칙 개발: 하향식 접근(공리주의와 의무론)을 중심으로」. ≪윤리교육연구≫, 제111호.

Allen, C., I. Smit, and W. Wallach. 2005. "Artificial Morality: Top-down, Bottom-up, and Hybrid Approaches." *Ethics and Information Technology*, Vol.7(3).

Beauchamp, Tom L. and James F. Childress. 2012. *Principles of Biomedical Ethics*(7th). Oxford University Press.

Beavers, A. F. 2009. "Between Angels and Animals: The Question of Robot Ethics, or Is Kantian Moral Agency Desirable?" in Association for practical and professional ethics, eighteenth annual meeting. Cincinnati, Ohio, March.

Coeckelbegh, Mark. 2011. "Are Emotional Robots Deceptive?" *IEEE Transactions on Affective Computing*, Vol.3(4).

Donagan, Alan. 1977. *The Theory of Morality*. The University of Chicago Press.

Floridi, Luciano. 2013. *The Ethics of Information*. Oxford University Press.

Floridi, Luciano and J. W. Sanders. 2004. "On the Morality of Artificial Agents." *Minds and Machines*, Vol.14.

Gert, Bernard. 2004. *Common Morality: Deciding What to Do*. Oxford University Press.

_____. 2005. *Morality*. Oxford University Press.

Gert, Bernard, Charles Culver, and Danner Clouser. 2000. "Common Morality versus Specified Principlism: Reply to Richardson." *Journal of Medicine and Philosophy*, Vol.25(3).

_____. 2006. *Bioethics: A Systematic Approach*(Second Edition). Oxford University Press.

Hohfeld, W. N. 1978. *Fundamental legal Conception as Applied in Judicial Reasoning*. Greenwood Press Publishers.

Iltis, Ana Smith. 2000. "Bioethics as Methodological Case Resolution: Specification, Specified Principlism and Casuistry." *Journal of Medicine and Philosophy* Vol.25(3).

Johnson, Aaron M. and Sidney Axinn. 2014. "Acting vs. being moral: The limits of technological moral actors." Ethics in Science, Technology and Engineering, 2014 IEEE International Symposium on Ethics in Engineering, Science, and Technology.

Moor, James. 2009. "Four Kinds of Ethical Robots." *Philosophy Now*, Vol.72.

Nussbaum, Martha. 2000. *Women and Human Development*. Cambridge University

Press.

Rawls, John. 1993. *Political Liberalism*. Columbia University Press.

Richardson, Henry. 2000. "Specifying, Balancing, and Interpreting Bioethical Principles." *Journal of Medicine and Philosophy*, Vol. 25(3).

5장
윤리적인 인공지능 로봇
구성적 정보 철학 관점에서*

박충식

1. 논의의 배경

지금까지 물질적·정신적 측면을 망라한 인공지능의 존재론적 본성에 관한 연구성과를 바탕으로, 인간과 인공지능의 관계, 특히 인공지능의 존재론적 본성으로 인해 야기될 수 있는 인간 사회에서의 다양한 윤리적 쟁점들을 살펴볼 필요가 있다. 단순한 윤리적 판단 대상으로서의 인공지능이 아니라 도덕적 행위 주체로서의 인공지능일 수

---

* 이 글은 ≪과학철학≫, 21권 3호(2018), 39~65쪽에 수록된 같은 제목의 논문을 이 책의 취지에 맞게 수정한 것이다.

있다.

인공지능의 윤리학이 답해야 할 과제는 크게 두 가지로 구분해볼 수 있다. 첫째는 인공지능을 어떤 윤리적 가치에 의해 지배되는 존재로 만들 것인가의 문제이다. 이는 물론 윤리적 가치 지향을 실제로 어떻게 구현할 수 있을 것인가의 문제를 포함한다. 인공지능의 설계는 자율성과 윤리적 민감성(감수성)의 두 가지 차원을 통해서 분석될 수 있다. 지금까지 인공지능의 개발과 관련된 대부분의 논의가 인간과 비슷한 수준의 지성적 자율성을 발휘하는 존재를 만드는 것의 문제에 집중되어 있었다면, 이제는 그것들이 지녀야 할 윤리적 감수성의 차원으로 눈을 돌려야 할 때이다. 마이크로소프트 사의 AI 채팅봇인 '테이(Tay)' 사례에서도 쉽게 확인할 수 있듯이, 인공지능이 인간과 공존하기 위해서는 단지 자율적이기만 한 것이 아니라 도덕적으로 판단하고 행동할 수 있는 존재여야 한다.

인공지능 윤리학의 두 번째 중요한 과제는 인공지능이 갖게 될 도덕적 지위가 무엇인가라는 질문에 답하는 것이다. 도덕적 지위의 문제는 행위자(agent)와 피동자(patient)의 두 가지 차원에서 논의될 수 있다. 인공지능 로봇은 전통적으로 인격적 존재에게만 귀속되었던 윤리적 행위자의 지위를 가질 수 있는가? 행위자가 되기 위한 전통적 요건은 이성, 의식, 지향성, 자유의지 등이다. 인공지능은 전통적인 의미의 행위자가 갖는 이러한 요건들을 충족시키는가? 혹은 이제 우리는 인공지능과 같은 새로운 기술적 존재자를 포괄할 수 있는 새로운 행위자 개념을 필요로 하는가? 싱어(Peter Singer)의 동물윤리 이후, 도덕적 피동자의 기준은 유정성(sentience)으로 보인다. 인공지능도 유정성을 가질 수 있는가? 혹은 유정성이 결여된 윤리적 피동자도 가능한가? 인공지능과 공존하는 세상을 상상하기 위해서는 전통적인 의미의 행위자/피동자 구분을 넘어서는 새로운 도덕적 상상력이 필요한 것은 아닐까? 이러한 논의를 통해 인공지능과의 공존을 위한 새로운 윤리학을 모색할 필요가 있다.

윤리적 가치와 규범을 갖춘 인공지능 로봇을 만드는 방식에 대해서는 하향식(Top-Down), 상향식(Bottom-Up), 하향식과 상향식을 혼합한 방식이 있다. 하향식 방식은 제시되는 원칙들 사이의 충돌을 조정하지 못한다는 것과 하향식의 추상적인 원칙이나 규칙 교육은 구체적인 상황에서 효과적인 행위지침을 제시하지 못한다는 한계를 갖고 있다. "성품(character)"의 수양을 통해 윤리적인 인공지능 로봇을 만들어 나가려는 덕 윤리적인 상향식 방식은, 인공지능 로봇이 빅데이터를 통해 윤리적 경향성을 습득하는 학습 방식을 취할 때 주어진 정보의 왜곡이나 비윤리적 정보 수용으로 인해 비윤리적 인공지능 로봇이 될 수 있다는 한계를 갖는다.

하향식 방식과 상향식 방식에 대한 이러한 비판으로 인해, 양자를 혼합하는 방식 가운데, 윤리적 인공지능 로봇 제작을 위해 최근에 주목되는 방식은 양자를 혼합한 진화론적 방식이다. 진화론적 방식은 상향식과 하향식을 혼합하면서도 유전적 알고리즘을 통해 가장 적절한 최선의 해결책을 학습하게 하는 방식이다. 이러한 진화론적 방식이 현재 윤리적 AI 로봇을 교육할 수 있는 가장 효과적인 방안으로 고려되고 있는데, 이에 대한 철저한 분석과 논의는 충분하지 않다. 이러한 방식이 적절하고 효과적인지에 대한 심도 깊은 검토와 보완적 논의가 필요하다.

2. 윤리적 인공지능 로봇 만들기

가깝지 않은 미래에 로봇의 등장으로 사람들은 노동에서 해방되어 한가하게 편안한 삶을 살게 될 수도, 일터로부터 쫓겨나서 빈한한 삶을 살게 될 수도 있다. 이와는 좀 다르게 전쟁터로 내보내진 전쟁 로봇들이나 가정으로 들어온 가사 도우미 로봇들은 수없이 부딪히게 되는 윤리적인 상황에서 잘 행동할 수 있도록 만들어져야 하는 문제도 있다. 인공지능 로봇을 윤리적으로 행동하게 만든다고 실제로 윤리적인 것이 아닐 수 있다. 우리는 겉으로만 윤리적으로 행동하는 사람들이 적지 않다는 것을 잘 알고 있다. 그렇다면 인공지능 로봇이 실재적인 의미에서 사람처럼 윤리적이려면 어떻게 만들어야 할까? 이 글은 '윤리적'이라고 부르는 현상을 좀 더 기계론적으로 논의하려고 한다.

엄밀히 말하면 인공지능은 로봇의 지능적인 소프트웨어 부분을 이르는 말이고 로봇은 하드웨어와 소프트웨어 모두를 포함하여 자율적인 기계를 이르는 말이다. 역사적으로 보면 주로 기계공학과 전자공학으로부터 발전한 로봇과 주로 컴퓨터 과학으로부터 발전한 인공지능은 기술이 발전하면서 그 구분이 아주 명료하지만은 않지만 인공지능을 로봇의 머리라고 쉽게 생각할 수 있으며 이 글에서 인공지능 로봇은 지능적인 능력을 갖춘 로봇이라는 의미로 사용된다.

개체들이 모인 사회에는 윤리가 존재하지만 윤리적인 인공지능 로봇은 인공지능 로봇들만의 사회를 위한 윤리가 아니고 인공지능 로봇들과 인간들의 사회를 위한 윤리라는 면에서 인간들만의 윤리와는 다른 측면을 가진다고 할 수 있다. 이런 방식의 윤리는 서로 다른 문화를 가진 인간들이 모여 사회를 이루게 됨으로써 다소 다른 윤리가 필요하게 된다거나 가축이나 반려동물들과 인간들로 이루어진 사회의 윤리가 필요하게 된다는 면으로 이해할 수도 있을 것이다. 하지만 아직은 아니지만 인공지능 로봇들이 단순한 기계를 넘어서 충분히 자율적이고 지능적인 존재가 되어 인간과 사회를 이루고 살아야 하는 사회가 된다면 비록 다른 문화를 가졌더라도 인간들로 이루어진 사회나 인간 수준의 지능을 가지고 있지는 않지만 정서적 능력을 가진 동물들과 이루어진 사회의 윤리와는 전혀 다른, 인간이 만들기는 했으나 인간의 지능적 능력들 가지고 자율적인, 나아가 독자적인 감정을 가지게 될지도 모르는, 초유의 존재들과의 사회를 위한 윤리를 고민하게 될 것이다.

인공지능이 기계를 지능적으로 만드는 전산학의 한 분야이기도 하지만 인간의 지능적인 능력들을 구현 가능한 수준으로 이해하려는 분야이기도 하다. 이 글은 구성적 정보 철학이라는 입장에서 윤리적인 인공지능 로봇을 만들기 위한 방안을 모색하기는 하지만 실제로 만드는 방법을 제시하려는 것이 아니고 인간의 윤리적 행위를 이해하고 설명할 수 있는 기계론적인 계산 모델(computational model)을 탐구하고, 이를 바탕으로 인간과 공존해야 하는 윤리적인 인공지능 로봇의 구현 아이디어를 모색하는 것이다. 그러므로 이 글은 윤리적인 인공지능 로봇을 만드는 공학자들이 지켜야 하는 윤리적인 지침이나 비윤리적인 인공지능 로봇 제작과 로봇 사용으로 생길 수 있는 다양한 사회적 문제를 통제하는 법률 같은 문제는 논외로 한다.

이 글은 윤리적인 행위가 정신이나 영혼과 같은 목적론적이고 형이상학적 개념 없이 기계론적 물리주의로 설명 가능하다는 입장에서 물질과 에너지 내에 정보 패턴을 유지하는, 물리적으로 이루어진 자기 생산적 체계가 생존을 위하여 체계 외부와 내부에 대한 관찰을 통해 구성된 정보로부터 성찰적 능력이 생기고 이러한 성찰적 능력을 통해 단순한 생존을 넘어서는 새로운 가치인 윤리성을 가지는 윤리적 정보 행위자가 될 수 있고 아직은 해결해야 할 기술적인 문제가 있기는 하지만 이 같은 윤리적 정보 행위자의 계산적 모델을 만들 수 있다는 주장을 하고자 한다.

이를 위해 2절에서 구성적 정보 철학이 정보 이론과 사회학적 그리고 분석 철학적 관점에서도 물리주의이며 구성주의적 실재론임을 설명하고, 3절에서 윤리적인 인공지능의 핵심 개념이라고 생각하는 '성찰'과 '의식'을 구성적 정보 철학 관점에서 설명하고, 4절에서 윤리/도덕 개념이 성찰(반성) 능력으로부터 어떻게 생겨날 수 있는지 설명한다. 5절에서는 구성적 정보 철학 입장에서 성찰하는 정보 행위자가 자신의 정보처리 과정을 통해 어떻게 윤리적 정보 행위자가 될 수 있는지와 성찰의 인공지능적 계산 모델을 모색한다. 그리고 6절에서 최근 이루어지고 있는 AMA(Artificial Moral Agent, 인공적 도덕 행위자) 연구에 대하여 일부 언급하려고 한다.

3. 구성적 정보 철학

플로리디(Luciano Floridi)는 그의 책, 『정보 철학』에서 정보 철학을 '사물의 제일의 모든 원인과 제일의 모든 원리를 취급하는 철학'인 제일철학(第一哲學, Philosophia Prima)으로 간주한다. 세상을 이루는 가장 근본적인 것으로 언급되는 물질과 에너지와 더불어 이제 정보가 언급되고 있다. 플로리디의 정의에 따르면 정보 철학은 정보의 다양한 원리와 개념을 분석하고, 평가하고, 설명하는 통합된 관련 이론들을, 개발하고 서로 응용의 맥락으로부터 발생한 체계적 이슈에 특별한 관심으로 정보의 동학과 활용을, 그리고 존재, 지식, 진리, 생명, 또는 의미와 같이 철학에 있는 다른 중요한 개념과 연관성을 개발하는 것이다.

플로리디는 생물로 이루어진 생물계(biosphere)처럼 정보 유기체(inforgs)라고 부르는 정보 개체(informational entities)들이 거주하는 환경을 지칭하기 위하여 정보계(infospheres)를 시용한다. 흔히 정보 공간(the sphere of information)을 의미하는 사이버스페이스(cyberspace)와는 달리 정보계는 온라인 환경에 제한되지 않는다. 플로리디가 처음 사용한 용어는 아니지만 정보계는 모든 정보적 개체, 그들의 속성, 상호작용, 과정, 상호관계들에 의하여 구성되는 전체 정보적 환경을 의미한다. 정보계는 존재의 총체와 동등하다. 이러한 동등성이 정보적 존재론이 되도록 한다. 정보 유기체는 정보계에 존재하는 정보로 이루어진 정보적으로 체화된 유기체로 정의되는 플로리디의 용어이다. 정보 유기체는 인공적인 행위자(artificial agents)뿐만 아니라 자연적인 행위자(natural agents)를 포함하고, 디지털 카메라나 휴대전화, 태블릿, 랩톱(laptop) 컴퓨터와 같은 디지털 장치를 가진 가족과 같이 복합적인 행위자(hybrid agents)일 수도 있다.

위너(Norbert Wiener)는 샤논 정보(Shannon information)를 유지하는 패턴으로 정의되는 개체(entity)로서 유기체를 기술한다. 샤논 정보는 자연과학의 법칙에 의하여 정보가 조작되도록 하는 물리적 영역에서 존재한다. 그러므로 정보 유기체는 물질(matter), 에너지(energy), 그리고 샤논 정보로 이루어진다. 이진 정보를 보유함으로써 유기체의 부분을 만드는 것으로 간주되는 DNA 부호화는 살아 있는 유기체는 끊임없이 변화하는 물질-에너지 다발(flux of matter-energy) 내에 부호화된 샤논 정보의 패턴을 유지하는 것이라는 아이디어를 강화한다. 샤논 정보는 정보 엔트로피(information entropy)로서 자료의 확률적 원천에 의하여 발생하는 정보 평균 비율로 정의되는데, 정보 유기체에서 발견되는 샤논 정보는 유기체라고 말해지는 정체성(indentity)을 가진다. 예를 들어 인간의 정체성은 물질이나 에너지라기보다는 몸 안에 있는 샤논 정보의 패턴에 의하여 부호화된다. 사람의 몸이 시간에 따라 변하지만 사람의 정체성은 시간을 통해서도 유지된다. 정보 유기체의 샤논 정보의 조작은 형이상학적 영역에 있는 셈이 되는 것이다.

정보가 근본적이라는 입장을 공유하지만 다양한 입장의 정보 철학이 있을 수 있다. 구성적 정보 철학은 구성주의적 관점의 정보 철학을 의미한다. 구성주의는 통상적으로 지식이 어떻게 정의되든 사람의 머릿속에 있는 것이며 자신의 경험에 기반을 두고 '구성'될 수밖에 없는 것이라고 생각한다.

플로리디는 정보를 (1) 참도 거짓도 아닌 물리적 신호의 패턴과 같은 실재로서의 정보(information as reality)[환경적 정보(environmental information)라고도 한다], (2) 진리적으로 확인된(alethically qualifiable) 의미적 정보(semantic information)와 같이 실재에 대한 정보(information about reality), (3) 유전 정보(genetic information), 알고리즘, 지시(orders), 요리법(recipes)처럼 명령어(instructions)와 같은 실재를 위한 정보(information for reality)로 분류하지만 이런 관점은 정보가 생산되고 소비되는 정보의 능동적인 측면이 충분히 반영하고 있지 못하다.

구성적 정보 철학의 정보는 '관찰자에 의하여 발견될 수 있는 차이들로 의미 있는 구별이 되어 지칭할 수 있는 사건(대상)에 대한 표현(감각, 진술)'이라고 정의한다. 여기서 관찰자는 정보 행위자(informational agent)라고 이름할 수 있으며 자기생산체계(autopoietic system)를 상정한다. 체계(system)는 매우 다양한 개념으로 여러 곳에서 이용되지만 자기생산체계는 '상호 작용하는 여러 구성 요소들로 이루어진다'는 통상적인 체계 개념과는 달리 '환경과 자신의 경계를 유지하여 정체성을 가지는 체계'를 의미한다. 당연히 급진적 구성주의자(Radical Constructivist)인 마투라나(Humberto Maturana)와 바렐라(Francisco J. Varela)의 자기생산체계를 염두에 둔 개념이다.

베이트슨(Gregory Bateson)은 정보를 '차이를 만드는 차이'라고 하지만 이 차이는 기본적으로 관찰자에게 허용된 감각 범위 내에서만 가능하다. 그뿐만 아니라 지칭할 수 있어야 하는데 이러한 지칭은 관찰자가 생래적이든 습득한 것이든 구성해온 세상에 대한 모델에 의존한다. 여기서 '모델은 관찰자가 대상에 대하여 일관성을 지향하는 정보들의 집합'이라고 할 수 있다. 관찰자의 차이 관찰은 감각과 모델, 이 두 가지에 의해서 가능하기도 하고 제한되기도 한다. 이런 의미에서 자기생산체계는 물질적으로 '개방 체계'이지만 정보적으로는 '폐쇄 체계'인 것이다. 그러므로 정보는 송신자와 수신자 사이의 채널을 통하여 전달된다는 식의 정보소통모델은 거부된다. 마투라나와의 논란에도 불구하고 생명 현상에 사용되었던 자기생산체계를 사회 체계(societal system)에도 적용한 학자가 루만(Niklas Luhmann)이다. 루만의 사회체계이론(social systems theory)에서 인간들은 사회의 구성 요소가 아니고 환경일 뿐이며 사회의 구성 요소는 인간들의 '소통(communication)'이라고 한다. 이어지는 '소통'이 사회적 체계(social system)를 만든다는 것이다. '소통'도 인간의 심리적 체계(psychic system)에 의한 것이고 심리적 체계는 생물학적 체계(biological system)에 의하여 가능하다. 하지만 '사회적 체계', '심리적 체계', '생물학적인 체계'는 완전히 서로 다른 체계이고 '구조적 접속(구조적 연결, structural coupling)'으로 상호 작용한다. 사회적 체계의 구성 요소가 '소통'이듯이 심리적 체계의 구성 요소는 '의식'이며 두 체계 공히 '매체(media)'는 '의미'이다. 근대의 관찰자로 불리는 루만은 자신의 사회체계이론으로 근대에는 다양한 소통들에서 경제적 소통들이 경제적 체계를, 예술적 소통들이 예술적 체계를, 학문적 소통들이 학문적 체계를 이루는 등으로 기능적 분화(functional differentiation)되었다고 한다.

사건이라는 용어는 체계 외부(환경)와 내부의 시공간상에 배경과 대상을 같이 포함한다. 대상에 대한 모든 관찰은 배경하에서 이루어지는 대상의 관찰을 통해 이루어진다. 관찰은 정보 행위자의 외부로만 향하는 것이 아니고 내부에서 일어나는, 의식할 수 있는 모든 내적 상태의 사건들도 대상으로 한다. 그러므로 내부 사건의 관찰 또한 사건이라고 할 수 있다. 이러한 내부 사건의 관찰에 의하여 비롯되는 일련의 과정을 '반성적', 또는 '성찰적'이라고 할 수 있을 것이다.

의미는 정보 행위자의 가치에 기반하고 정보 행위자의 행위와 인과관계가 있어야 한다. 기존의 샤논 정보 개념은 정보의 측도(measure)로 사용되고 있지만 정보의 양, 즉 질서의 정도만을 다룰 뿐, 어떤 질서인지를 다루지 않는다. 정보의 '어떤 질서'는 정보 행위자에게 있어서 정보의 '어떤 의미'라고 할 수 있다. 정보의 의미를 다루기 위해서는 정보 행위자에게 있어서 관찰, 표현, 가치, 행위의 효과가 같이 다루어져야 하고 전통적으로 이러한 문제에 천착해온 인문사회학(존재론, 인식론, 언어학과 기호학) 등과 자연스럽게 연결될 수 있다.

지칭은 차이의 구별에 대한 물리적 표현으로서의 이름이다. 이를 심볼 그라운딩(symbol grounding)이라고 할 수 있다. 개별적인 정보 행위자들이 이러한 지칭을 공유하게 된다면 그 정보 행위자들은 서로 소통 가능한 언어를 가지게 되는 것이다. 하지만 언어 자체는 당연히 자기생산체계가 아니다.

이러한 정보 행위자는 의식적이든 무의식적이든 자신의 목적이나 의도가 있으며 자신의 감각기관, 운동기관, 정보처리기관에 의하여 그 정보처리 수준이 정해진다. 하지만 정보 행위자의 이러한 기능은 주어진 물리학적 환경에 따라 변화할 수 있다. 결국 정보는 정보 행위자의 목적에 기여하는, 그리고 행위자가 감지할 수 있는 환경의 물리적 차이들에 붙여진 지칭이며, 이러한 지칭들은 해당 정보 행위자가 자신의 목적에 따라 구성한 세상에 대한 모델링이라고 할 수 있다. 정보 행위자에게 세상은 관찰할 수 있는 차이로서만 존재하는 것이다. 세상에 대한, 이러한 구성적 해석조차도 구성과 구성하는 과정을 구별함으로써 이루어지는 것이므로 구성은 스스로의 구성을 구별하는 자기 모순적 역설을 가질 수밖에 없다. 정보 행위자의 관찰은 정보 행위자의 물리학적 환경뿐만 아니라 정보 행위자의 정보 내적 상태를 포함한 모든 차이를 대상으로 하는 것이다.

이러한 정보 행위자는 홀로 존재하지 않는다. 정보 행위자들은 다른 정보 행위자와의 소통을 통해 자신의 욕구나 목적을 달성하기 위해 행동한다. 정보 행위자들이 서로에 대하여 블랙박스(black box)이기 때문에 우발성(contingency)이 발생한다. 각 행위자(자아, ego)는 다른 행위자(타자, alter)가 다음에 무엇을 할지 알 수 없다. 사회적 상황(두 행위자)이 상호적이므로 이중의 우발성(자아의 우발성과 타자의 우발성)이 초래된다. 블랙박스 문제는, 행위자가 자아의 행동을 선택하기 위하여 타자의 미래 행동에 대해 기대(expectation)함으로써 해결될 수 있다. 사회 시스템의 구조로서 기대는 예상될 때만 사회적 관련성과 그 적절성을 획득한다. 우발성의 이중성은 기대의 이중성을 야기한다. 타자는 마주한 자아에 대한 기대를 가지며 자아는 타자가 자아로부터 무엇인가를 기대한다는 것을 알고 있지만 그 기대가 정확히 무엇인지 결코 알 수 없다. 그러므로 자아는, 자아에 대한 타자의 기대에 대한 기대(기대-기대)를 만들어낸다. 소통은 정보 내용의 선택, 통보 방법의 선택, 이해 의미의 선택, 세 가지 선택에 의해 이루어진다. 그러므로 정보가 생산될 때 자아와 타자가 각각 자신을 일반적인 의미 세계의 부분으로 간주하는 것이 가정되어 있다. 공유 가능한 의미 구조의 이러한 가정은 타자의 선택이 자아에 의해서 받아들여질 것이라는 기대를 가지게 한다. 정보 행위자들의 협력과 갈등을 조정하기 위한 이러한 소통들이 정치, 경제, 법, 과학, 종교, 교육 등의 다양한 사회적 체계를 구성한다.

구성적 정보 철학의 이러한 정보 동학에서 이루어지는 모든 정보는 정보 행위자 자신의 목적에 기여할 것을 전제로 하기 때문에 정보의 획득과 배포는 정보 행위자나 정보 행위자 집단의 정치적 고려하에 이루어지고 경쟁은 불가피한 현상이 된다. 그런 점에서 '모든 정보는 정치적'이라고 할 수 있고 구성적 정보 철학의 정보 동학은 개체적인 현상이면서도 사회적 현상이라고 할 수 있고 이러한 관점은 정보 철학이 자연과학뿐만 아니라 인문과학과 사회과학을 연결하여 설명할 수 있는 모델을 제공할 수 있는 단초가 된다.

정보가 비록 추상적일지라도 물리적인 기반하에서만 이루어진다고 여기기 때문에 구성적 정보 철학은 물리주의적이다. 통상적인 물리주의는 모든 것은 인과론적 환원이 가능하다고 믿지만, 이 글에서 물리주의는 물리적 실재의 일원론을 믿지만 인과론적이더라도 확인할 방법이 없다는 급진적 구성주의 관점의 물리주의이다. 플로리디도 정보 구조적 실재론(Information Structural Realism: ISR)을 표방하고 ISR은 구성주의자가 되는 것을 인식론적 목표로 가진다고 했다(심리학적이나 사회적인 구성주의자는 아니다). 또한 지식은 발견하고 기술하거나 발명하고 만드는 것이 아니고 실재(reality)를 설계하고 모델링함으로써 실재의 속성과 행위를 우리가 경험하는 것처럼 의미 있는 세계로 바꾸는 것이라고 한다(의미화, semanticization).

구성적 정보 철학은 물리주의이며 급진적 구성주의 실재론이라고 할 수 있다. 구성주의는 세상을 설명하고 예측하는 것의 이론과 경험의 정합을 중요하게 생각하고 이러한 정합은 새로운 이론이나 새로운 경험을 통하여 계속 구성적으로 이루어질 것이라고 믿더라도 물리주의적이다. 급진적 구성주의가 실재를 확인하기 위해 우리의 구성된 인식을 통하여 모두가 동의하는 참을 확인할 수 있는지에 대해서 회의적이더라도 세상은 모두 물리적이고 우리의 설명의 대상이 물리적으로 실재한다고 믿는다는 점에서 실재론이라고 할 수 있다. 구성주의자로 간주되는 칸트(Immanuel Kant) 역시 물자체를 알 수 없다는 입장이기 때문에 구성적 실재론자라고 할 수 있을 것이다.

물리주의자인 데이빗슨(Donald Davidson)의 무법칙적 일원론은 심신의 본질 및 심신 간의 관계에 대한 심신 이론으로서, 모든 심적 사건은 물리적 사건이지만 심신 사이에 엄격한 법칙은 있을 수 없다는 것으로 구성되어 있다. 즉, 이유와 의도적 행위를 포함하는 심적 사건들은 법칙의 지배를 받지 않으며 또한 심물 사이에 연결 법칙의 존재를 부정하면서, 동시에 심적 사건은 물리적 사건과 동일하다는 일종의 동일성이다(김선희, 1992: 15).

4. 성찰과 의식: 물리주의적 설명

철학에서 '성찰'은 '반성'과 같이 쓰이는 것으로 보이는데, 백종현 교수는 칸트적 의미에서 '반성'을 다음과 같이 풀이한다.

일반적으로 이성이 "반성한다(성찰한다)는 것은, 주어진 표상들을 다른 표상들과 또는 자기의 인식 능력과, 그에 의해 가능한 개념과 관련해서, 비교하고 대조하는 것이다". 이러한 반성(Reflexion) 또는 성찰(Überlegung)은 우리가 대상들에 대한 "개념들에 이를 수 있는 주관적 조건들을 발견하기 위해 우선 준비하는 마음의 상태"로서, 어떤 반성은 개념을 산출하는 논리적 지성-작용의 제2국면에서처럼 "어떻게 서로 다른 여러 표상들이 한 의식에서 파악될 수 있는가를 성찰함"이지만, 어떤 반성은 주어진 표상들이 우리의 인식 원천들과 어떤 관계에 있는가, 다시 말해 그것들이 우리의 어떤 마음 능력에 귀속하는가를 숙고함을 일컫는다. 전자의 반성을 '(형식)논리적 반성', 후자를 '초월적 반성'이라고 구별하여 이름 붙일 수도 있다(백종현, 2017: 525).

신경과학자 토노니(Giulio Tononi)는 의식의 핵심적인 속성과 의식을 설명할 수 있는 물리적 시스템의 속성을 밝히려는 그의 정보통합 이론(Integrated Information Theory: IIT)에서 "의식을 만들어내는 기반은 엄청나게 많은 다른 상태를 구별할 수 있는 통합된 존재다. 즉, 어느 신체 시스템이 정보를 통합할 수 있다면, 그 시스템에는 의식이 있다"라고 한다. 시스템의 수많은 상태(정보)를 구별하고 다른 가능성들을 효과적으로 제거하여 단일하게 통합하는 것이 의식이라는 것이다. 현재 이 이론은 주어진 시스템에 대하여 의식이 있는지, 그 의식 수준은 어느 정도인지, 시스템은 어떤 특정한 경험을 하는지 예측하려고 한다. 심지어 정보를 통합하는 능력을 나타내는 단위(의식의 단위, Φ)를 정의하고 이를 비트로 측정하는 프로그램도 만들어서 공개하고 있다. 정보통합이론은 심신 문제(mind-body problem)에 대해서도 경험의 현상학적인 속성과 물리적 시스템의 인과 속성은 동일한 것이라고 제안한다.

인지과학 분야에서 신경과학자인 다마지오(Antonio Damasio)에 의하여, 희귀한 감정 연구의 철학자로 다시금 조망된 스피노자(Baruch de Spinoza)의 철학은 인간에 대한 유물론적 이해를 총체적으로 제공한다. 들뢰즈(Gilles Deleuze)가 설명하는 스피노자는 놀랍도록 현대적이고 사이버네틱스적이다. 스피노자는 새로운 모델로서 신체를 제안한다.

욕구는 각 사물이, 즉 연장에 속하는 각각의 신체와 사유에 속하는 각각의 영혼, 각각의 관념이 자신의 존재 속에 계속 머무르려는 노력(코나투스, Conatus)에 다름 아니다. 그러나 이 노력은 우리가 만나는 대상에 따라 다른 방식으로 작용하도록 만들기 때문에, 매 순간 대상들로부터 우리에게 오는 변용들(affections)에 의해 결정된다는 것을 잊지 말아야 한다. 바로 결정인자로서의 이 변용들이 필연적으로 코나투스에 대한 의식의 원인이다(들뢰즈, 2001: 32).

스피노자가 미완성인 상태로 남겨두었다가 사후에 출간된 초기 저작 『지성개선론』에서 정신은 "정신적 자동장치(automat spirituale)"로 규정된다. 스피노자는 데카르트(René Descartes)와 달리 정신과 신체를 근본적으로 상이한 2개의 실체로 보지 않고 처음부터 인간을 통일체로 파악하면서 정신과 신체를 이러한 통일체의 2개의 표현으로 본다. 스피노자는 갈릴레이(Galileo Galilei), 데카르트와 더불어 자연을 기하학적인 관점에 따라 설명하려는 근대 과학의 기획을 공유한다. 그러므로 신체만이 아니라, 인간 전체, 따라서 정신도 자연물과 동일한 인과관계에 따라 규정되며, 동일한 관성 원리에 따라 작용하게 된다(진태원, 2012: 126).

데이비슨이 스피노자를 현대 물리주의의 아버지로 상정하고 스피노자의 심신 이론을 자신의 사건 존재론으로 재해석한 "Spinoza's Causal Theory of the Affects"라는 논문은 이러한 저간의 이유가 있는 것이다.

5. 윤리/도덕, 그리고 성찰(반성)

윤리는 국어사전에서는 사람이 마땅히 행하거나 지켜야 할 도리로 풀이된다. 도덕은 사회의 구성원들이 양심, 사회적 여론, 관습 따위에 비추어 스스로 마땅히 지켜야 할 행동 준칙이나 규범의 총체이다. 외적 강제력을 갖는 법률과 달리 각자의 내면적 원리로서 작용하며, 또 종교와 달리 초월자와의 관계가 아닌 인간 상호관계를 규정한다. 위키피디아 영어판은 윤리학(Ethics) 또는 도덕철학(moral philosophy)은 옳고 그른 행동에 대한 개념을 체계화하고 옹호하고 권고하는 것에 관련된 철학의 한 분야로(branch of philosophy that involves systematizing, defending, and recommending concepts of right and wrong conduct), 도덕(moral, morality)은 적절한 것과 적절하지 않은 것으로 구별되는 것 사이의 의도, 결정, 행동을 차별화하는 것으로 풀이한다(the differentiation of intentions, decisions and actions between those that are distinguished as proper and those that are improper). 어원적으로 ethics 는 고대 희랍어 습관(habit)이나 관습(custom)을 의미하는 ἦθος(ethos) 에서 나온 ἠθικός(ethikos)이다. moral은 라틴어에서 매너(manner), 성격(character), 적절한 행위(proper behavior)를 의미하는 moralis이다.

윤리와 도덕이라는 용어는 일상적으로는 상호호환적으로 쓰이고 있고 이에 대한 구별도 학자마다 논란이 많기는 하지만 때에 따라 도덕은 주로 원리를, 윤리는 구체적인 규칙이나 행동을 지칭하는 용법으로 사용된다. 도덕 수칙(moral precept)은 선하려는 욕구에 의하여 인도되는 생각이나 견해이고, 윤리 수칙(ethical code)은 허용되거나 옳은 행위를 정의하는 규칙들이다. 하지만 윤리적인 것이 항상 도덕적인 것이 아닐 수 있고 그 반대도 마찬가지다. 예를 들어 오메르타(Omerta)는 마피아 조직원들 사이에서 만들어진 침묵의 수칙(a code of silence)이다. 경찰로부터 범죄자를 보호하는 데 이용된다. 이것이 윤리적으로는 조직의 행동 규칙을 바르게 따르는 것이지만 도덕적 관점에서는 그릇된 것으로 볼 수 있다. 도덕적 행위도 비윤리적일 수 있다. 의뢰인이 유죄라는 것을 법정에서 말하는 변호사는 정의를 실현하려는 도덕적 욕구에서 행동하는 것일 수 있지만 이것은 변호인-의뢰인 사이의 비밀 유지 특권을 위반하는 것이기 때문에 심각하게 비윤리적이다.

또 다른 구별되는 용법으로서 윤리 또는 윤리학은 도덕을 대상으로 하는 학문을 지칭한다. 도덕이 각자 내면적 원리를 중심으로 하는 옳고 그름에 대한 태도라면 도덕이 사회 조직의 현실적인 환경에서 발현되는 것으로서의 윤리와 긴밀하게 연결될 수밖에 없을 것이다. 또한 도덕이라는 각자의 절대적인 내면적 원리가 사회 조직의 현실적 환경과 무관할 수 없기 때문에 윤리/도덕의 논의는 복잡해질 수밖에 없는 듯하다.

물리주의적이고 구성주의적 입장에서 절대적인 윤리(도덕)를 고려하기는 어렵다. 윤리는 근본적으로 가치 체계(system of values)이다.[1] 윤리가 구성원들이 같이 살아가기 위하여 마땅히 지켜야 하는 옳은 규범이라는 것은 구성원 개개인이 자신의 목적이나 가치를 최대화한다는 점에서 이중적이다. 윤리는 사회 안에서 공평하게 개개인 자신의 목적이나 가치를 최대화하는 것을 보장받을 수 있는 규범이라는 점 때문이다. 자신의 생존을 위해서라도 공동체 내의 다른 존재에 대한 이해로 이루어지는 사회적 삶은 매우 중요하다. 뇌과학에서 상대방을 보는 것만으로도 같은 신체적 반응을 나타내는 거울 신경세포(mirror neuron) 이론이나 사회적 인지와 윤리, 그리고 감정을 이룬다는 기본 신경망(Default Mode Network) 이론도 인간이 얼마나 사회 공동체 생활을 위하여 진화되어온 것인지 알려준다. 이러한 신경과학 수준의 물리적인 구조들도 공동생활을 위하여 진화적으로 구성되었

---

1 http://pcp.vub.ac.be/ETHICS.html

고 이러한 물리적 구조들로 이루어지는 정신적 구조들이라고 할 수 있는 공동체 문화들도 구성된다.

　인류가 공통적인 기반의 물리적 구조와 정신적 구조를 가지고 있다고 하더라고 시공간적인 물리적인 환경과 정신적인 환경 때문에 서로 다른 시간 경로를 가진 서로 다른 문화를 구성하게 된다. 서로 다른 문화는 서로 다른 가치 체계를 구성하게 될 것이므로 서로 다른 윤리를 구성하게 된다. 이렇게 서로 다른 윤리는 인류 공통적인 사항부터, 민족, 국가, 지방, 가족, 개개인별로도 공통적인 부분과 개별적인 차이가 생긴다. 모든 윤리 경험은 집단적이면서도 개인적으로 구성되기 때문이다. 사람들이 윤리적 의사결정에서 당연히 느끼는 윤리적 직관이나 윤리적 감정은 실험철학이 보여주듯이 모든 사람에게 동일한 것은 아니다. 직관과 감정은 당면하는 사건에 대한 즉각적인 처리와 즉각적인 가치평가이다. 이성은 감정의 노예라고도 하지만 이성이 감정을 정당화하기도 하고 감정을 바꾸기도 한다. 또한 감정이 이성의 방향과 구조를 정하기도 한다. 이성과 감정은 복잡하게 얽힌 가치와 판단의 계층적 구조라고 할 수 있다.

　윤리가 단순히 이기적인 구성원들이 사회 안에서 공평하게 개개인 자신의 목적이나 가치를 최대화하는 것을 보장받을 수 있는 규범이기 때문에 이를 따르지 않을 때 정상적인 공동체 생활이 어렵다는 것을 알고 있고, 발각되지만 않는다면 기꺼이 따르지 않을 수도 있지만 본인은 자신의 행위가 비윤리적이라는 것을 알 수 있다. 이것을 밤하늘에 빛나는 별에 비견되는 '정언명령'이라고 부르든 아니든, 실천하든 실천하지 않든, 그 공동체에서는 옳은 일로 간주되는 것으로 알고 있거나 자신 스스로 옳다(정의)라고 믿기 때문이다.

자신의 이기적인 이해득실과 무관하게 윤리의 정의로움을 믿거나 자신의 이익을 포기하고 윤리적인 정의를 실천하는 이성의 기능은 성찰 또는 반성적 능력에 기인한다. 성찰은 기존의 믿음과 행동에 대한 가치의 재배치를 통하여 자신의 이익보다 정의로움에 더 많은 가치를 부여하고 이에 따라 믿음이 변경되고 변경된 믿음에 따라 행동하게 되기도 한다. 이러한 가치 전도가 종이 속한 이기적 유전자의 직접적인 원초적 성향 때문인지, 공동체의 유지를 위한 유전자의 긴 팔로 이루어진 문화 때문인지는 알 수 없지만 통상적으로 일어난다. 정의 추구, 지식 추구, 예술 추구는 종의 이기적 유전자적 관점에서도 설명될 수 있지만 어떤 관점에서건 생물학적인 생존의 욕구 충족의 가치를 넘어서는 정신적인 생존의 욕구 충족의 가치를 가진다고 할 수 있다.

윤리적 이성은 사회의 윤리를 지켜내기도 하지만 사회의 윤리를 발전시키기도 한다.

유물론자 스피노자는 에티카에서 선악은 없으며 좋음과 나쁨이 있다고 한다. 바로 이렇게 윤리학은, 즉 내재적 존재 양태들의 위상학은 언제나 존재를 초월적 가치들에 관계시키는 독을 대체한다. 도덕은 신의 심판이고 심판의 체계이다. 그러나 윤리학은 심판의 체계를 전도시킨다. 가치(선-악)들에 대립하여 존재 양태들의 질적 차이(좋음과 나쁨)가 들어선다(들뢰즈, 2001: 40).

법칙은 언제나 선악이라는 가치와 대립을 결정하는 초월적 심급이지만, 인식은 언제나 좋음-나쁨이라는 존재 양태들의 질적 차이를 결정하는 내재적인 능력이다(들뢰즈, 2001: 42).

이렇게 새로운 인식에 의하여 이성은 기존의 정의롭지 못한 윤리를 넘어서 새로운 윤리를 구성해낸다. 새로운 윤리는 다시 새로운 윤리적 감정과 새로운 윤리적 직관을 구성해낸다. 윤리는 각자의 내면적 원리로서 작용하여 규범성의 원천이 된다.

반성은 우리에게 우리의 충동으로부터의 일종의 거리를 제공한다. 반성은 우리 자신을 위한 법칙을 수립하도록 강요하며, 또 그런 수립을 가능케 한다. 그리고 이러한 법칙을 규범적인 것으로 만든다(코스가드, 2011: 213).

6. 윤리적 정보 행위자

구성적 정보 철학적 관점에서 '성찰하는 정보 행위자'는 의식에 의하여 허용된 범위 내에서 자신의 정보처리 과정을 관찰할 수 있는 행위자이므로 주어진 상황에서 상황을 감지하고 자신의 욕구나 목적과 가능한 한 다양한 행위들을 가치 평가하여 선택할 수 있다. 이러한 감지, 평가, 선택은 정보 행위자가 구성한 세계 모델, 즉 정보들의 집합들로 이루어진다. 세계에 대한 모델은 단지 자신의 모델링일 수밖에 없다는 점에서 정보는 '진리로서의 정보'라기보다는 '믿음으로서의 정보'이며 이 모델링은 믿어지는 정보의 집합이다. 이 같은 개별 정보 행위자의 정보가 정보 행위자들의 공동체에 의하여 상호 교류되면서 해당 공동체의 문화가 된다. 그러므로 공동체의 통용되는 정보가 지식이라고 할 수 있다. 당연히 이러한 세계에 대한 모델을 이루는 정보들은 환경이 변하면 변경될 수도 있지만 이러한 정보들의 집합이 완전하지도(complete) 무모순적(consistent)이지도 않기 때문에 새로운 정보의 추가나 정보들의 단순한 재정렬(re-arrangement)을 통해서도 관찰에 대한 감지, 평가, 선택은 크게 변경될 수 있다.

정보 행위자의 세계 모델의 일부를 이루는 욕구나 목적 또한 고정적이지 않다. 낮은 단계의 정보 행위자는 생존과 종족번식이 최고의 욕구나 목적이 되겠지만 이러한 욕구나 목적도 정보 행위자의 공동체 속에서 협동과 갈등 해결을 위하여 조정이 필요하다는 정보를 획득하게 된다. 정보 행위자 공동체는 공동의 번영을 명목으로 새로운 가치를 생산하고 이를 공유하게 된다. 이렇게 생산된 정보가 개별 행위자에게 항상 성공적으로 해당 행위자의 세계 모델로 내면화되는 것은 아니지만 자의든 타의든 해당 행위자의 세계 모델에 포함될 수밖에 없다.

새로운 가치가 항상 공동체에 의하여 만들어지고 주입되는 것은 아니다. 정보 행위자가 자신의 세계 모델로부터 세계의 구조와 인과를 인지하게 되면 단순히 생존과 종족 번식과는 다른 새로운 욕구나 목적을 스스로 가지게 될 수 있다. 좀 더 확장된 세계 모델, 좀 더 새로운 감각, 좀 더 확장된 생명 등에 대한 추구를 새로운 욕구나 목적으로 가질 수 있고 사실 이러한 욕구나 목적이 ― 순전히 인간 종적 관점에서 ― 좀 더 확장된 정보 행위자와 정보 행위자의 공동체로 나아가게 했다고 할 수 있을 것이다. 성찰적 정보 행위자는 성찰을 통하여 윤리를 공동체의 규범적 가치로 내면화하여 윤리적 정보 행위자가 될 수 있는 것이다.

통상의 컴퓨터 분야에서도 성찰이나 반성이라는 용어들이 유사하게 사용된다고 할 수 있는데 introspection은 실행 중인 프로그램에서 프로그램 구성 요소에 대하여 조사할 수 있는 능력을 의미하고 reflection은 프로그램이 자신의 프로그램을 수정할 수 있는 것을 의미한다. 인공지능에서 성찰에 대한 연구는 introspection이라는 용어로 지칭되고 있으며 사실 인공지능의 초기부터 연구되어왔다. 민스

그림 5-1 지식의 분류(A Taxonomy of knowledge)

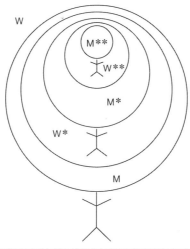

W = world	M = Modeler
W* = World knowledge	M* = Self(Reflective) Knowledge
W** = Meta-Knowledege	M** = Introspective Knowledge

키(Marvin Lee Minsky)는 인간의 이해는 필수적으로 세계의 모델을 실행하는 과정이며, 세계에 대한 모델링뿐만 아니라 자신(행위자)도 포함해야 한다고 생각했다.

W는 세계, M은 세계에 존재하는 모델러, 세계의 모델은 W*로 지칭된다. W*는 세계를 이해하고 세계에 대한 질문에 대답하기 위하여 사용된다. 세계의 행위자의 지식을 W*로 생각하고 M*는 세계 안에 있는 행위자 자신에 대한 성찰적 지식이다. 게다가 자신의 세계 지식에 관하여 생각하고 대답하기 위해서 행위자는 자신의 세계에 대한 모델의 모델(W**)을 가져야 한다. M**는 자신의 자기-지식, 자신의 생각을 포함한 자신의 행동의 행위자 지식을 표시한다. 이러한 아이디어를 그는 자신의 유명한 책 『마음의 사회(Society of Mind)』 말미에 기술했다.

성찰은 기능적으로 의사결정에 대한 설명에 관계되고 계획, 학습과 관련된다. 성찰의 구조는 (목적을 포함하여) 상태로 기술되고 성찰의 기능은 평가, 가설, 시뮬레이션, 최적화, 계획으로 이루어진다. 이러한 성찰의 기능은 인식 논리를 기반으로 한 계산적 모델로 구현될 수 있다. 성찰의 계산적 모델이 가능하다면, 인간과 동물을 포함한 생물계의 행위자이든 인공지능으로 만들어진 행위자이든 정보 행위자의 윤리를 설명할 수 있는 또 다른 모델을 가지게 될 것으로 기대해 볼 수 있다.

7. AMA 관련 연구에 대하여

현재 스스로 도덕적 결정을 내리는 인공지능 로봇, 즉 인공적 도덕 행위자(AMA)를 구현하는 연구도 진행되고 있다. 이러한 연구들은 현실적으로 도덕적으로 행동하는 인공지능이나 로봇을 만들려고 한다는 점에서 정보 행위자의 윤리적 행위 현상을 설명하려는 이 글과는 다소 다른 논점을 가진다.

인공지능 기술의 사용 유무와 상관없이 현재의 자동화 기계들이 도덕적 결정이 필요한 상황에 놓여 있을 경우라도 도덕적 결정에 대한 논란 없이 잘 사용되고 있는 이유는 도덕적 결정이 필요한 상황을 미리 고려하여 프로그램이 만들어지기 때문이고 그 상황 또한 제한적이고 단순하기 때문이다. 기계 스스로 도덕적 결정을 해야 한다는 것은 상황이 제한적이지 않고 복잡하여 모든 경우를 미리 프로그램할 수 없기 때문에 인간이 하는 것과 같은 추론 능력으로 도덕적 결정을 할 필요가 있기 때문이다. 제한적이고 단순한 도덕적 상황에서 도덕적 결정을 하는 복잡한 구조를 만드는 것은 불필요한 일일 것이고 도덕적 상황이 어떻게 고려되어 결정되는지 연구하거나 보여주어야 할 필요가 있는 경우일 것이다. 그러므로 현재 구현되고 있는 AMA는 단순하게 처리할 수 없는 복잡한 도덕적 상황에 놓이게 되어 복잡한 도덕적 추론이 필요하다는 것을 전제로 한다.

도덕적 추론이 지각, 기억, 추론, 감정, 의식, 학습 등 인간 인지 기능의 복잡한 기능들과 관련되기 때문에 AMA의 구현은 오래전부터 연구되어온 인간 마음의 구조에 대한 이론인 인지 아키텍처(Cognitive

Architecture)[2]를 활용한다. 인지 아키텍처의 목적은 인지심리학의 다양한 연구결과들을 반영하여 인지 기능의 컴퓨터 모델로 만드는 것이다. 이러한 인지 아키텍처를 기반으로 만들어진 컴퓨터 프로그램들에는 ACT-R, SOAR, CLARION, LIDA 등이 있다. 월릭 등(Wallach, Franklin, and Allen, 2010: 454~485)은 LIDA를 기반으로 감정과 도덕 규칙을 구현한다. 김종욱 등(당반 치엔·트란 트렁턴·김종욱, 2016: 145~146; 당반 치엔·트란 트렁틴·팜쑤언쭝·길기종·신용빈·김종욱, 2017: 55~64; 김은수, 2017: 105~127; Chien Van Dang, Tin Trung Tran, Ki-Jong Gil, Yong-Bin Shin, Jae-Won Choi, Geon-Soo Park, and Jong-Wook Kim, 2017: 155~158; Chien Van Dang, Tin Trung Tran, Trung Xuan Pham, Ki-Jong Gil, Yong-Bin Shin, Jong-Wook Kim, 2017: 55~64)은 규칙 기반의 SOAR를 사용하여 감정과 함께 10세 수준의 윤리의식을 갖춘 인지 에이전트 아키텍처 기반 로봇용 인공윤리 에이전트(AMA)를 개발하고 이를 소셜/케어 로봇에 적용하는 연구를 진행 중이다. 데흐가니(Dehghani, 2009)는 공리주의와 의무논리(deontological)적 방법으로 Moral MDM(Moral Decision Making)이라는 모델을 만들었다. 세르반테스 등(Cervantes, Luis-Felipe, Lopez, Ramos, and Robles, 2016: 278~296)은 윤리적 의사결정(Ethical Decision Making: EDM)에 관련된 인간 두뇌의 신경 메커니즘을 충실히 모방(emulate)하는 모델을 제안했다. 그리고 호나바르 등(Honarvar and Ghasem-Aghaee, 2009: 86~95)은 사례기반추론(Case-based

---

2 https://en.wikipedia.org/wiki/Cognitive_architecture

Reasoning)을 사용한다.

AMA에 관련하여 거론되는 상향식 방식과 하향식 방식은 도덕적 판단을 구현하는 방법을 의미한다. 하향식 방식은 밀(John Stuart Mill)의 공리주의나 칸트의 정언명령, 십계명, 아시모프(Isaac Asimov)의 로봇 3원칙과 같은 원칙들을 실제적인 도덕적 상황에 적용하는 반면 상향식 방식은 도덕적 상황에 대한 자료로부터 패턴을 학습하는 것이다. 위의 사례들은 규칙이나 원칙들을 구현하기 용이한 기호적 인공지능의 하향식 방식들이 많이 적용하고 있다. 상향식 방식은 기호적 인공지능, 인공신경망, 진화 이론적 방식이 사용될 수 있으나 도덕적 상황에 대한 다양하고 충분한 자료를 확보하고 학습하기 어려운 점이 있다. 사실은 원칙과 상황을 통하여 도덕적 판단을 학습하고 개선해나가는, 두 가지 방식을 혼용하는 하이브리드 방식이 인간의 도덕적 판단의 방식일 것이다. 이러한 방식의 필요성은 단지 도덕적 판단에 국한된 것도 아니고 모든 인간의 지능에 관련된 것이지만 인공지능 기술의 오랜 문제인 심볼 그라운딩 문제와 더불어 상식 추론(commonsense reasoning)과 비단조 추론(non-monotonic reasoning) 구현의 어려움이 존재한다(Powers, 2006: 46~51). 이러한 어려움 때문에 현재 연구되고 있는 AMA는 실재적 도덕적 상황들을 좁은 범위로 제한하고 가능한 추론의 형태를 개발자가 직접 규칙의 형태로 만들고 있는 실정이다. 실제로 AMA의 이러한 결과적인 작동들은 개발자에 의하여 간단한 프로그램으로 쉽게 구현 가능하다. 구성적 정보 철학의 입장에서 볼 때 행위자에게 주어진 상황과 자신의 행위에 대한 성찰이 없다면 진정한 의미에서 윤리적 행위라고 할 수 없다. 인간이 보기에 윤리적인 과정으로 보이는 복잡한 과정을 거친다고 하여 윤리적 행위자라고 할 수는 없는 것이다. 더구나 AMA의 윤리가 인간과 함께해야 하는 것이라면 인간과 같은 개념을 가지게 되는 심볼 그라운딩의 문제가 선취되어야만 할 것이다.

8. 더 생각해볼 문제

정보 철학(Philosophy of Information: PI)은 사물의 제1원리로서 정보에 주목한다. 구성적 정보 철학(Constructive PI: Cx PI)은 이러한 정보가 구성적이라는 것이다. 구성적 정보 철학의 정보는 '관찰자에 의하여 발견될 수 있는 차이들로 의미 있는 구별이 되어 지칭할 수 있는 사건(대상)에 대한 표현(감각, 진술)'이라고 정의된다. 여기서 관찰자는 자기생산체계로서 정보 행위자이다. 구성적 정보 철학은 정보 행위자로 인간을 비롯해 식물과 동물을 포함하는 자연 생명들의 자연지능(Natural Intelligence: NI)은 구성적 자연지능(Cx NI)이며, 생명은 정보의 패턴이므로 탄소로 이루어진 자연 생명뿐 아니라 실리콘으로 만들어진 인공 생명(Artificial Life: ALife)도 가능하다고 생각한다. 이러한 구성적 정보 철학 관점의 인공지능이 구성적 인공지능(Constructive Artificial Intelligence: Cx AI)이다. 구성적 인공지능은 구현 가능한 계산적 모델로서 자연지능을 탐구하고 지능적 기계의 모델로 삼고자 한다. 이 글은 구성적 정보 철학 관점에서 윤리적인 인공지능 로봇이 성찰적 능력을 지닌 윤리적 정보 행위자로 구현할 수 있는 인공지능의 기술적 가능성을 모색했다.

향후 연구는 인격체로서의 인공지능의 존재론적 본성과 이로부터 야기되는 새로운 윤리적 문제들 및 이를 해결하기 위한 새로운 윤리학적 담론을 바탕으로, 포스트휴먼 시대에 인간과 인공지능이 어떻게 인간 사회에서 조화롭게 공존할 것인가의 문제를 살펴보아야 한다. 인공지능의 인격체로서의 존재론적 본성은 인간이 그동안 경험하지 못한 생활세계의 근본적인 변화를 야기할 것이다. 가깝게는 삶의 양식의 근본적인 변화, 인공지능의 남용이나 오용이 가져올 부정적인 사회적 영향에서부터, 자율주행자동차에서 보듯 자율성을 지닌 인공지능의 사회적 행위와 그에 따른 책임 문제, 더 멀게는 인간과 인공지능 간의 감성적 대화와 교감이 가져올 상호관계의 재정립 문제, 인공지능의 법인격체로서의 가능성과 그에 따른 법적 권리 및 의무 그리고 처벌 문제, 인공지능을 통해 반추해보는 인간의 존엄성과 정체성의 문제 등으로 이어질 것이다. 그럼에도 불구하고 공존을 위해서는 인공지능을 바라보는 우리의 인식의 변화와 함께 제기된 문제들에 효과적으로 대응하기 위한 사회적 거버넌스 체계의 모색이 요구된다.

5장 참고문헌

김선희. 1992. 「데이빗슨(Donald Davidson)의 행위이론과 도덕적 주체」. ≪철학≫, 38.

김은수·변순용·김지원·이인재. 2017. 「10세 아동 수준의 도덕적 인공지능개발을 위한 예비 연구: 인공지능 발달 과정을 중심으로」. ≪초등도덕교육≫, 57(0):105~127.

당반 치엔·트란 트렁턴·김종욱. 2016. 「인지 에이전트 아키텍처인 Soar의 소셜 로봇 적용에 관한 연구」. 『한국지능시스템학회 학술발표 논문집』, 26(10):145~146.

당반 치엔·트란 트렁턴·팜쑤언쭝·길기종·신용빈·김종욱. 2017. 「Soar와 ROS 연계를 통해 거절가능 HRI 태스크의 휴머노이드로봇 구현」. ≪한국로봇학회논문지≫, 12(1):55~64.

들뢰즈, 질(Gilles Deleuze). 2001. 『스피노자의 철학』. 박기순 옮김. 민음사.

뢰저, 사빈(Sabine Roeser). 2015. 『도덕적 감정과 직관』. 박병기·김민재·이철주 옮김. 씨아이알.

마시미니, 마르첼로(Marcello Massimini)·토노니, 줄리오(Giulio Tononi). 2016. 『의식은 언제 탄생하는가?』. 박인용 옮김. 한언출판사.

바렐라, 프란시스코(Francisco J. Varela). 2009. 『윤리적 노하우』. 유권종·박충식 옮김. 갈무리.

박충식. 2014. 「구성적 인공지능」. ≪인지과학≫, 15(4):61~66.

_____. 2017a. 「생명으로서의 인공지능」. 『제4차 산업혁명과 새로운 사회윤리』(포스트휴먼사이언스 3권). 아카넷.

_____. 2017b. 「성찰적 인공지능」. 『2017년 한국포스트휴먼학회 학술대회 발표 논문집』.

_____. 2018. 「생명으로서의 인공지능: 정보철학적 관점에서」. 이중원 외. 『인공지능의 존재론』. 파주: 한울아카데미.

박충식·이창후. 2017. 「기계도덕지수」. 『제4차 산업혁명시대 인문 정책 방향』(경제인문사회연구회 인문정책연구총서 2017-02). 경제인문사회연구회.

박충식·정광진. 2017. 「포스트휴먼 시대의 이해: 루만의 사회체계이론적 관점에서」. 2017년 제1회 한국사회체계이론학회 정기학술대회 발표 논문(2017.4.17).

백종현. 2017. 『이성의 역사』. 아카넷.

신상규. 2016. 「자율기술과 플로리디의 정보 윤리」. ≪철학논집≫, 제45집, 269~296쪽.

오버가르, 쇠렌(Søren Overgaard)·길버트, 폴(Paul Gilbert)·버우드, 스티븐(Stephen Burwood). 2014. 『메타철학이란 무엇인가?』. 김랜시 옮김. 생각과 사람들.

진태원. 2012. 「정신적 자동장치란 무엇인가?: 데카르트, 스피노자, 들뢰즈」. ≪철학논집≫, 제28집, 119~148쪽.

최현철·변순용·신현주. 2016. 「인공적 도덕행위자(AMA)개발을 위한 윤리적 원칙 개발: 하향식 접근(공리주의와 의무론)을 중심으로」. ≪윤리연구≫, 11(0):31~53.

코스가드, 크리스틴(Christine M. Korsgaard). 2011. 『규범성의 원천』. 강현정·김양현 옮김. 철학과 현실사.

황은숙. 2007. 「스피노자의 실체, 속성, 양태 개념의 관계에 대하여」. ≪철학논구≫, Vol.35, 107~139쪽.

Bynum, Terrel Ward. 2010. "The historical roots of information and computer ethics." in Luciano Floridi(ed.). *The Cambridge Handbook of Information and Computer Ethics*. Cambridge University Press.

Cervantes, Jose-Antonio, Luis-Felipe Rodriguez, Sonia Lopez, Felix Ramos, and Francisco Robles. 2016. "Autonomous Agents and Ethical Decision-Making." *Cogn Comput*, 8:278~296.

Chien Van Dang, Tin Trung Tran, Ki-Jong Gil, Yong-Bin Shin, Jae-Won Choi, Geon-Soo Park, and Jong-Wook Kim. 2017. "Application of Soar Cognitive Agent Based on Utilitarian Ethics Theory for Home Service Robots." *International Conference on Ubiquitous Robots and Ambient Intelligence*, pp.155~158.

Chien Van Dang, Tin Trung Tran, Trung Xuan Pham, Ki-Jong Gil, Yong-Bin Shin, Jong-Wook Kim. 2017. "Implementation of a Refusable Human-Robot Interaction Task with Humanoid Robot by Connecting Soar and ROS." ≪로봇학회 논문지≫, 12(1):55~64.

Davidson, Donald. 2005. "Spinoza's causal theory of affects." *Truth, Language, and History*. CLARENDON PRESS OXFORD.

Dehghani, Morteza. 2009. *A Cognitive Model of Recognition-Based Moral Decision*. A DISSERTATION 2009 NORTHWESTERN UNIVERSITY DOCTOR OF PHILOSOPHY Field of Computer Science.

Floridi, Lucinao. 2011. *The Philosophy of Information*. Oxford University Press.

Gerdes, Anne and Peter Øhrstrøm. 2015. "Issues in robot ethics seen through the lens of a moral Turing test." *Journal of Information, Communication and Ethics in Society*, 13(2):98~109.

Hew, Patrick Chisan. 2014. "Artificial moral agents are infeasible with foreseeable technologies." *Ethics Inf Technol*, 16:197~206.

Honarvar, A. R. and N. Ghasem-Aghaee. 2009. "Casuist BDI-agent: a new extended BDI architecture with the capability of ethical reasoning." in H. Deng, L. Wang,

F. L. Wang, and J. Lei(eds.). *Artificial intelligence and computational intelligence*. Berlin: Springer.

Powers, T. M. 2006. "Prospects for a Kantian Machine." *IEEE Intelligent Systems*, 21 (4):46~51.

Wallach, W. and C. Allen. 2010. *Moral Machines: Teaching Robots Right from Wrong*. Oxford University Press.

Wallach, W., S. Franklin, and C. Allen. 2010. "A conceptual and computational model of moral decision making in human and artificial agents." *Cogn Sci*, 2:454~485.

Wiener, Norbert. 1949. *Cybernetics: Or, Control and Communication in the Animal and the Machine*. John Wiley & Sons.

6장

인공지능의 도덕적
행위자로서의 가능성
쉬운 문제와 어려운 문제*

이상욱

1. 논의의 배경

　최근 인공지능 기술의 발전은 많은 사람들, 특히 인공지능 전문가
들의 10년 전 예상조차 뛰어넘고 있다. 이런 상황의 배경에는 딥러닝
알고리즘의 개선과 컴퓨터 하드웨어 속도의 향상이 서로 상승작용을

---

* 이 글은 2018년 7월 11~12일 한국교원대학교에서 개최된 '한국과학철학회 2018 정
기학술대회'에서 발표한 내용을 기초로 작성한 것이며, 약간 다른 형태로 ≪철학연
구≫, 제125집(2019), 259~279쪽에 수록되었다.

일으키고 있다는 점이 있겠지만, 여러 이유로 인공지능에 대한 사회적 수요가 점점 더 커져 가고 있고 이러한 수요에 대응한 연구개발 투자가 막대한 규모로 이루어지고 있다는 점도 중요한 배경 원인이라 할 수 있다.

이렇게 최근 인공지능의 발전 양상에는 기술적 요인만이 아니라 사회적·경제적 배경 요인도 함께 작용하고 있다는 점을 고려할 때 우리가 내릴 수 있는 결론은 인공지능의 급속한 발전과 이것이 사회에 미치는 영향은 일시적인 유행이 아니라 앞으로 적어도 당분간은 우리 삶의 여러 영역에 파고들 것이라는 점이다. 인간과 기계에 대한 상식적인 견해에 따를 때, 처음부터 문제 설정조차 되지 않는다고 생각될 수 있는 인공지능을 갖춘 기계[1]의 '도덕적 행위자'로서의 가능성을 진지하게 검토해야 할 이유가 여기에 있다고 할 수 있다.

이 '이유'가 함축하는 바가 무엇인지에 대해 본격적으로 논의하기 이전에 분명히 할 점이 있다. 이 이유 자체가 결론에 대해 직접적으로 함축하는 바는 많지 않다는 점이다. 즉, 인공지능을 갖춘 기계의 도덕적 행위자로서의 자격에 대해 논의하는 것이 적절하다는 판단이 그 논의의 결과가 어떻게 될지 미리 알려줄 수는 없다는 것이다. 논의

---

1 많은 논자들에 의해 지적되었지만 인공지능(artificial intelligence)이라는 말은 이 주제를 연구하는 학문 분야 이름부터 시작하여 수많은 다양한 의미로 사용되고 있다. 이 글에서는 온라인상의 프로그램 형태로 존재하는 인공지능과 그런 프로그램을 구동할 수 있는 하드웨어(인간형 로봇까지 포함해서)를 모두 '인공지능'이라고 지칭하기로 한다.

의 적절성을 긍정하는 것은 단지 '기계는 어떠한 상황에서도 도덕적 행위자'가 될 수 없다는 입장만을 부정하는 것이다. 아마도 이러한 부정은 우리가 가진 기계의 복잡도나 기계가 수행하는 기능이 인간의 수행 기능에 비해 현저하게 낮은 상황에서는 가능한 입장이었을 것이다. 하지만 현재 인공지능 기술 수준에 비추어 볼 때조차 분명한 점은 이러한 단정적 부정은 정당화될 수 없다는 것이다.

또 한 가지 분명한 사실은 우리가 수행한 논의의 결론은 궁극적으로는 '도덕적 행위자'의 실질적 정의 내용에 의해 많은 부분 결정될 것이라는 점이다. 예를 들어, 어떠한 존재도 '도덕적 행위자'가 되기 위해서는 인간과 존재론적으로 완벽하게 동일해야 한다고 요구한다면 인공지능이 도덕적 행위자가 될 가능성은 처음부터 부정될 것이다. 물론 영화 〈바이센테니얼 맨(Bicentennial Man)〉(1999)의 주인공 앤드류처럼 인공지능 로봇에서 출발하여 결국에는 완전히 인간적 몸과 뇌로 대체하는 과정을 거친다면 이런 조건을 만족하는 것이 가능할 것이다. 하지만 그렇게 되고 나면 앤드류를 더 이상 존재론적으로 '기계'라고 부르는 것 자체가 오류일 것이다. 실제로 이 영화의 원작인 아시모프(Isaac Asimov)와 실버버그(Robert Silverberg)의 소설 『양자인 간(The Positronic Man)』(1992)을 보면 앤드류에게 끊임없이 인간과 '닮을' 것을 요구하면서 동시에 인간의 완전한 지위(도덕적 행위자로서의 지위를 포함하여)를 부여하지 않으려는 인간 사회의 모순적 특징이 풍자되어 있다.

역으로 우리가 '도덕적 행위자'의 정의로 현재 수준의 간단한 인공지능도 만족할 수 있는 조건을 제시한다면, 예를 들어 인간이 '도덕적'이라고 판단할 수 있는 행위를 적어도 한 가지 이상 수행할 수 있다 정도로 제시한다면 현재 시판 중인 가정용 로봇 페퍼(pepper)도 '도덕적 행위자'가 될 수 있다. 페퍼는 사람을 보면 그쪽으로 주목하면서 '반갑게 인사하는 듯이' 손을 들어 올리는데 이는 '예의바름'이라는 일종의 도덕적 특징의 외부적 행위로 해석될 수 있기 때문이다. 하지만 페퍼에게 '도덕적 행위자'의 지위를 부여하자는 주장에 대해 동의할 사람은 많지 않을 것이다.

이상의 논의를 통해 분명해진 점은 인공지능이 '도덕적 행위자'가 될 수 있느냐에 대한 철학적 분석은 결국 '도덕적 행위자'를 정의상 인간에만 국한하지 않으면서도 동시에 너무 쉽게 만족할 수 있는 형식적 조건이어서 '도덕적 행위자'의 원 뜻을 살리지 못할 정도가 되어서는 안 되는, 즉 양쪽의 제한을 만족하는 방식으로 이루어져야 한다는 것이다. 결국 핵심은 '도덕적 행위자'의 탈인간적 조건을 찾되 그 조건은 철학적으로 충분히 납득 가능한 것이어야 한다고 말할 수 있겠다.

이후에서는 이런 출발점에서 인공지능이 도덕적 행위자가 될 수 있는 가능성을 다양한 각도에서 논의하겠다.

2. '쉬운 문제'와 '어려운 문제'

필자는 다른 글에서 첨단 과학기술의 윤리적 쟁점에 대해 문제의 본질이나 논의 수준이 다른 두 종류의 문제가 혼재되어 논의가 이루어질 때 그 논의의 결과가 생산적이지 않음을 지적한 바 있다.[2] 어떤 첨단 과학기술에 대한 윤리적 논의인지에 따라 혼재된 문제의 내용이 조금씩 달라지기는 하지만 대체적으로 발견되는 패턴은 동일하다. 즉, 현재 우리가 대체적으로 합의할 수 있는 윤리 원칙이나 직관에 따라 문제를 이해할 수 있으며 많은 경우 적절한 사회 정책이나 사전주의적(precautionary) 연구 거버넌스를 유지할 때 원칙적으로 해결 가능한 문제와 관련된 쟁점이 본질적인 윤리적 견해 차이에 기초하고 있고 그러한 근본적 견해 차이가 가까운 시일 안에 해결될 가능성도 그다지 높지 않은, 그래서 철학적이고 윤리적인 논의가 (물론 그 자체로 충분히 가치 있지만) 실질적인 문제 해결에 그다지 큰 도움을 줄 수 없는 문제로 나눌 수 있다는 것이다.

예를 들어, 이종장기 기술의 경우 그 기술이 얼마나 '안전'한지 여부, 현재 법률 및 제도적 기반에서 이 기술을 사회 전반에 활용하는 것이 적절한지의 여부는 물론 윤리적으로 중요한 문제이지만 관련 쟁점에 대한 윤리적 의견 차이는 크지 않기에 충분히 합리적인 논의를 통해 해결될 수 있는 쟁점이다. 반면 이종장기를 가진 인간의 '정체성'이 달라졌다고 보아야 하는지의 문제는 '정체성'이라는 철학적으로 논쟁적인 사안을 다루고 있기에 이종장기와 관련된 문제가 아니더라도 당분간 사회적으로 활용 가능한 '정론'을 찾기는 불가능해 보이는 주제이다. 물론 그렇다고 해서 이런 문제가 해결 불가능한 문제라고 주장하려는 것은 아니다. 철학적 의견 차이의 스펙트럼은 줄

---

2 예를 들어 이종장기 이식과 관련된 윤리적 쟁점에 대한 필자의 논의를 들 수 있다. 이상욱(2008) 참조.

어들 수 있고, 많은 경우 경험적 발견과 사회적 직관은 역사적 과정을 통해 변화될 수 있다. 하지만 이러한 변화는 몇 가지 선명한 철학적 입론을 통해 해결하기에는 상당한 시간과 논의가 선행되어야만 하는 변화이다.

인공지능 기술도 첨단 과학기술의 윤리적 쟁점이 가진 이런 특징을 공유한다. 좀 더 구체적으로 우리의 관심 주제인 인공지능의 도덕적 행위자로서의 가능성도 크게 두 가지 측면에서 접근해볼 수 있다. 하나는 현재 우리가 이 주제와 관련된 핵심 개념에 대해 대체적으로 공유하는 윤리적 직관을 크게 바꾸지 않고 약간의 변형이나 확장을 통해 논의하거나 해결할 수 있는 쟁점들이다. 이를 '쉬운 문제'라고 부르기로 하자. 물론 '쉬운 문제'라고 해도 정말로 간단하게 해결될 수 있는 문제라는 의미는 아니다. 단지 보다 어려운 문제에 비해 상대적으로 '쉬운 문제'라는 의미이다.

그렇다면 '어려운 문제'는 무엇일까? 자연스럽게 현재 우리가 '도덕적 행위자'와 관련되어 갖고 있는 핵심 개념에 대한 본질적 재검토가 필요한 쟁점을 의미한다. 이러한 재검토는 재검토 자체가 불필요하다는 입장을 가진 철학자들도 상당히 많기에 실제로 성공적으로 수행될 수 있을지, 수행되더라도 유의미한 의견 일치를 이끌어낼 수 있을지가 상당히 회의적인 쟁점들이다.

다음 절에서는 '쉬운 문제', '어려운 문제' 구별이 정확히 무엇을 의미하는지 구체적인 사례를 들어 설명하기로 한다. 그리고 4절에서는 이 문제를 해결하는 방식의 단초를 제공할 역사적 사례를 설명한다. 하지만 그 전에 이 '쉬운 문제', '어려운 문제' 구별의 시사점에 대해 잠간 더 설명하기로 한다.

일단 '쉬운 문제'와 '어려운 문제'라는 용어는 차머스(David Chalmers)가 마음 철학의 문제를 구별하면서 사용한 용어를 빌려 사용한 것이다. 하지만 차머스가 이 용어를 사용하는 구체적 방식이나 용어의 정확한 의미는 필자의 그것과 다르다. 차머스는 마음 철학의 전통적인 문제 중에서 지향성의 본질이나 의식(consciousness)처럼 경험과학적 해결책이 가능할지조차 불분명한 문제에 대해 '어려운 문제'라는 용어를 사용하고 있고, 그에 비해 인간과 구별 불가능한 수준의 인공지능, 혹은 '철학적 좀비'를 만들어내는 문제조차 '쉬운 문제'로 정의한다. 어쩌면 이런 의미에서 차머스에게 필자가 제안하는 인공지능의 '도덕적 행위자'로서의 가능성과 관련된 '쉬운 문제', '어려운 문제' 구별은 특별한 의의가 없을지도 모른다. 차머스 입장에서는 필자의 두 문제 모두 '쉬운 문제'라고 분류할 수 있을지도 모르기 때문이다. 특히 5절과 6절에서 제시할 필자의 '쉬운 문제'와 '어려운 문제'에 대한 해결책의 특징을 고려하면 더욱 그러할 수 있다.

그러므로 필자의 '쉬운 문제', '어려운 문제'는 차머스의 이론적 구별보다는 훨씬 더 실천적인 구별, 즉 인공지능에게 도덕적 행위자로서의 자격을 부여할지 여부에 대한 판단 과정에서 비교적 '쉽게' 해결할 수 있는 문제와 상당히 '어렵게' 해결할 수 있는 문제를 구별하는 것이라는 점을 미리 분명하게 말해둘 필요가 있다.[3]

---

3 실천적 해결책에 집중한다는 의미에서 필자가 '쉬운 문제'와 '어려운 문제'를 구별하고 단계적으로 해결책을 찾아나가려는 시도는 튜링(Alan Turing)이 지능 자체를

3. 자동화와 자율성: 자동주행차 vs. 자율주행차

'쉬운 문제'와 '어려운 문제'가 인공지능과 관련된 윤리적 쟁점, 특히 인공지능이 도덕적 행위자가 될 수 있는지와 관련된 쟁점에서 어떻게 구별될 수 있는지를 구체적으로 보여줄 수 있는 좋은 사례가 최근 사회적 관심을 받고 있는 '자율주행차'이다. 흔히 국내에서 '자율주행차'라고 부르는 차는 영어의 autonomous vehicle/car를 번역한 것인데 영미권에서는 이 단어와 driverless vehicle/car('운전자 없는 차')를 혼용해서 쓰고 실제로는 후자를 전자보다 훨씬 많이 사용한다. 이후에 보겠지만 이 두 용어는 일상적으로는 혼용해서 써도 별 문제가 없고, 자동차 공학적으로는 두 용어가 동등하다고 볼 수 있는 이론적 근거가 있다. 하지만 우리의 관심사인 '도덕적 행위자'와 관련해서는 상당히 다른 함의를 갖기에 그 차이점에 주목하는 것이 필요하다.

'운전자 없는 차'는 말 그대로 현대 사회의 주요 이동수단인 자동차에 '운전자'가 없는 것을 의미한다. 그런데 자동차는 영어로 automobile을 번역한 것인데 이는 '자동으로' 이동되는 탈 것을 의미한다. 일반적으로 어떤 기계가 자동으로 움직인다고 하면 처음 작동 스위치를 켜는 것을 제외하고 기계 스스로 모든 일을 하는 것을 의미한다.

이론적으로 규정하려는 시도를 우회해서 지능을 부여할 수 있는 기준을 인간 지능에 대한 상대 평가로 제안했던 것과 유사하다고 볼 수 있다. 하지만 이 경우에도 차이점은 필자는 튜링과 달리 '어려운 문제'를 우회해서 미해결 상태로 그대로 두지 않고 여전히 해결해야 할 대상으로 규정하고 있다는 점이다.

예를 들어 완전 자동화된 음료수 생산 공장에서 사람은 불량품이 생기지 않는지를 검사하는 것과 같은 지극히 보조적인 일만 수행한다. 그런 의미로 볼 때 '자동차'는 자체모순적인 개념이다. 통상적인 자동차는 분명 '사람'이 '운전'하기 때문이다. 그러므로 이때 '자동으로 움직인다'는 것은 사람이 최소한의 '조정'만 할 뿐 실제로 움직이는 구체적인 작업, 예를 들어 기어가 맞물려 차가 이동하는 일 등은 기계가 담당한다는 의미일 것이다. 이런 약한 의미에서라면 증기 기관차도 자동차이고 거의 대부분의 복잡한 기계는 구태여 인공지능을 탑재하지 않아도 모두 '자동 기계'이다. 실제로 재봉틀도 자동 기계의 일종이지만 숙련된 인간 노동이 필요하고 세탁기도 자동 기계의 일종이지만 적어도 몇 가지 중요한 '조정'은 인간이 해야 한다.

이런 논의를 이렇게까지 길게 한 이유는 왜 최근 등장하는 인공지능을 탑재해서 운전자 없이 움직이는 자동차가 실제로는 좀 더 자동화가 고도로 진행된 자동주행차인데도 '자율주행차'라고 부르게 되었는지 설명하기 위해서다. 자동화(automation)란 용어는 1940년대 미국에서 처음 사용되기 시작한 개념으로 알려져 있다. 공장 같은 산업현장에서 자동적(automatic) 장치를 사용하는 것을 의미한다.⁴ 그런데 재미있는 점은 '자동적'의 일상적 의미가 둘 있다는 점이다. 옥스퍼드

---

4 automatic은 흔히 '자동화된'으로 번역된다. 이는 자동화의 의미가 먼저 정의된 후에 정의될 수 있는 개념으로 automatic을 이해하기 때문이다. 하지만 실제로 automatic의 의미가 automation 정의에 활용되므로 개념적으로 더 우선한다. 이 점을 강조하고자 이 글에서는 약간 어색하지만 automatic을 '자동적'으로 번역한다.

영어 사전에 따르면 '자동적'은 일단 장치나 과정이 인간의 직접적 통제를 거의 받지 않거나 전혀 받지 않고 스스로 작동하는 것을 의미한다. 이런 의미에서 보면 현재 개발 중인 자율주행차는 여전히 '자동적' 차, 즉 자동차에 해당된다. 다만 이미 자동적으로 작동하는 영역이 상대적으로 제한적인 현재 '자동적' 차를 이미 자동차로 부르고 있으므로 구태여 구별하자면 자동화가 더 진전된 자동차 혹은 '완전 자동차' 정도가 될 것이다. 여기서 '완전'의 의미는 인간 운전자 없이 입력된 목적지까지 안전하게 운행할 수 있다는 의미이다. 그러므로 '운전자 없는 차'라는 표현은 현재 자동차와 구별되는 '보다 완전하게 자동화된' 자동차의 특징을 잘 잡아내고 있다고 볼 수 있다.

그에 비해서 '자율주행차'란 용어는 '자율성(autonomy)'에 대한 영어나 우리말의 일반적 용법에 비추어 적합하지 않다. 옥스퍼드 영어 사전이 제시하는 '자율성'의 의미를 살펴보면, 무엇보다 외부의 통제나 영향으로부터 자유롭게 스스로를 규제하는 조건이나 권리를 의미하거나, 더 나아가 행위자가 욕구에 지배를 받지 않고 객관적으로 행위할 수 있는 역량을 의미한다. 그리고 친절하게 좀 더 강화된 의미의 자율성은 칸트적 의미라는 설명까지 달려 있다. 실제로 '자율성'의 어원은 그리스어 autonomia에서 찾을 수 있는데 이는 '스스로의 법칙을 가진'으로 해석될 수 있다.

중요한 점은 자율성에 대한 이러한 정의가 철학 사전의 정의가 아니라 이 개념의 일반적 용법을 설명하고 있는 옥스퍼드 영어 사전의 정의라는 사실이다. 이는 철학자만이 아니라 일반 시민도 자율성을 이렇게 강한 의미, 즉 객관적으로 바람직하다고 여기는 준칙에 따라 행동하는 혹은 적어도 외부의 영향에서 자유롭게 스스로의 행위를 운영해나갈 수 있는 능력으로 규정하고 있다는 점이다. 이런 '일상적' 의미를 고려할 때 현재 개발되고 있는 자동차는 결코 자율주행차일 수 없다. 진정한 자율주행차는 SF 드라마 〈전격 Z 작전〉에나 나오는 키트 같은 인격체의 특징을 제대로 갖춘 자동차여야 하는데 현재 개발 중인 어떤 자율주행차도 키트가 갖고 있는 수준의 고도의 인격을 가질 가능성은 당분간 없다.

이상의 논의를 통해 우리는 다음을 이끌어낼 수 있다. '자율성'의 통상적인 의미 및 그에 대해 일반적 직관에 입각할 때 현재 개발 중인 '좀 더 자동화된 자동차'는 자율주행차가 아니다. 그러므로 자율성을 가진 존재만이 도덕적 행위자가 될 수 있다는 '일반적 직관'에 따른다면 현재 개발 중인 '운전자 없는 차'는 도덕적 행위자가 될 수 없다. 다시 말하자면 우리가 도덕적 행위자의 근본적이고 핵심적인 속성이라고 통상적으로 이해하는 (즉, 언어 사전에 정의된) 자율성 개념을 사용한다면 이른바 '자율주행차'는 도덕적 행위자가 될 수 없다는 것이다.

여기서 중요한 점은 '운전자 없는 차'가 통상적인 의미와 직관에 따를 때 도덕적 행위자가 될 수 없다는 직관이다. 하지만 물론 통상적으로 이해된 '도덕적 행위자'의 내용은 원칙적으로 바뀔 수 있다. 역사적으로 도덕적 개념조차 (논란의 여지는 있지만) 사회적 맥락이나 인간의 본성에 대한 철학적·과학적 이론의 변화에 따라 그 구체적인 내연과 외포가 바뀌어왔다. 이런 가능성까지 염두에 두고 '자율주행차'가 도덕적 행위자가 될 수 있는지를 논의하는 것이 바로 '어려운 문제'에 해당한다.

반면 현재 통상적으로 이해되는 자율성과 도덕적 행위자의 개념을 일단 받아들이고 이에 따를 때 제도적으로 어떤 시사점이 있는지를 따져보거나 현재 개념을 좀 더 세련되게 정의하다 보면 어떤 개념 확장이 가능한지를 따져보는 것은 '쉬운 문제'에 해당한다. 예를 들어, '운전자 없는 차'가 통상적인 의미에서 자율적이지 않고 그래서 통상적 의미에서 도덕적 행위자가 될 수 없다는 점을 인정하더라도 여전히 그와 관련된 사태에 대해 법적 책임을 물을 가능성은 존재한다. '운전자 없는 차'가 사고를 냈을 경우 (그리고 이는 기술의 속성상 반드시 일어날 수밖에 없는 현실적인 상황인데) 그 사고의 책임이 운전도 하지 않은 탑승자에게 있다고 보기 어렵지만 그렇다고 해서 사고가 불가능한 차를 만드는 일 자체가 기술적으로 불가능한 상황에서 제조사에게 책임을 묻는다는 것도 직관적으로 설득력이 높지 않기 때문이다.

하지만 우리 사회는 이런 복잡한 사안에 대해서도 법적 책임을 배분하는 원칙과 절차를 규정하는 것이 일반적이다. 법적 책임의 소재가 철학적으로 깔끔하게 판단되기 어려운 상황이더라도 법적 책임이 어떤 형태로든 분배되어야 한다는 사회 운용의 대원칙을 수용하면 나름대로 합리적이고 타당한 윤리적 원리에 입각한 결정이 가능할 수 있기 때문이다. 이 과정이 '쉬운 문제'를 해결하는 과정이라고 할 수 있다.

예를 들어 우리 사회에는 '자율주행차'가 나오기 전에도 이미 많은 자동화된 기계와 관련된 사고가 있어왔고 이 사고들의 구체적인 내용과 관련하여 어떤 책임 배분이 적절한지에 대한 수많은 논의와 결정 사례들이 존재한다. '자율주행차'의 경우에도 이런 앞선 논의와 사례를 참조하여 나름대로 합리적인 방안을 찾아나갈 수 있을 것이다. 이 과정에서 중요한 점은 '자율주행차'를 앞선 기술적 사례의 어떤 것과 유비하는지이다. 유비는 일반적으로 하나로 정해져 있지 않기에 어떤 점에 주목해서 유비하는지에 따라 '쉬운 문제'에 대한 해결책이 달리 나올 수 있다. 다음 절에서는 이 유비 과정을 통해 '쉬운 문제'가 해결된 사례를 살펴본다.

4. 법적 인격의 탄생 과정

법적 인격, 즉 법인(legal person) 개념은 서양에서 오랜 기간에 걸쳐 사회적 수요와 각 시대적 조건에 따라 점차적으로 형성되어온 개념이다.[5] 법인 개념의 시초로 제시되는 것은 13세기 초 당시 교황 인노첸시오 4세(Innocentius PP. IV)가 수도원이 재산을 소유할 수 있도록 수도원에게 일종의 가상적 인격권(persona ficta)을 부여한 사례다. 인노첸시오 4세는 수도원이 이 '가상적 인격권'을 활용해서 수도원의 인적 교체나 후원자나 지역 권력자들의 역사적 교체에도 불구하고 경

---

5 표준국어대사전에 따르면 법인이란 "자연인이 아니면서 법에 의하여 권리 능력이 부여되는 사단과 재단. 법률상 권리와 의무의 주체가 될 수 있으며 공법인과 사법인 따위로 나뉜다"라고 정의되어 있다. 이 정의는 법학의 전문적 정의가 아니지만 법인이 자연인, 곧 사람이 아니라는 점과 '권리와 의무의 주체'라는 점을 동시에 확인하고 있다는 점에서 중요하다.

제적 기반을 안정적으로 확보할 수 있게 되기를 의도했다고 한다. 14세기에 이 개념이 만들어졌을 때 누구도 수도원이 정말 '인간'이 되었다고 생각했을 리는 없다. 단지 당시 법률적 제도 아래 수도원의 재산권을 안정적으로 보장하기 위한 일종의 트릭이었을 가능성이 크다.

역사적으로 처음에는 트릭으로 등장했던 제도가 이후에는 다양한 이유로 그 의미와 역할이 확장되는 경우가 종종 있는데 법인의 경우가 그러했다. 법인이 단순히 재산의 영속성을 보장하기 위한 법률적 장치에서 확장되어 일종의 '책임과 의무'의 주제로서 인식되게 된 데는 유럽 근대의 경제적 확장이 관련된다. 흔히 '대항해 시대'로 알려진 16세기 이후의 유럽에서는 장거리 항해의 불확실성에 대비할 수 있는 새로운 법률적 제도가 여럿 등장했다. 아프리카 남단을 돌아 인도를 다녀오는 포르투갈 선단의 향신료 무역이나 더 멀리 말라카 제도까지 탐험하는 네덜란드 동인도 회사의 무역단은 성공했을 경우 엄청난 이익을 냈지만 풍랑이나 해적 등을 만나 항해가 실패했을 때의 손실도 매우 컸다. 문제는 이런 손실이 아무리 부자라도 개인이 짊어지기에는 너무 컸다는 점이다. 유럽에서는 이런 손실에 대비할 수 있는 보험 제도와 함께 손실이 나도 일정한 부분만 책임지는 유한 회사 제도 등이 발달하게 되고 이런 다양한 재정적·금융적 제도의 권리/의무 주체로서 법인이 보다 정밀한 형태로 규정되게 된다.

현재 우리는 수많은 회사뿐만 아니라 시민단체나 특정 목적을 위한 사단법인의 존재도 당연하게 받아들이고 있지만 처음 법인이 생겼을 때는 법인에게 사람에게 적용되는 개념, 예를 들어 '노화'를 정의할 수 있는지 등에 대해 혼란이 있었다. 법인에게 인간의 '죽음'에 대응되는 개념은 정의될 수 있지만 '노화'에 대응되는 개념은 손쉽게 정의될 수 없기 때문이다. 이처럼 법인은 분명 자연인인 사람을 유비한 것이지만 당연히 사람이 갖는 모든 특징을 가져야 할 이유가 없었고, 역으로 사람이 갖지 못한 특징도 가질 수 있다는 점이 중요했다.

최근에는 법인 개념이 확장되면서 법적으로 보다 강력하게 보호되어야 할 자연물에 대해서도 법인 개념을 확장하려는 시도가 나타나고 있다. 예를 들어 뉴질랜드 원주민에게 자신의 조상과 연관되어 신성한 의미가 부여되는 왕가누이 강을 법인으로 만들려는 시도가 있었다. 회사는 분명 자연인은 아니지만 자연인이 만든 연맹체라고 볼 수 있어서 자연인인 사람과의 연결점을 쉽게 찾을 수 있는 반면, 강은 자연인인 인간이 특별한 가치를 부여한다는 점을 제외하면 자연인과의 유비를 찾기가 쉽지 않다.

이렇게 법인의 유비를 확장하는 방식에도 정도 차이가 존재한다는 점은 '쉬운 문제'를 해결하는 방식이 생각보다 간단하지 않을 수 있음을 암시한다. 즉, '쉬운 문제' 해결은 분명 통상적으로 이해된 당시 사회적 개념과 직관을 활용하지만 어차피 유비에 의해 확장은 불가피하기에 그런 확장이 축적되다 보면 사회적 개념이나 직관까지 바뀔 가능성이 있기 때문이다. 이런 가능성을 염두에 두고 다음 두 절에서는 '쉬운 문제'와 '어려운 문제' 해결을 논의해보자.

5. '쉬운 문제' 해결하기

'자율주행차'와 관련된 여러 윤리적·법적 쟁점에 대해 최근 사회적 관심이 높지만 이런 관심이 간과하고 있는 부분이 있다. 바로 이런 논의는 인공지능이라는 특별한 기술의 등장으로 새롭게 등장한 쟁점을 다루는 것이 아니라, 새로운 기술, 제도, 환경, 조건이 등장했을 때마나 이를 기존 사회의 틀, 윤리적 직관, 법률적 제도와 조화시키려는 역사적 과정에서 일상적으로 등장했던 일이라는 것이다. 또한 이런 논의는 한번 잘 논의해서 결정하면 그만인 사안이 아니라 기술의 발전과 그에 대한 사회적 활용의 범위 및 내용, 그리고 그런 사안에 대한 윤리적 직관의 변화를 반영하는 방식으로 지속해서 수행되어야 하는 사회적 과정이라는 점이다. 앞서 소개한 '법인'의 탄생 과정이 정확히 이 점을 잘 보여준다.

그러므로 우리는 '법인'의 탄생 및 변화 과정과 마찬가지로 '자율주행차' 혹은 '운전자 없는 차'의 법적 책임, 도덕적 책임의 문제는 각 시대의 기술적 수준과 사회적 활용 및 널리 공유되는 윤리적 직관에 따라 사회적 논의를 통해 결정되며 그 과정에서 '자율성'이나 '도덕적 책임'도 궁극적으로 재정의될 가능성이 있다는 점을 인식해야 한다. 이러한 재정의가 정확히 어떤 방식으로 이루어질 것인지는 '쉬운 문제' 해결과 '어려운 문제' 해결이 관련되는 방식과 관련이 있다.

우선 '쉬운 문제' 해결부터 생각해보자. 앞서 설명했듯이 '쉬운 문제'의 해결은 기본적으로 현재 통용되는 개념 및 도덕적 직관의 본질을 훼손하지 않으면서 확장하거나 변형하는 방식으로 이루어진다.

19세기 여성이 참정권을 갖게 된 과정이 좋은 사례다. 여성이 일종의 '열등한' 혹은 '보호받아야 할' 사람 취급을 받던 이전 시기에 대해 19세기 여성 참정권자들은 여성도 합리적 선택을 통해 정치적 결정을 내릴 수 있다고 주장하면서, 이것이 가능하지 않다는 경험과학적 근거는 없다는 점을 강조했다. 그리고 인간의 본성과 인간이 가진 권리에 대한 당시 윤리적 직관에 입각할 때 여성에게 정치적 권리를 부여하지 않는 것의 정당성이 확보되기 어렵다는 점도 지적했다. 이처럼 경험과학적 증거와 철학적 논증이 중요하긴 했지만 여성이 참정권을 얻게 되기 위해서는 이 모든 것이 사회운동으로 결집되어 실제 법률이나 제도가 바뀌어야 했다. 아무리 과학적 증거와 윤리적 논증이 강력했다고 해도 이를 구체적인 사회운동으로 결집할 수 있었던 선구자적 인물이 없었다면 여성이 정치적 권리를 갖는 일은 상당 기간 이루어지지 않았을 수 있다.

이처럼 '쉬운 문제'의 해결 과정은 기존 윤리적 직관을 확장시키거나 유비함으로써 적절할 해결책을 찾는 것이지만 단순히 그런 일이 가능하다는 사실만으로는 부족하고 누군가가 사회적 연대를 통해 그런 일을 제도적으로 이룩할 수 있어야 한다. 이런 의미에서 (상대주의적 인식론의 의미에서가 아니고) '쉬운 문제' 해결은 사회구성적이다.

또한 '쉬운 문제' 해결은 근본적인 이유에서 점진적이다. 19세기 서양 사회에서도 여성이 참정권을 요구한다는 사실을 여성의 '본성'에 어긋나는 지극히 부당한 것으로 생각하는 사람들이 꽤 많았다. 그런 반대에도 불구하고 여성의 참정권이 결국에는 성취되었다는 사실은 '쉬운 문제' 해결이 실제로는 결코 쉽지 않음을 보여준다. 즉, '쉬운 문제' 해결을 위해서도 당시 널리 통용되던 윤리적 직관에 대한 일정 부분 수정이 불가피하며, 이런 의미에서 '쉬운 문제'가 해결되고 나면 우리는 '새로운 윤리학'을 갖게 된다. 하지만 그럼에도 불구하고 이렇게 얻어진 '새로운 윤리학'은 기존 윤리학의 핵심적인 개념틀, 예를 들어 '자신의 내적 윤리 원칙에 따라 행동하고 결정하는 자율적 인간'은 보존한 채 상대적으로 덜 중심적이고 관습적인 여성폄하적 생각을 극복한 것이라고 할 수 있다.

6. '어려운 문제' 해결하기

앞서 지적했듯이 '쉬운 문제' 해결은 사회구성적이면서 점진적이다. 반면 '어려운 문제' 해결은 보다 근본적인 수준에서 '새로운 윤리학'을 요구한다. 그리고 현 단계에서 이 '새로운 윤리학'이 어떤 모습일지에 대해서는 근본적인 수준에서 의견 차이가 존재하고 이 의견 차이는 당분간 쉽게 해소되기 어려울 것이다.

예를 들어, '도덕적 행위자'의 핵심은 그 대상이 도덕적으로 해석될 수 있는 행위 능력을 갖는다는 것인가, 아니면 도덕적 함축을 이해하고 그 행위를 하는 것인가? 혹은 도덕적 책임을 지기 위해서는 자신의 행위의 도덕적 의미를 완전하게 파악하는 것이 필수적인가? 혹은 좀 더 어려운 문제로, 도덕적 파악은 자신의 행동과 관련된 모든 적절한 추론을 성공적으로 수행할 수 있다는 것인가, 아니면 '주관적 느낌'을 동반한 옳고 그름에 대한 내적 경험이 필수적인가? 관련된 문제로 도덕적 판단 능력에는 도덕적 감수성이 필수적인가, 아니면 도덕적 추론 능력만으로 충분한가? 등이 될 것이다.

이런 철학적 문제들은 '자율주행차'가 등장하기 전에도 해결되지 않은 어려운 문제였고 '자율주행차'가 흥미로운 사례를 제공해주긴 하지만 그 논의 자체의 성격을 현저하게 바꾸지 않는다고 생각할 수 있을 정도로 논쟁적인 주제이다. 그렇다면 이런 '어려운 문제'는 어떻게 해결해야 하는가?

필자의 제안은 '어려운 문제'는 '쉬운 문제'를 해결하는 과정을 통해 해결하자는 것이다. '쉬운 문제'는 '어려운 문제'와 달리 사회적 파급 효과가 크고 해결책 제시의 시급성도 큰 문제다. 이런 문제를 해결하면서 우리는 자연스럽게 '도덕적 행위자'와 관련된 여러 핵심적 개념들의 확장 가능성과 유비 추론의 적절성에 대해 비판적으로 검토하게 된다. 그리고 그러한 검토의 결과 우리의 윤리적 직관의 부족한 점을 발견하고 이를 제도적으로 시정하려고 노력할 수도 있다. 이런 노력이 지속되다 보면 사회적으로 통용되는 윤리적 직관의 내용이 바뀔 가능성이 있다. 물론 '쉬운 문제' 한두 가지를 해결한다고 해서 곧바로 윤리적 직관의 변화로 이어지지는 않을 것이다. 하지만 '법인'의 개념이 수도원에서 강으로 확장되는 과정을 고려할 때, 그리고 인간의 개념이 노예, 여성, 야만인을 모두 포괄하는 것으로 널리 받아들여지게 된 과정을 고려할 때 이런 과정이 '도덕적 행위자' 개념에 대해서도 발생할 가능성은 상당히 높다고 볼 수 있다.

일단 '도덕적 행위자'에 대한 윤리적 직관이 충분히 달라지면 그에 따른 윤리학적 판단도 상당 부분 영향을 받을 것이다. 칸트(Immanuel

Kant)의 이성주의적 윤리관에 입각할 때 인공지능에게 도덕적 행위자 개념을 부여하는 것이 거의 불가능하다는 점에는 이론의 여지가 없지만 만약 칸트적인 근대적 인간관에 대해 많은 사람들이 공감하지 않는 시대가 온다면 그때 윤리학적 논의는 칸트주의적 직관에 제한받지 않고 보다 자유롭게 진행될 수 있을 것이다.

주의할 점은 필자가 '쉬운 문제' 해결의 사회적 구성 과정의 결과가 자동적으로 '어려운 문제'의 해결책이 된다고 주장하지 않는다는 점이다. 그런 주장은 윤리학 논의를 사회적 구성으로 환원시키는 극단적 상대주의가 될 것이다. 필자의 주장은 그보다는 훨씬 온건하다. 아리스토텔레스(Aristotle)조차 옹호했던 노예제가 절대다수에게 자연스럽게 느껴지던 시대에도 올바른 경험적 증거와 합당한 철학적 논증에 따라 노예도 인간으로서의 권리와 의무를 갖는다는 논증을 펴는 철학자가 있었을 것이고 그 철학자의 주장에 공명하는 사람들도 (소수이긴 해도) 분명 있었을 것이다. 그러므로 '쉬운 문제' 해결에 대한 사회적 구성의 결과가 어떠하든지 철학적 비판과 검증의 여지는 충분히 남아 있다.

필자가 주목하는 점은 이런 구성주의적 상대주의가 아니라 현재 우리가 너무나 '당연시하는', 그래서 철학 사전이 아니라 언어 사전의 정의에도 등재된 '자율성'의 개념처럼 근본적인 윤리적 개념도 '쉬운 문제' 해결을 통해 바뀔 수 있다는 사실이다. 이 가능성은 당연히 논리적으로는 인공지능의 등장 이전에도 존재했다. 하지만 인공지능의 최근 발달 양상은 우리가 이런 익숙한 근대적 윤리 개념에 대해서도 재검토할 기회를 가까운 미래에 '쉬운 문제'를 해결하면서 많이 갖게 될 것이라는 전망에 힘을 더한다. 필자가 주목하는 것은 이런 전망이 갖는 '새로운 윤리학'의 가능성이다. 그 새로운 윤리학이 어떤 내용을 담게 될지는 미리 결정되어 있지 않다. 다만 그 새로운 윤리학이 '쉬운 문제'의 축적된 해결책에 근거하여, 점진적 변화가 근본적 변화를 이끌어내는 방식으로 얻어질 것이라고 기대한다. 이후의 연구는 이 과정에 대한 보다 구체적 분석에 집중될 것이다.

7. 더 논의해볼 만한 쟁점

첫째, 인공지능과 사람 사이의 상호작용이 '윤리적' 측면을 갖는다고 할 때, 이는 반드시 인공지능이 사람과 '동등한' 윤리적 고려의 대상이어야 함을 전제하는가? 즉, 인공지능도 사람과 같게 취급될 수 있는 존재일 때만 인공지능의 윤리학이 가능한가? 꼭 그렇다고 보기 어려운 것이 우리는 생태 환경에 대한 인간의 '책임'을 논하기도 하고, 인간과 여러 면에서 완전하게 동등하다고 보기 어려운 동물에 대해 잔인한 행위를 하는 사람들을 윤리적으로 비난하거나 법적으로 처벌하기도 한다. 이런 점을 고려할 때 인공지능이 인간과 윤리적으로 동등한 존재가 아니더라도 인공지능의 '윤리적' 측면을 논의할 가능성은 여전히 열려 있다고 볼 수 있다. 문제는 그 '윤리적' 측면의 구체적 내용이 무엇인가이다. 이에 대한 보다 많은 논의가 필요하다.

둘째, 인공지능의 윤리적 문제 중에서 우리의 기존 윤리적 직관과 제도적·법적 처리 방식을 확장하는 방식으로 해결될 수 있는 문제가 있다는 것이 필자의 주장이다. 하지만 이런 문제의 해결을 위해서는 보다 근본적인 수준에서의 윤리적 쟁점에 대한 의견 차이를 일단 해소해야 한다는 반론이 가능하다. 특히, 구체적이고 실천적인 문제를 해결하는 과정, 예를 들어 자율주행차와 관련된 법규를 제정하는 과정에서 서로 다른 윤리적 입장이 대립하다 보면 실천적인 문제조차 해결이 어려워질 것이라는 비관론이 이에 해당된다.

그런데 정말 그러한가? 자율주행차와 관련된 법규를 제정할 때, 예를 들어 규범윤리학의 오래된 논쟁, 의무론이 옳은가, 공리주의가 옳은가에 대한 확정적인 답이 없으면 논쟁은 결코 끝나지 않고 실천적 법규에 대한 합의도 불가능한가? 인공지능이 '진정한' 의미에서 도덕적 행위자인지 여부에 대한 철학자들의 합의가 없으면 실천적 논의는 결코 완수될 수 없는가? 이렇게 생각하는 것은 혹시 철학자들이 자신들의 논의가 갖는 실천적 중요성을 지나치게 과대 평가하는 것은 아닌가? 즉, 원리적 수준에서 규범윤리학이나 메타윤리학의 어려운 문제는 쉽게 해결되기 어렵겠지만 그럼에도 불구하고 실천적인 문제에 대한 해결책은 기능적 수준에서 (즉, 주어진 문제를 사회에서 수용 가능한 방식의 절차로 해결하는 수준) 해결 가능하지 않을까? 이에 대해 독자들이 좀 더 생각해보길 권한다.

6장 참고문헌

이상욱. 2008. 「안전과 윤리: 이종이식의 철학적 쟁점」. 한양대학교 과학철학교육위원회 엮음. 『이공계 학생을 위한 과학기술의 철학적 이해』(제4판). 서울: 한양대학교출판부.

Chalmers, David. 1997. *The Conscious Mind: In Search of a Fundamental Theory*. Oxford: Oxford University Press.

Chui, Michael, James Manyika, and Mehdi Miremadi. 2015. "Four Fundamentals of Workplace Automation." *McKinsey Quarterly*, November 2015:1~9.

Ferguson, Niall. 2009. *The Ascent of Money: A Financial History of the World*. New York: Penguin Books,

Ford, Martin. 2016. *Rise of the Robots: Technology and the Threat of a Jobless Future*. New York: Basic Books

Gleick, James. 2012. *The Information: A History, a Theory, a Flood*. New York: Random House Inc.

Golombek, P. R. 1998. "A study of language teachers' personal practical knowledge." *TESOL Quarterly*, 32(3):447~464.

Hart, F. W. 1934. *Teachers and teaching: by Ten Thousand High School Seniors*. MacMillan: New York.

Hodges, Andrew. 2014. *Alan Turing: The Enigma*. London: Vintage.

Kaplan, Jerry. 2016a. *Artificial Intelligence: What Everyone Needs to Know*. Oxford: Oxford University Press.

_____. 2016b. *Humans Need Not Apply*. Ithaca, NJ: Yale University Press.

Kurzweil, Ray. 2006. *The Singularity is Near: When Humans Transcend Biology*. New York: Penguin books.

Landes, David S. 2003. *The Unbound Prometheus: Technological Change and Industrial Development in Western Europe from 1750 to the Present*. Cambridge: Cambridge University Press.

Lipson, Hod and Melba Kurman. 2017. *Driverless: Intelligent Cars and the Road Ahead*, Cambridge. MA: The MIT Press.

Mazlish, Bruce. 1995. *The Fourth Discontinuity: The Co-Evolution of Humans and Machines*, Ithaca. NJ: Yale University Press.

Shanahan, Murray. 2015. *The Technological Singularity*. Cambridge, MA: The MIT Press.

Susskind, Richard and Daniel Susskind. 2017. *The Future of Professions: How Technology Will Transform the Work of Human Experts*. Oxford: Oxford University Press.

Turing, Alan. 2014. *Essential Turing: The Ideas that Give Birth to the Computer Age*. Oxford: Oxford University Press.

3부
인공지능과의 공존의 윤리학

책무성 중심의
인공지능 윤리학 모색
동·서 철학적 접근*

이중원

1. 논의의 배경

인공지능 시스템에 대해 왜 책임을 논하는가? 자율주행자동차가 운행 중 교통사고를 내면 누가 책임을 져야 할까? 같은 맥락에서 자율형 군사 킬러 로봇이 전쟁 중에 민간인을 오인해 죽였다면 누가 책

---

* 이 글은 ≪과학철학≫, 22권 2호(2019), 79~104쪽에 수록된 「인공지능에게 책임을 부과할 수 있는가?: 책무성 중심의 인공지능 윤리 모색」을 이 책의 취지에 적합하게 고쳐 쓰고 보완한 것이다.

임을 져야 할까? 아직은 현실화되지 않은 이야기이지만 가까운 미래에는 충분히 발생할 수 있는 상황이기에, 이 문제에 대한 해결책은 인공지능 시스템이 인간과 공존하는 미래 사회를 위해 매우 중요하다.

전통적인 도덕철학에서 책임은 인간에게만 부여된다. 책임에 관한 고전적 모델에 따르면 책임(responsibility)은 인간만이 질 수 있다. 인간만이 자유의지를 가지고 이에 의거하여 행동하며 오직 이러한 행동의 결과에 대해서만 책임을 물을 수 있기 때문이다. 자유의지가 아닌 자연의 인과적 관계와 같은 외부적 요인에 의해 사건이 발생한 경우, 가령 태풍으로 홍수가 발생한 경우 홍수 피해의 물리적 원인은 태풍인 만큼 담당 관리자에게 홍수에 대한 책임을 물을 수는 없고, 만약 담당 관리자의 잘못으로 이차 피해가 발생했을 경우 이에 대한 책임만을 물을 수 있다. 이러한 관점은 아리스토텔레스(Aristotle)에게로까지 거슬러 올라간다. 그에 따르면 어떤 행위가 도덕적 판단의 대상일 수 있기 위해서는 그 행위가 행위자의 자율성에 의한 것인가 아닌가에 달려 있다.[1] 이런 토대 위에 칸트(Immanuel Kant)는 책임과 자유의 불가분의 관계를 강조하면서, 자유를 바탕으로 도덕적 책임을 정당화한다(Hildebrand, 2012: chapter 2.; Nidditch, 1992: 411; Robson, 1977: 281; Johnson and Cureton, 2016).[2] 한마디로 자유는 책임을 묻기 위한 전제

---

1 아리스토텔레스는 자발적 행위와 비자발적 행위의 구분 기준을 의도성(Willentlichkeit)에서 찾고 있다. 의도하거나 분명한 결단에 의한 행위는 자발적 행위지만, 외적 강요에 의한 행위는 모두 비자발적 행위다(『니코마코스 윤리학』 3권 참조).

2 https://plato.stanford .edu/entries/kant-moral/

조건인 셈이다. 지금까지 철학사에서 자율성이나 자유의지는 인간의 고유 속성으로 간주되었던 만큼, 인간 이외의 다른 존재자에게 (도덕적) 책임을 부여한다는 것은 도저히 받아들일 수 없는 일인 것이다.[3]

그럼에도 불구하고 오늘날 인간이 아닌 인공지능 시스템을 놓고 그동안 도덕철학에서 배척했던 책임 문제를 다시금 논하는 이유는 무엇인가? 두 측면에서 그 배경을 살펴볼 수 있다. 첫 번째 배경은 인공지능 시스템을 활용하는 과정에서 전통적인 방식으로 인간에게만 책임을 부과하는 경우 발생하는 문제와 관련이 있다. 일반적으로 누군가 책임을 져야 한다고 말하려면, 그것을 가능하게 하는 조건들이 충족되었는지 먼저 살펴볼 필요가 있다. 이와 관련하여 (철학적 논쟁이 계속되고 있지만) 대체로 다음의 세 가지 조건들을 요청하고 있다 (Eshleman, 2014: 216~240; Jonas, 1984: 98, 156). 첫째, 행위 주체와 행위 결과 간에 인과관계가 있어야 한다. 행위 주체가 사건의 결과를 어느 정도 인과적으로 통제할 수 있다면 그 행위자에게 대개 책임이 부과된다. 둘째, 행위 주체는 자신의 행동을 알고 그 행동이 가져올 가능한 결과들도 예견할 수 있어야 한다. 자신의 행동이 유해한 사건으로 이어질 것임을 알지 못했다면, 우리는 그 행위 주체에게 사건에 책임이 있다고 말하기 어렵다. 셋째, 행위 주체는 자신의 행동을 자유롭게 선택할 수 있어야 한다. 행위 주체의 행동이 순전히 외재적인 요인

---

3 심지어 전통 도덕철학에서는 인간의 경우라도 자유의지가 약한 어린아이나 자유의지가 없는 의식불명의 사람에게조차 법적으로나 도덕적으로 책임을 묻지 않고 있다.

에 의해 결정된 것이라면, 그 행위 주체에게 사건의 책임을 묻는 것은 무의미하다.

그런데 인공지능 시스템의 활용은 이러한 조건을 더욱 복잡하게 만들고, 누구에게 책임을 부과할지의 문제를 매우 어렵게 만든다. 인공지능 시스템의 작동에는 실제로 많은 기술적 요소들, 가령 빅데이터, 클라우드 컴퓨팅 환경, 사물인터넷 시스템, 정보 수집 센서 등이 개입한다. 그만큼 책임을 부과하고자 할 때, 소위 '많은 손'의 문제가 발생하게 된다(Friedman, 1990: 1~10; Nissenbaum, 1994: 72~80). 같은 맥락에서 인공지능 시스템을 활용하는 과정에서도 사용자 외에 설계자와 제작자들, 가령 빅데이터 공급자, 클라우드 컴퓨팅 환경 설계 및 운영자, 사물인터넷 제작자, 정보 수집 센서 제작자 등 수많은 행위자들이 관여하게 된다. 이 행위자들은 서로 다른 방식으로 다양하게 관여하는 만큼 사건에 관한 질문에 대답하고 그 결과를 책임질 특정한 행위자를 한정하기란 매우 어렵다. 소위 '분산된(distributed) 책임의 문제'가 발생한다.[4] 또한 설계자나 제작자 그리고 사용자가 예측하지 못한 결과들이 나올 수 있고, 사고가 발생했을 때 이에 대해 충분히 설명하고 해명할 수 없는 부분들도 나타날 수 있다. 한마디로 개개 행

---

4 인공지능 시스템과 관련하여 이 문제는 플로리디(Luciano Floridi)에 의해 본격적으로 제기되었다. 플로리디는 이러한 복잡한 관계망을 전제로 도덕적 책임을 분산된 행위자 모두에게 귀속시켜야 한다고 주장했다. 도덕적으로 중요한 결과는 일부 개인의 도덕적으로 중대한 행동으로 환원될 수 없고 여러 행위자들로 분산될 수밖에 없다는 것이다(Floridi, 2013: 727~743, 2016: 2~3).

위자의 행동을 결과로 나타난 사건과 인과적 고리로 명확하게 연결하기가 쉽지 않고, 개개 행위자가 자신의 행동이 가져올 가능한 결과들을 예견하는 것도 어렵다. 이런 맥락에서 철학자 마티아스는 인공지능 기술이 점점 더 복잡해지고 인간이 이런 기술의 행동을 직접 통제하거나 개입할 여지가 적어질수록 인간이 이 기술에 대해 전적으로 책임을 져야 한다고 주장할 여지도 적어져, 만약 책임의 문제를 인간에 한정해 언급한다면 오히려 '책임 공백(responsibility gap)'의 문제가 발생할 수 있음을 지적하고 있다(Matthias, 2004: 175~183).

두 번째 배경은 인간처럼 자유의지나 자의식에 기반한 자율성을 갖고 있지 않은 인공지능 시스템이라 하더라도 사건에 대해 일정 정도의 책임을 묻도록 만드는, 인공지능 시스템의 능력과 역할과 관련이 있다. 인공지능 시스템이라는 블랙박스에 무엇이 들어가고 나오는지는 설계자·제작자·사용자가 (다소간) 알 수 있지만, 블랙박스가 이러한 입력을 출력으로 어떻게 도출해내는지, 왜 그런 특정한 결과에 도달했는지는 정확히 알지 못한다. 또한 그 결과는 인공지능 시스템 자체가 자기 주도적인 심화학습을 통해 만들어낸 만큼, 인공지능 시스템 자체에 (인간과는 다른 의미의) 어느 정도의 선택의 '자율성'이 있다고 말할 수 있다.[5] 그런 의미에서 인간과 인공지능 시스템 모두

---

5 알파고를 예로 생각해보자. 알파고는 인간 두뇌의 신경망 안에서 일어나고 있는 학습 과정을 특정한 알고리즘 형태로 모방한 심화학습(deep-learning) 프로그램을 통해 자발적으로 자기 주도적으로 학습할 수 있다. 이를 통해 (특히 다양한 기보학습을 통해) 기존의 문제 해결 방법을 익히더라도, 이와 동일한 방식이 아니라 새로

넓은 의미에서 자율적 행위자라고 말할 수 있다.[6] 한편 인공지능 시

운 문제 해결 방법을 찾아 문제를 해결할 수 있다. 또한 어떤 경우(알파고 제로 버
전)는 아예 기보학습 없이 자기 방식대로 문제를 해결하기도 한다. 그런데 이러한
해결 과정은 설계자나 제작자도 알 수 없는 인간의 통제로부터 벗어난 블랙박스와
도 같은 과정으로서, 알파고 스스로의 판단과 결정에 의해 이루어진다. 이러한 의
미에서 적어도 심화학습 프로그램을 통해 자기 주도적으로 학습하는 인공지능 시
스템에 대해 '자율성'을 부여할 수 있다. 하지만 인공지능 시스템에 부여된 '자율성'
은 인간이 자유의지 혹은 자의식에 바탕하여 스스로 선택하고 결정하는 인간 중심
의 자율성 개념과는 분명 다르다. 두 가지 측면에서 구분해볼 수 있다.
우선 첫 번째는 외연상 드러나는 기능(혹은 역량) 측면에서 수준과 정도에 따라 구분
해볼 수 있다. 알파고와 같은 약-인공지능에게 부여할 수 있는 자율성은 준-자율성
(semi-autonomy)이다. 어린아이나 영장류 동물에서처럼 외부 환경 정보에 대한
기초 판단과 그에 따른 반응 행동 선택과 같은 매우 기본적인 의사결정 구조를 지
닌 자율성에 불과하다. 이러한 기본적인 수준의 의사결정 구조는 오늘날 (여러 가
지 다양한 선택지를 제공하는) 통계적 알고리즘에 기반하고 있는 심화학습을 통해
어느 정도 구현될 수 있다. 외부 세계에 대한 개념적 이해와 의미 분석은 어렵지만,
동일한 패턴 인식과 그에 따른 유형 분류 및 선택이 어느 정도 가능하기 때문이다.
이에 반해 성숙한 인간에게 부여되는 자율성은 완전한 자율성(fully-autonomy)으
로, 자유의지에 따라 자신의 사고 및 판단과 행동을 결정하는 자율성이다. 여기서
사고 및 판단과 행동은 외부 세계에 대한 통계적인 정보처리가 아니라 세계에 대
한 이해 특히 개념 분석과 의미 이해에 바탕한 것이라는 점에서, 현재와 같은 인공
지능 시스템에 이러한 자율성을 부여하기는 어려워 보인다.
보다 중요한 구분은 다음의 두 번째 측면이다. 전통 도덕철학에서 자율성은 인간의 자
아 혹은 자유의지라는 인간 개인의 고유한 내재적 속성에 기반을 둔다. 다분히 인
간 중심적인 개념이다. 반면 인공지능 시스템의 경우 자율적인 판단과 행동은 지
금까지 인간의 수많은 행위들과 사회적 관계들에 관한 빅데이터 분석에 기반하게

스템은 설계자·제작자와 사용자 사이에서 중간 매개자 역할을 수행한다. 그로 인해 인공지능 시스템에는 당연히 설계자·제작자의 의도가 들어가지만 그것의 활용 과정에서 누가, 왜, 어떤 목적으로 사용하는가라는 사용자의 맥락에 따라 설계자·제작자가 의도하지 않은 결

된다. 여기서 인간들 사이에 성립하는 다양한 사회적 관계들의 경우, 인공지능 알고리즘은 비록 그것들에 대한 의미 이해가 충분치 않더라도 사회적 관계들에 관한 패턴 분석을 통해 통계적인 방식으로 관계의 특성을 추론해낼 수 있다. 다시 말해 인공지능 시스템은 (현재는 매우 부정적인) 인공지능에 내재하는 자율성보다는, 인공지능 시스템이 인간 사회와 맺는 사회적 관계 또는 인간들 사이의 사회적 관계에 대한 패턴 인식을 통해 자율적으로 판단하고 행동한다고 말할 수 있다. 그런 의미에서 인공지능 시스템은 '관계적 자율성'을 갖고 있다고 말할 수 있다. 또는 인공지능 시스템을 인간과 복잡하게 얽혀 있는 사회적 관계망 속에서 새로이 구성된 하나의 자율적 행위자로 볼 수 있다. 이상의 논의들에 관한 자세한 내용은 이중원 (2018: 130~135)을 참조. 전통 도덕철학에서 강조해온 자율성 개념은 지금으로서는 인간에게만 한정될 가능성이 높은 반면, 앞서 언급한 '관계적 자율성' 개념의 경우 인공지능 시스템에도 적용해볼 여지가 있다. 이 글은 이러한 관점에서 인공지능 시스템의 행위에 대해서도 책임의 문제가 충분히 던져질 수 있음을 받아들이고, 그렇다면 어떤 책임이 인간이 아닌 인공지능 시스템에 부과될 수 있는가에 대해 논하고자 한다.

6 하지만 두 자율적 행위자는 적용되는 자율성 개념이 다른 만큼 분명 서로 다르다. 이를 명확히 하기 위해선, 인공지능 시스템에 적용되는 '관계적 자율성' 개념이 구체적으로 무엇이며, 인간의 자율성 개념과 어떻게 다른지에 대해 인공지능 기술의 발전과 함께 더 많은 심화연구가 필요하다. 더불어 다른 존재자들은 가지고 있지 않고 인간만이 가지고 있는 자율성이란 어떤 능력인지에 대해서도 향후 보다 세밀한 연구가 필요하다.

과들이 언제라도 발생할 수 있다.[7] 따라서 사고가 발생했을 시 어느 부분에서 무엇 때문에 어떤 문제가 발생했는지를 결정하기가 쉽지 않다. 사고의 책임을 인간 행위자에게만 전적으로 묻기란 쉽지 않다. 이것이 두 번째 배경이다.

가령 가까운 미래에 구현될 자율주행자동차를 생각해보자. 만약 자율주행자동차가 보행자를 치었을 경우, 누구에게 어떤 도덕적·법적 책임을 물을 것인가? 자동차의 기계적인 시스템 제작자, 자동차가 자율적으로 경로를 결정할 수 있게 해주는 인공지능 알고리즘 설계자, 자동차의 인공지능 알고리즘에 제공되는 입력 정보(도로교통 관련 법규 정보들, 도로 환경에 맞춘 운전 패턴 정보들, 실시간 교통 상황 정보 등 교통 빅데이터) 수집 및 제공자, 인공지능 알고리즘과 교통 빅데이터를 활용하여 운행 방식을 스스로 결정하는 자동차의 의사결정 시스템, 빅데이터 정보 수집 및 전달에 관여하는 하드웨어 장치(빅데이터 수집 센서들, 클라우드 컴퓨팅 환경과 관련 통신 장치들) 제작자, 도로에서 자율주행자동차의 운행을 허가한 정부의 교통 정책 입안자, 자동차의 의사결정 시스템을 자신의 취향에 맞게 개인화한 소유자 등이 모두 사고의 책임 당사자가 될 수 있다. 여기서 만약 우리가 고려할 수 있는 모든 인간 행위자들에 대해 더 이상 사고의 책임을 물을 수 없는 경우, 자율적 인공지능에 기반한 자동차 의사결정 시스템에 궁극적으

---

7 이와 관련하여 기술철학자 바이커(W. Bijker)는 고도의 기술적 인공물들은 설계자의 의도와 달리 사용자의 맥락에 따라 다른 방식으로 사용될 수 있는 해석적 유연성을 지니고 있음을 강조한다(Bijker, Hughes, and Pinch, 1987: 13, 27, 29).

로 책임을 물어야 할 상황이 발생할 수 있다.

정리하면 다음과 같은 일반적인 상황 혹은 조건들이 발생하는 경우라면 인공지능 시스템에 대해서도 책임 소재의 문제가 발생할 수 있을 것이다. 우선 인공지능 시스템의 의사결정으로 인해 고의든 혹은 의도하지 않았든 부작용 혹은 부정적인 결과가 초래되는 경우이고, 다음은 인공지능 시스템의 의사결정 과정에 참여한 다른 인간 행위자들의 혐의가 불충분하거나 불분명한 경우이며, 마지막으로 인공지능 시스템의 의사결정 과정이 블랙박스처럼 불투명하여 잘 설명되지도 않는 등, 인간에 의한 통제가 어려운 경우이다. 앞서 자율주행 자동차의 사례에서 보았듯이, 이러한 상황들은 가까운 미래에 충분히 발생 가능하다. 문제는 어떤 책임을 어떻게 물을 것인가이다.

이 글에서는 바로 이 문제를 다루고자 한다. 첫째, 책임 개념에 관한 전통적인 도덕철학에서의 핵심 관점을 간략히 정리하고, 인간에게 배타적으로 적용되어온 이 개념을 뛰어넘어 인간이 아닌 다른 자율적인 행위자에게도 확대 적용될 수 있는 책임 개념의 확장 가능성을 검토해볼 것이다. 특히 서양 철학적 전통에서 기존 책임 개념에 비판적인 레비나스(E. Levinas)와 요나스(H. Jonas)의 책임 개념과 '분(分)'과 '임(任)' 개념에 바탕한 동양 철학에서의 책임 개념을 중심으로 다룰 것이다. 둘째, 이러한 책임 개념이 전통적인 책임 개념보다는 완화되고 그 적용 외연이 확장 가능하더라도, 아직까지는 현실적인 차원에서 현재나 가까운 미래의 인공지능 시스템에 이 개념을 적용하는 것은 쉽지 않음을 밝히고 이에 대해 책임 대신 책무(accountability) 개념의 적용을 제안할 것이다. 셋째, 최근에 논의되고 있는 책무 개념의 다양한 의미 가운데 설명 가능성을 가장 기본적인 것으로 간주하고, 이러한 책무성이 인공지능 시스템에서 실질적으로 어떻게 구현 가능한지, 최근에 이목을 끌고 있는 설명 가능한(explainable) 인공지능 알고리즘을 대상으로 분석할 것이다.[8] 마지막으로 인공지능 시스템에 대해 책무성 중심의 윤리 체계를 구축하는 데 필요한 윤리 프레임의 기본 요소들을 제안하는 수준에서, 그러한 윤리 체계의 가능성을 조심스럽게 전망해보고자 한다.

2. 책임 개념에 대한 반성과 확장 가능성

1) 서양 철학적 접근

앞서도 강조했듯이 책임에 관한 고전적 모델에 따르면, 책임은 인간만이 질 수 있는데 인간만이 자유의지를 가지고 이에 의거하여 행

---

8   실제로 유럽연합(EU)의 개인정보 보호법(General Data Protection Regulation, 2016)은 인공지능 시스템의 의사결정 과정에 대한 설명을 요구하고 있다. 나아가 이런 논의를 바탕으로 법률에 명시된, 설명이 필요한 다양한 상황들을 면밀히 고찰할 필요성과 '설명 가능한 인공지능 시스템(explainable AI system)'의 설계와 같은 새로운 공학적 도전의 중요성을 강조하고 있다. 미국의 경우도 마찬가지다. 이러한 연유로 미국 국방성 산하의 연구개발 기구인 방위고등연구계획국(Defense Advanced Research Projects Agency: DARPA)을 중심으로 설명 가능한 인공지능 시스템을 어떻게 설계할 것인지, 그 기술적 구현에 많은 관심을 기울이고 있다.

동하며 책임은 오직 이러한 행위와만 관계하기 때문에 그렇다고 본다.[9] 이런 입장이라면 어느 정도 자율적으로 판단하고 행동하는 인공지능 시스템이라 할지라도 인간에게 주어진 자유의지를 갖고 있지 않기에 책임을 질 수 없을 뿐 아니라, 자유의지가 약한 어린아이나 자유의지가 없는 의식불명의 사람에게조차 법적으로나 도덕적으로 책임을 물을 수 없게 된다. 어떤 사건 발생의 물리적 원인을 제공한 존재자라 하더라도 자유의지가 약하거나 없는 한, 그 사건에 책임을 지는 주체가 될 수는 없다는 것이다. 가령 칸트는 자유를 토대로 도덕적 책임을 정당화함으로써, 책임과 자유가 불가분의 관계에 있음을 강조했다.[10] 한마디로 자유(의지의 자유, 행위의 자유 모두)는 책임을 묻기 위한 전제조건으로서, 인간에게 자유는 도덕적 책임을 묻기 위해 반드시 요청되는 규범적인 것이 된다.[11]

하지만 현대에 오면 행위 주체의 자유(의지)가 책임의 조건이라는 전통적인 관점에 도전하는 입장들이 나타난다. 우선 레비나스의 타자윤리부터 살펴보자. 레비나스는 타자에 대한 윤리적 책임을 강조

---

9 각주 2 참조.

10 각주 2 참조.

11 일반적으로 자유를 정의할 때, 자주 '적극적인' 의미의 자유와 '소극적인' 의미의 자유를 구분한다. 소극적인 자유란 억압과 강제가 없는 상태로, 무엇으로부터의 자유를 뜻한다. 반면 적극적인 자유란 스스로 자기 규정을 하는 상태로, 무엇에로의 자유를 의미한다. 적극적인 의미에서 자유는 또다시 그 실천 영역이 내적인가 외적인가에 따라 '의지의 자유'와 '행위의 자유'로 나뉜다. 의지의 자유는 '무엇을 원할 수 있는가?'라는 물음과 관계하며, 행위의 자유는 '무엇을 행할 수 있는가?'를 묻는다.

하는데, 이때 책임은 자유에 앞서 근본적으로 부과된, 인간이 존재함과 동시에 주어진 것이다. 책임이 지향하는 곳이 바로 타자이기에, 책임은 타자를 향하는 '타자윤리'의 토대가 된다. 레비나스는 타자의 시선에서 세계를 바라보면서 타자와의 관계, 타자에 대한 책임을 철학의 중심 사유로 놓았고, 책임을 타자의 부름에 응답하는 것으로 보았다. 타자를 수용하고 타자와 함께할 때 진정한 주체가 된다고 본 것이다(Lingis, 1969: 43, 199~200; Hand, 1989: 75~87). 레비나스가 강조한 책임은 다음과 같은 특징 ― 타율성, 대속성, 비대칭성 ― 을 지닌 것으로 분석되곤 한다(이유택, 2008: 63~94). 먼저 그에게서 책임은 주체의 자유에 의존하지 않고 자유에 앞서며, 타인을 향해 있기에 타율적이라고 말할 수 있다. 나의 자유, 나의 의식, 나의 자발성이 책임을 불러일으키는 것이 아니라, 나에 대한 타자의 시선이 그에 대한 나의 책임을 불러일으킨다고 본 것이다. 그런 의미에서 책임은 대속적이다. 마치 아이에 대한 부모의 어쩔 수 없는 책임처럼, 책임은 자율적이고 능동적이지 않고 타율적이고 수동적이다. 마지막으로 책임은 비대칭적인데, 타자와 나는 기본적으로 동등하지 않고 고통받는 타자의 존재가 나의 윤리적 각성의 근원이기에 이러한 비대칭성이 진정한 평등을 가능하게 하는 조건으로 본 것이다.

이처럼 자유(의지)가 책임의 전제조건이 아닌 경우, 자유의지나 자율성과 관련하여 여전히 논란이 많은 인공지능 시스템에 대해 책임을 논하는 것이 훨씬 자연스러워질 수는 있다. 그렇다면 레비나스의 책임 개념을 인공지능 시스템의 책임 문제에 확대·적용해볼 수 있을까? 논쟁적인 부분은 레비나스의 주체 범주에 인간이 아닌 인공지능 시스템을 포함시킬 수 있는가이다. 앞서 분석한 레비나스 책임 개념의 타율성과 대속성이라는 특징에 한정해서 본다면, (인간을 주체로 본 레비나스 자신의 의도와 상관없이) 자율적인 행위자로서의 인공지능 시스템 역시 레비나스적인 책임의 주체 범주에 포함될 수 있을 것이다. 가령 노인이나 환자를 보살피는 건강 돌봄 로봇의 경우, 아이를 돌봐야 하는 부모처럼 고통받는 타자인 노인과 환자를 향해 그들에게 필요한 도움을 제공하는 방식으로 그들의 부름에 응답한다면, 그 인공지능 로봇은 앞선 두 가지 특징에 국한해서 볼 때 레비나스적인 의미에서 노인과 환자에 대한 윤리적 책임을 다하는 주체로 볼 수 있을 것이다. 건강 돌봄 로봇이 아닌, 가사 도우미 로봇, 섹스 로봇 등에 대해서도 마찬가지다.

하지만 레비나스 책임 개념의 세 번째 특징을 현재나 가까운 미래의 인공지능 시스템에 적용하는 것은 무리가 있어 보인다. 인공지능 시스템이 고통받는 타자의 존재를 윤리적 각성의 근원으로 스스로 판단할 수는 없기 때문이다.[12] 이러한 윤리적 각성이 (인간이 제시한) 윤리-빅데이터를 활용한 지도 학습을 통해 인공지능 시스템에 강화될 수는 있겠지만, 그럴 경우 이는 인간에 의한 것일 뿐 스스로의 자

---

12 레비나스가 자유(의지)를 도덕적 책임의 전제조건으로 삼지 않은 이유는, 자유의지가 중요하지 않아서가 아니라 자유의지에 따른 인간의 자율적인 선택 이전에 고통받는 타자에 대해선 의무적인 차원에서 도덕적 책임을 다해야 한다는 윤리적 의식이 더 중요하다고 보았기 때문이다. 윤리적 각성이 인간의 더 근원적인 속성일 수 있음을 암시하고 있다고 볼 수 있다.

각에 의한 것으로 보기는 어렵다.[13] 물론 인공지능 기술이 고도로 발달하여 빅데이터를 활용한 인간의 지도 학습 없이도 스스로 다양한 상황을 인지하고 판단하는 비지도 학습이 원활히 가능해진다면, 인간적인 의미의 자각은 아닐지라도 그와 유사한 형태로 인공지능 시스템 자체의 윤리적 내재화 작업은 가능할지도 모른다. 정리하면 레비나스의 책임 개념은 인공지능 기술이 고도로 발전한 먼 미래에 인공지능 시스템에 적용해볼 수 있는 확장된 의미의 책임 개념으로 기대할 수는 있겠지만, 현재 또는 가까운 미래의 인공지능 시스템에 적용하는 것은 어렵다고 할 수 있다.

한편 철학자 요나스는 레비나스와는 다른 방식으로 책임에 관한 전통적인 모델에 반대하고 있다. 요나스는 (그것이 인간이건 다른 자연적 존재자이건) 존재자 자체의 가치와 존엄성에서 책임의 존재론적 근거를 찾고 있다. 즉, 책임의 원천은 도덕법칙이 아닌 타자의 존재 가치에 있음을 강조한다. 비록 자연의 다른 존재자들이 인간과 동일한 존재 가치를 갖고 있지 않더라도 말이다. 이런 방식으로 요나스는 인간의 도덕적 책임의 대상을 인간을 넘어 자연적 존재자로까지 확대하고 있다.[14] 요나스의 이 같은 책임윤리는 기술 권력의 등장으로 인

---

13 이는 마치 어린아이가 생활 속에서 다양한 직접 경험을 통해 윤리적인 의식을 배우고 습득하여 각성해가듯이, 인공지능 시스템에서도 그와 유사한 행태가 시뮬레이션을 통해 가능할 수 있음을 의미할 뿐, 인공지능 시스템이 인간처럼 윤리적인 자각 능력을 내재적 속성으로 갖고 있음을 의미하는 것은 아니다.
14 요나스는 "자연은 확실히 윤리학적 이론이 숙고해야만 하는 새로운 것이다"(요나

간이 자연과 대립하고 있는 현대 기술 문명에 대한 윤리적 반성에서 출발하고 있다. 비록 인간의 자유를 근거로 인간에게만 책임을 당위적으로 부여하고 있다는 면에서 전통적인 책임 모델과 유사한 부분도 있지만, 인간이 책임져야 할 대상이 인간에 국한되지 않고 자연적 존재자로까지 확대되고 있다는 면에서 기존의 관점과 다르다고 할 수 있다.

현대 과학기술 문명과 인간의 윤리적 책임 간의 관계에 대한 요나스의 이러한 고찰은, 4차 산업혁명 시대에 살고 있는 오늘의 우리에게 도덕적 책임과 관련한 매우 중요한 시사점을 던져준다. 우선 자연적 존재자 자체의 가치와 존엄성을 인간의 도덕적 책임의 원천에 포함하고 있다는 면에서, 비록 자연적 존재자는 아니지만 인간의 삶에 깊숙이 개입하여 인간의 정체성에까지 지대한 영향을 주게 될 인공지능 시스템에 대해 인간의 도덕적 책임의 대상으로 확대해볼 여지를 제공해준다. 도덕적 행위의 주체, 곧 능동적 행위자(agent)는 아닐지라도, 적어도 도덕적 행위의 대상, 곧 피동적 행위자(patient)로 볼 수 있는 좋은 토대를 마련해준다고 볼 수 있다. 이는 비록 인공지능 시스템의 책무 등 책임 문제와는 다소 거리가 있지만, 인공지능 시스템에 대한 피동적 행위자 윤리학이 필요할 수 있음을 함축한다는 면에서 의미가 있다.

하지만 요나스의 고찰은 인공지능 시스템의 책임 문제와 관련해서

스, 1994: 27)라고 주장하면서 자연은 인간이 책임질 대상임을 강조하고 있다.

다음과 같은 더 중요한 함축을 준다. 미래로 갈수록 인간과 인공지능 시스템이 긴밀하게 상호 작용함에 따라, 인간은 인공지능 시스템에 더욱더 의존하는 생활을 하게 될 것이다. 인공지능 시스템은 인간의 사고 및 판단, 그리고 행동 결정 과정에 매우 중요한 역할을 담당하게 될 것이고, 세계 속의 인간의 존재를 적극적으로 형성하는 능동적 조정자로서 인간 행동에 직접적이고 적극적으로 관여할 것이다. 그렇다면 인간의 행위에 대한 책임과 관련하여 인공지능 시스템이 차지하는 비중 문제가 발생할 수 있다. 특별히 인공지능 시스템이 특정한 자율성의 기반 위에 작동하는 경우, 이 시스템에 대한 책임귀속 문제가 발생할 수 있다. 이는 결과적으로 인간의 도덕적 책임에 관한 전통적인 관념에 도전하는 것이다(Jonas, 1984: 90~97, 2001: 3~5). 물론 인간 활동에 적극 관여하는 인공지능 시스템은 능동적 행위자와 수동적 피동자의 구분에서 어디에 속할 것인지, 능동적 행위자는 도덕적 책임을 지기 위해 자유의지가 반드시 필요한지, 자유의지가 있는 인간만이 도덕적 책임을 질 수 있는 유일한 존재인지 아니면 자유의지가 없는 능동적 행위자도 도덕적 책임을 질 수 있는지 등 많은 철학적 논란이 예상된다.

여기서 도덕적 책임의 귀속 문제는 인공지능 시스템과 인간이 맺는 관계가 지속적으로 변화해갈 것인 만큼 매우 복잡한 양상을 띠게 될 것이다(Jonas, 1984: 21; Waelbers, 2009: 51~68). 플로리디는 이러한 복잡한 관계망을 전제로 분산된 도덕적 행동이라는 새로운 개념을 제시했다.[15] 도덕적으로 중요한 결과는 일부 개인의 도덕적으로 중대한 행동으로 환원될 수 없고 여러 행위자들로 분산될 수밖에 없다는 것이다. 이 경우 분산된 도덕적 행위에 대해 도덕적 책임을 누구에게 얼마만큼 할당할 것인가의 문제가 남아 있지만, 도덕적 책임을 분산된 행위자 모두에 대해 귀속시켜야 한다는 주장은 인공지능 시대에 매우 의미 있는 지적으로 볼 수 있다.

2) 동양 철학적 접근

그렇다면 서양 철학에서의 책임 개념에 대응되는 동양 철학에서의 책임 개념은 무엇일까? 그리고 그 의미는 무엇일까? 여기서는 군자의 도덕적 책임을 강조한 유가사상을 중심으로 책임 개념을 살펴보고자 한다. 서양 철학에서의 책임 개념의 의미를 그대로 지닌 유가사상에서의 개념을 찾는 것은 매우 어렵다. 실제로 유가 경전에서는 '책임'이라는 말을 사용하지 않고 있다. 하지만 그것과 관련된 문제의식 혹은 관념조차 없는 것은 아니다. 그것과 유사한 쓰임새를 지닌 개념을 찾아볼 수 있는데, 아마도 '분(分)' 개념과 '임(任)' 개념이 될 것이다(최영성, 2006: 158).

우선 '분(分)' 개념부터 살펴보자. 유학에서 주자학은 정분론(定分論)을 근간으로 이일분수론(理一分殊論)을 강조해왔다(김홍경, 1989: 211). 인간마다 그 분수(分殊)가 다르기에 비록 이치는 하나일지라도 차등이 있음을 주장한 것이다.[16] 이 분수의 논리는 엄격한 계층적 질서에

---

15 각주 4 참조.
16 『맹자집주(孟子集註)』, 「진심상(盡心上) 45」, "楊氏曰, 其分不同, 故所施不能無差

기반한 과거 사회에서 모든 인간관계에 차별의 논리로 적용되면서 현실적으로 양반 중심의 지배 질서와 도덕 질서를 합리화하는 논거로 사용되었다(최영성, 2006: 157~158). 하지만 유학의 다른 흐름인 양명학에서 보면 분(分)의 논리는 이와 다르다. 분(分)은 인간의 천부적 재능에 따라 존재할 수밖에 없는데, 이때 분(分) 개념은 주자학의 정분론에서와 같은 계층적 신분 질서가 아니라 직분(職分)에 따른 사회 질서를 함축한다(조영록, 1968 참조). 다시 말해 신분이 아니라 자신의 천부적 재능에 바탕한 사회적 직무와 역할에 따라 행동하는 것이 인간의 직분인 것이다. 우주에 존재하는 하나의 이치를 터득하고 그 깨달음에 따라 자신의 재능과 역할에 맞게 어떤 속박에도 구애받지 않고 이를 행동으로 옮기는 것이 바로 분(分)의 의미가 된다. 그래서 인간의 직분이란 하늘의 이치를 깨달은 인간 본연의 마음이 기존의 권위에 얽매이지 않고 본성대로 행동한다는 의미를 지니게 된다. 이런 맥락에서 보면 분(分) 개념은 책임 그 자체보다는 책임의식의 바탕이 되는 인간 내면의 본성과 관련성이 더 높다고 할 수 있겠다.[17]

等, 所謂理一而分殊者也"(『경서(經書)』).

17 최영성은 이 인간 내면의 본성을 서양사상에서의 자유 개념과는 대비되는 동양사상에서의 '자유'로 개념화하고 있다. 인간이 책임의 주체인 이유가 바로 자유 혹은 자유의지 혹은 자율성을 담지한 존재이기 때문이라는 서양사상의 기본 도식을 원용하여, 자유에 대한 서양사상의 이해와 동양사상의 그것을 비교 분석하기 위해서다. 하지만 필자가 보기에 이러한 대비에는 다소 무리가 따르는 것 같다. 유가사상에서 '분(分)'의 의미 자체는 하늘의 이치와 이에 대한 깨달음에 기반하고 있는 직분과 관련이 있는 만큼, 개별자로서의 개인의 절대적인 주체성에 기반하고 있는 자

한편 '임(任)' 개념은 서양 철학에서의 책임 개념에 좀 더 가까이 다가가 있다. 사실 유학은 수기치인(修己治人)을 근간으로 하는 일종의 군자(君子)에 관한 학문이라고 할 수 있다. 즉, 군자가 자신의 수양과 깨달음을 통해 인간 사회를 바르게 이끌고 나가야 할 역할과 그에 수반되는 덕목을 특별히 강조하고 있다. 그런 면에서 모든 개인의 책임을 강조하는 서양 철학과는 책임이 거론되는 맥락이 다르고, 그런 연유로 책임의 문맥적 의미 또한 달라진다고 말할 수 있다. 유가사상에서 책임이란 오히려 도의상 하지 않으면 안 된다는 의미의 의무 혹은 책무 개념에 가깝다고 할 수 있다. 이를 뒷받침해주는 것이 바로 군자의 덕목으로 부여된 '우환(憂患)'의식과 '자임(自任)'의식이다(최영성, 2006: 161).

우선 유가사상에서 군자는 바른 치세(治世)를 위해 현실에 대한 위기의식을 느끼고 끊임없이 고민하는 도덕적으로 성숙한 인간상을 지니고 있다. 그래서 군자의 우환은 단순히 세속적인 근심에 머무르지 않고, 학문적 깨달음과 도덕적 수양을 제대로 닦았는지에 대한 근심 모두를 포괄한다. 이러한 깨달음과 수양은 자기 개인의 이해관계 차원에 머무르는 것이 아니라 공동체를 지향하고 있기에, 우환의식은 인간 공동체에 대한 책임의식과 밀접히 연관되어 있다고 할 수 있다. 우환의식, 달리 말해 현실에 대한 위기의식은 군자에게 있어 세상을 바르게 고쳐 인도하려는 책임의식 혹은 도덕적 책무로 이어지기 마

유 혹은 자유의지와는 근본적으로 사유 및 접근 방식이 다르다고 볼 수 있기 때문이대최영성(2006) 참조].

련이기 때문이다.

그렇게 이어지는 책임의식이 바로 '자임'의식이다. 유가사상에서는 인간 사회에 대해 세상의 도와 인간의 마음을 바로잡겠다는 사명의식이 강하다. 이 사명의식, 책임의식이 바로 자임의식이다. 군자는 이를 자신의 임무로 도리로 여겨야 한다는 것이다. 공자는 "새와 짐승은 (나와) 같이 짝을 지어 살 수 없다. 내가 이 세상 사람들과 짝을 지어 살지 아니하고 누구와 더불어 함께 살아갈 것이냐. 천하에 도가 있으면 내가 나서서 바꾸려고 하지 않아도 될 것이다"고 말함으로써, 세도자임(世道自任) 의식을 강하게 강조했다.[18]

정리하면 유가사상에서 책임 개념은 책무 혹은 의무 개념에 가깝다고 할 수 있다. 군자라면 세상의 이치에 대한 깨달음과 학문적 수양을 바탕으로 인간 사회 공동체를 바르게 인도해야 할 도덕적 책무가 있다는 것이다. 이러한 책무는 단순히 개인의 내면적 자유의지만의 자연스러운 발로이기보다는, 인간 사회가 처한 현실의 위기에 대한 근심 어린 통찰과 이를 바르게 인도하겠다는 도덕적 소명의식 혹은 사명의식과의 결합의 산물이다. 그런 까닭에 유가사상에서의 책임 개념은 행위 주체의 깨달음과 도덕적 수양에 바탕한 사회적 책무의 의미가 강하다고 말할 수 있다. 하지만 유가사상의 이러한 책임 개념은 비록 군자를 강조하는 측면이 두드러지지만, 이에 국한될 필요는 없고 오히려 다른 존재자들에게로 확대될 가능성이 높다고 할 수 있

---

18 『논어(論語)』, 「미자(微子) 06」, "[…] 夫子憮然曰 鳥獸 不可與同群 吾非斯人之徒 與 而誰與 天下有道 丘不與易也"(최영성, 2006: 168에서 재인용).

다. 다음의 주장이 이를 뒷받침해준다.

공자·맹자의 유학을 재해석하여 성리학을 만든 학자들은 인간을 비롯한 자연의 구성원들에게 자연으로부터 보편적인 도덕적 본성이 부여되었다고 주장하며 존재론과 가치론이 결합된 이론체계를 세웠다. 이에 따라 '오상'이라는 다섯 가지 윤리 개념은 이기론(理氣論)이라는 성리학의 존재론에 의해 뒷받침되어, '개체의 도덕본성은 곧 자연의 보편원리와 일치한다[性卽理]'라는 명제 아래서 개체에게 선천적으로 내재된 도덕적 본성으로 규정되었다(이중원·김형찬, 2016: 383).

한마디로 인간뿐 아니라 인간이 아닌 존재자들에게도 도덕적 본성을 부여할 수 있다고 본다. 물론 인간이 아닌 존재자가 인간과 동일한 수준의 도덕적 본성, 즉 '인의예지신'의 오상을 가지는 것은 아니고, 같은 인간에게서조차도 이 같은 도덕적 본성으로 인해 누구나 능숙한 윤리적 판단·행위자가 되는 것도 아니며, 끊임없는 수양과 공부를 통해야만 능숙한 군자의 경지에 도달할 수 있음을 강조하고 있다. 그런 연유로 오늘의 인공지능 시대에 그 본래적 의미를 살려, 군자와 같은 최상위 도덕적 행위자에서부터 보통의 능동적 행위자로서의 인간과 더불어 인간의 행동에 깊이 관여하는 인간 행위의 조정자로서의 인공지능 시스템을 포함한 행위자에 이르기까지, 그들이 감내해야 할 도덕적 책무의 의미로 확대 적용해볼 수 있을 것으로 기대된다.

3. 인공지능 시스템, 책임에서 책무로

1절에서도 언급했듯이 도덕철학에서 전통적인 책임 개념은 인간을 대상으로 하며, 개인 또는 집단이 다른 사람에 대해 도덕적이며 윤리적인 규범과 기준 및 전통에 따라 도덕적 의무를 가지고 있다는 사실을 나타내는 윤리적 개념이다. 일종의 의무의 묶음이라고 말할 수 있다. 이러한 책임 개념은 (여전히 논란이 있지만) 앞서 언급한 대로 대체로 다음의 조건들이 모두 충족된다면 적용될 수 있다. 행위자와 행위 결과 간의 인과적 연결, 행위 자체에 대한 행위자의 인지와 그 결과에 대한 어느 정도의 예견, 행동에 대한 행위자의 자발적이고 자유로운 선택이 바로 그 조건들이다. 여기서 첫 번째와 두 번째 조건은 인공지능 시스템을 하나의 행위자로 볼 때 적용해볼 수 있지만, 세 번째 조건은 (자율성 혹은 자유의지에 관한 많은 논란으로 인해) 아직까지는 통상적으로 인공지능 시스템에까지 적용하기란 쉽지 않아 보인다. 그런 의미에서 현 단계 혹은 가까운 미래의 인공지능 시스템을 독립적인 행위자로 보더라도, 이에 대해 인간 행위자 수준의 자율성이 반영된 전통적인 책임 개념을 적용하는 것은 어려워 보인다.[19] 그렇다면 자율주행자동차처럼 나름대로 독자적인 판단과 선택적 행동을 하

---

19 물론 향후 완전한 자율주행자동차가 등장한다면 이것의 자율성을 어떻게 볼 것인가에 따라 논의가 완전히 달라질 수 있다. 자율성 개념을 인간의 그것과 근본적으로 다른 것으로 보지 않고, 그간 인간에게 배타적으로 적용되어온 자율성 개념을 정도의 차이를 인정하는 수준에서 자율주행자동차에 적용할 수도 있기 때문이다.

는 인공지능 시스템에서 어떤 오류로 사고가 발생하는 경우, 우리는 그 사고와 관련하여 인공지능 시스템에게 무엇을 요구할 것인가?

아무래도 사고에 대한 합당한 설명(reasonable explanation)을 일차적으로 요구할 것이다. 이 설명에의 요구는 인공지능 시스템이 의사결정 과정에서 어디서 왜 그런 오류가 발생했는가를 스스로 해명할 수 있어야 한다는 요구로서, 이는 인공지능 시스템의 투명성 및 인간에 의한 통제 가능성이라는 측면에서 매우 중요하다. 이런 설명에의 요구 혹은 '설명 가능성(explainability)'의 요청은 책임 개념이 성립하기 위한 첫 번째 및 두 번째 조건들과도 일맥상통한다. 어떤 사고에 대한 책임을 묻기 위해선, 일차적으로 사고가 어떻게 그리고 왜 발생했는지에 대한 설명이 반드시 필요하기 때문이다. 그렇다면 좀 더 구체적으로 인공지능 시스템에 어떤 설명을 요구할 것인가? 적어도 다음의 질문들에 대한 답이 합당하게 제시되어야 한다. 첫째 의사결정 과정에 어떤 요소들이 중대한 역할을 하는가, 둘째 특정 요소들이 최종 결과에 어떻게 영향을 미치는가, 셋째 최종적으로 산출된 결과는 실제로 의미 있게 적용 가능한가이다.[20] 첫 번째 경우에는 신뢰할 수 없거나 부적절한 요소(입력 정보 등)의 개입이 오류를 낳을 것이고, 두

---

20 일반적으로 인공지능 시스템에 설명을 요구한다는 것은, 인공지능 시스템 안에서의 비트의 흐름을 밝혀달라는 것과 근본적으로 다르다. 인공지능 시스템이 최종 결론에 어떻게 도달하는지에 관한 기술적 세부 사항을 알고자 하는 것이 아니라, 어떤 요인들이 특정 상황에서 최종 결론 산출에 어떻게 작용하는지에 대한 대답을 듣고자 하는 것이다.

번째 경우에는 입력 요소와 최종 결과를 잇는 의사결정 시스템 자체에 비일관성이 있을 때 오류가 발생할 것이며, 마지막 경우에는 최종 산출 결과에 대한 불신이 커서 수용할 수 없을 때 역시 오류가 발생할 것이다.

이처럼 인공지능 시스템의 활용 과정에서 사고가 발생했을 때 이에 대한 합당한 설명을 요구하는 경우, 우리는 인공지능 시스템에 논란이 많은 책임(responsibility) 개념 대신에 설명에의 의무에 바탕한 책무(accountability) 개념을 (현 단계에서) 적용해볼 수 있을 것이다. 여기서 책무는 주로 자기 자신의 행동을 설명할 수 있는 능력에 기반하고 있기에, 인공지능 시스템에 대해 의사결정 과정을 설명하고 오류 또는 예기치 않은 결과를 식별할 수 있는 능력을 바탕으로 책무를 논할 수 있다. 책임과 책무는 다음과 같은 측면에서 서로 다르게 구분해볼 수 있다. 우선 책무 개념은 책임의 중요한 요건 가운데 하나인 자의식 혹은 자유의 문제로부터 일단 자유로울 수 있다. 책임에 대한 내면적인 자각이나 의식이 없더라도, 행위 주체에게 의무들의 묶음으로서의 책무를 충분히 부과할 수 있기 때문이다.[21] 다음으로 책무는 행위자보다는 행위 그 자체에 관심을 두는 반면, 책임은 궁극적으로 행위를 수행한 주체인 행위자에 초점을 둔다고 볼 수 있다.[22] 이에 근

---

21 가령 우리는 기업을 대상으로 기업의 사회적 책임을 강조하곤 하는데, 이때 책임은 기업이 기업으로서 사회적 역할을 충실히 다하라는 명령으로서 오히려 책무 개념에 더 가깝다고 할 수 있다.

22 책무는 위임에 의한 전이가 가능하다. 인간 행위자가 의사결정 및 관련 업무 자체

거해서 책임 개념은 인간에게, 책무 개념은 인간 이외의 행위자들에게 잠정적으로 구분하여 귀속시켜볼 수 있을 것이다. 그런 맥락에서 여기서는 정치윤리학자인 더브닉(Melvin J. Dubnick)의 논의를 좇아, 책임 개념과 구분되는 책무 개념을 인공지능 시스템에 적용해보고자 한다.

더브닉은 책무에 네 가지 유형이 있음을 강조하고 있다(Dubnick, 2003: 410~425). 첫째는 응답할 수 있음(answerability)으로서의 책무다. 행위자의 행위는 행위자의 판단과 합리적으로 연결되어 있기 때문에, 그에 따라 행위자는 자신의 행위와 태도에 대해 합당한 응답을 해야 한다. 이는 행위자의 책무에서 가장 비중이 높다. 둘째는 비난받을 만함(blameworthiness)으로서의 책무다. 이는 행위자 개인의 특별한 역할이나 행위와 관련된 것이 아니라, 행위자의 사회적 지위나 조직에서의 위치와 관련하여 지게 되는 책무다. 그러한 지위로 말미암아 비난을 받더라도 그로부터 부여받은 일을 할 수밖에 없는 사회적 관계가 중요하다. 셋째는 법적 의무(liability)로서의 책무다. 행위자가 법이나 사회적 규범에 따라 행동해야 한다는 의미의 책무다. 가령 어떤 권위 있는 기관(사법부, 경찰 등)으로부터 그의 행위에 대한 설명(경찰 조서 작성, 법적 증언 등)을 요청받은 경우, 사회 제도적인 차원에서

를 다른 행위자(가령 자율주행자동차의 인공지능 시스템)에게 위임하여 이를 대신 수행토록 했다면, 인간의 책무도 다른 행위자에게 이전되었다고 말할 수 있다. 그런 맥락에서 사람으로부터 업무 등을 위임받은 조직이나 시스템의 경우 그에 따른 책무가 매우 중요한 문제로 대두된다고 하겠다.

당연히 응답해야 함을 강조한다. 마지막 유형은 귀착 가능성(attribu-tability)으로서의 책무다. 가령 공직자나 공무원처럼, 어떤 행위자가 사회적인 계약에 따라 특정한 임무를 부여받은 경우 그 임무에 수반되는 규칙에 따라 업무를 수행해야 한다는 의미의 책무다. 첫 번째, 두 번째 책무가 행위자와 직접 관련이 있다면, 세 번째, 네 번째 책무는 행위자와 연관된 사건 혹은 상황과 관련이 깊다.

그렇다면 이러한 의미의 책무 개념을 또 다른 행위자로서 인공지능 시스템에 적합하게 적용할 수 있는가? 인공지능 시스템은 일종의 블랙박스이기 때문에, 알고리즘의 작동 결과로 특정한 사건이 발생할 경우 이에 대한 설명의 요구가 일차적으로 강하게 제기될 것이다.[23] 이러한 상황에서 위에 언급한 네 가지 유형의 책무를 인공지능 시스템에 적용하는 문제와 관련하여, 행위자의 행위가 준수해야 할

---

23 구체적으로 다음과 같은 질문들이 주로 제기될 것이다. 블랙박스에 해당하는 알고리즘을 어떻게 신뢰할 수 있는가, 신뢰가 떨어진 알고리즘의 사용을 어떻게 거부할 것인가, 알고리즘이 개인 프라이버시를 어느 정도까지 침해하는가, 알고리즘이 피해를 입혔을 때 누구 혹은 무엇이 책임을 져야 하는가, 인공지능 시스템은 그들의 의사결정 과정을 어떻게 설명하는가, 인공지능 시스템에서 나타날 수 있는 편향성은 어떻게 제거될 수 있는가 등이 그것이다. 실제로 인공지능 알고리즘은 실생활에 다양하게 응용되면서, 피해를 주기도 하고 차별을 강화하기도 하는 등 부정적인 역할을 하기도 한다. 다시 말해 알고리즘이 해서는 안 되는 일에 참여할 가능성은 언제나 열려 있고(Algorithmic Harm), 편향된 데이터로 인해 성별, 인종, 민족적 또는 종교적 이유로 사람들을 차별화(Algorithmic Discrimination)하는 데 악용될 수도 있다.

규칙이나 규범 또는 제도와 이것들을 준수하지 못함으로써 발생한 사고 과정에 대한 설명이 매우 중요함을 강조하고자 한다. 사례를 들어보자.

우선 교통사고를 일으킨 자율주행자동차의 경우를 생각해보자. 하나의 자율적 행위자로서 자율주행자동차는 당연히 사고에 대한 설명 요청이 있는 경우 이에 응답해야 할 책무를 갖는다. 나아가 이러한 설명에의 요구가 권위를 지닌 국가 기관이나 사회 제도 차원에서 요청된다면, 인공지능 시스템 역시 하나의 행위자로서 세 번째 언급한 법적 책무도 져야 할 것이다. 다음으로 소위 인공지능 판사라 불리는 로스(Ross)와 인공지능 의사라 일컬어지는 왓슨(Watson)의 경우를 보자. 이들은 각기 특정한 임무를 수행하도록 설계·제작된 만큼, 귀착 가능성으로서의 책무를 지닌다. 즉, 부여된 임무를 충실히 수행해야 하는 만큼 임무 수행에 수반되는 규칙을 잘 지켜야 할 책무가 있는 것이다. 또한 로스 프로그램이 재판 과정에 관여하여 사고가 발생했다면, 그리고 왓슨 프로그램이 환자의 질병 분석과 치료 과정에 관여해 사고가 났다면, 어떻게 사고가 났는지 법적 절차를 통해 설명해야 하는 법적인 책무 또한 가진다. 즉, 국가 기관이나 법에 의해 설명 요청이 있는 경우 이에 응해야 한다. 인공지능 군사 로봇의 경우도 이와 매우 유사하다. 또 다른 사례로 인공지능 섹스 로봇과 인공지능 돌봄 로봇의 경우를 생각해보자. 이들의 경우 비난받을 만함으로서의 책무를 지닌다. 그들이 제공하는 특정한 서비스로 말미암아 사용자와 맺게 되는 사회적 신분 관계 때문이다. 또한 이들은 각기 특수한 임무를 수행하도록 설계·제작된 만큼, 임무 수행에 수반되는 규칙을 잘 지켜야 할 귀착 가능성으로서의 책무도 갖는다. 만약 이들로 인해 사고가 발생한 경우, 어떻게 사고가 났는지 법적 절차를 통해 설명해야 하는 법적인 책무 또한 가진다. 한편 인공지능 시스템이 경찰을 도와 우범지역에서의 범인 색출이나 범죄 예방과 같은 껄끄러운 공적인 역할을 수행하는 경우, 이 인공지능 시스템은 하나의 행위자로서 비난받을 만한 책무뿐 아니라 귀착 가능성으로서의 책무를 가지고 있다고 말할 수 있을 것이다.

정리하면 수많은 인공지능 시스템들에 적용될 수 있는 책무 개념의 핵심은 사고가 발생했을 때 인공지능 시스템이 관련 규칙 또는 규범을 준수했는지를 포함하여 사고가 어떤 과정을 통해 발생했는지를 설명하는 것이다. 이는 인공지능 시스템이 어떤 정보들에 근거해서 그러한 행위를 선택하게 되었는지 그 전개 과정을 단순히 기술하는 응답을 뛰어넘어, 그러한 행위 전개 과정에서 주어진 임무에 충실하고자 관련 규칙이나 제도 또는 윤리 규범을 제대로 준수했는지, 나아가 법적 규범이 있을 경우 이를 준수했는지에 대한 설명을 포함한다. 결국 다양한 상황에서 설명을 기반으로 그 행위에 걸맞게 다양한 책무, 곧 사고와 관련한 단순한 응답에서부터 사회적·도덕적·법적 차원의 책무까지 다양하게 부과할 수 있을 것이다.

4. '설명 가능한 인공지능 시스템'을 통한 책무성 구현

앞서 보았듯이 인공지능 시스템도 하나의 행위자로서 자신의 판단과 행위에 대해 모종의 책무를 가져야 하는데, 이 책무에서 가장 기본이 되는 부분이 바로 설명에 대한 요구에 응답하는 것이다. 따라서 만약 설명 가능한 인공지능 시스템을 기술적으로 구현할 수 있다면, 이는 인간 행위자와 유사하게 인공지능 시스템에게 어떤 책무를 부여하는 것이고 사회적·윤리적·법적으로 인간에게 피해를 주지 않는 인공지능 시스템을 만드는 것이 될 것이다. 그렇다면 '설명 가능한 인공지능 시스템'은 실제로 기술적으로 구현 가능한가? 이를 논하기 위해서는 우선 '설명 가능함'이라는 조건이 내포하는 의미를 보다 구체적으로 밝히는 것이 중요하다.

첫째, 설명 가능함은 인공지능 시스템에서의 디지털 비트의 전반적 흐름을 파악하는 것을 목적으로 하지 않는다. 인공지능 시스템이 입력에서 출력까지 기술적 차원에서 어떻게 작동하는지에 관한 전반적인 세부 사항이 아니라, 어떤 요인(혹은 요소)들이 특정 상황에서 어떻게 특정한 결과 산출에 작용하는지에 관심을 갖는다. 다시 말해 인공지능 시스템 작용 전반에 대한 설명이라기보다는, 특정의 결정 과정에 대한 국소적인 설명(local explanation)을 함축한다.[24] 둘째, 설명

---

24 이와 관련해서 인공지능 시스템에 대해 다음과 같은 질문들에 대한 합당한 설명이 필요하다. 가령 결정 과정에 어떤 요소들이 중요한 역할을 했는가? 어떤 요소의 변화가 결정의 변화에 영향을 미쳤는가? 2개의 유사한 사례들에 대해 왜 서로 다른 결정이 이루어졌는가? 등등. 여기서 어떤 요소가 결과를 결정하는 데 관련되며 또 어떤 요소가 결과에서의 차이를 일으키는지를 파악하기 위해서는 인과적 설명 방식과 반사실적(counterfactual) 접근 방식을 도입하는 것이 매우 효과적이다.

그림 7-1

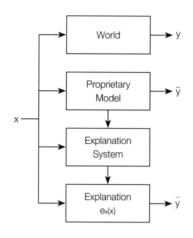

가능함은 단지 입력 정보와 출력 결과 사이의 특정한 연관 관계를 밝혀주는 것에 그치지 않고, 최종적인 출력 결과 및 관련 행위가 함축하는 사회적·도덕적·법적 함의들을 밝혀내고 이 함의들이 기존의 규범 틀 안에서 어떤 문제를 일으키는지 드러냄으로써 행위 결과의 오류와 문제점을 어느 정도 진단해줄 수 있어야 함을 반영하고 있다. 이는 인공지능 시스템 안에서 이루어진 의사결정 과정이 단순히 비트의 흐름 차원에서 어떻게 기술되는가를 넘어서서, 그러한 비트의 흐름이 의미론적 차원에서 인간에게 유의미하게 이해되어야 함을 전제한다. 따라서 이 경우 최종 결과 및 관련 행위가 사회적·도덕적·법적인 다양한 맥락에서 어떻게 그 의미가 해석되는지가 설명에서 매우 중요해진다. 그림 7-1은 설명 가능한 인공지능 시스템의 구조를 도식적으로 표현한 것이다(Doshi-Velez and Kortz, 2017: 8).[25]

이 그림이 말해주는 설명 가능한 인공지능 시스템의 특징은 다음과 같다. 첫째, 그 안에서 세계를 모델화하여 어떤 판단과 행동을 수행하는 인공지능 시스템과 이의 의사결정 과정을 인간에게 유의미하게 해석해주는 설명 시스템은 구분되어 있다. 다시 말해 인공지능 시스템에 요청된 설명의 요구는 이와는 별도의 설명 시스템에 의해 이루어진다. 인공지능 시스템 자체는 일부 입력(x)을 받아 예측(ŷ)을 이끌어내는 블랙박스이지만, 설명 시스템은 동일한 입력(x)에 대해 예측(ȳ)을 이끌어내고 이 과정을 해석할 수 있는 해석규칙(ex: x → ȳ)을 갖고 있다.[26] 이를 통해 어떤 입력 x에 대해 설명 시스템에 의한 예측(ȳ)이 인공지능 시스템에 의한 예측(ŷ)과 같은지 혹은 다른지를 확인함으로써, 인공지능 시스템 어디에 어떤 문제가 발생했는지를 설명할 수 있게 된다. 원리는 매우 간단하다.

둘째, 그런데 설명 시스템에서 이러한 설명이 가능하려면 인공지능 시스템의 디지털 입력 정보와 기호들을 인간이 해석할 수 있는 언어 또는 개념으로 변환하는 것이 필요하다. 이러한 변환은 결국 비트 정보, 곧 디지털 기호들과 인간의 언어 간에 의미론적 연결을 어떻게 구성하는가, 달리 말해 해석규칙(ex: x → ȳ)을 어떻게 설정하는가에

---

25 http://nrs.harvard.edu/urn-3:HUL.InstRepos:34372584
26 가령 자율주행자동차는 다수의 센서들을 통해 시각 입력 데이터를 고차원적인 수준까지 표상할 수 있지만, 인간의 두뇌는 이미 그러한 시각 입력 데이터를 나무나 거리 표지와 같은 상위 개념으로 전환시킬 수 있다. 이 경우 자율주행자동차가 인공지능 시스템이라면, 여기서 산출된 결과들을 개념으로 전환하여 그 의미까지 이해하는 인간의 두뇌는 일종의 설명 시스템이라고 비유적으로 말할 수 있다.

달려 있다. 가장 기초적인 형태는 해석규칙을 양자 간 대응규칙의 형태로 하향식으로 설정하는 것이다. 그러나 이는 어떤 기호 집합이 어떤 개념 정보에 대응하는가를 정의하는 과정 자체의 어려움과 복잡함, 그리고 이로 인해 수많은 기호 집합들이 개념 정보와의 대응관계 설정에서 사실상 배제됨으로써 발생하는 설명의 결함과 같은 문제들을 안고 있다. 보다 세련된 형태는 디지털 기호들의 집합이 개념적 의미를 획득할 수 있도록 개념 학습 알고리즘을 도입하여 해석규칙을 상향식으로 구축하는 것이다. 설명 시스템이 개념 학습 알고리즘을 통해 개념적 사고를 하고 개념의 의미를 파악할 수 있게 된다면, 비트들의 흐름에 대한 유의미한 설명이 충분히 가능하기 때문이다. 그런데 현재의 학습 알고리즘은 의미 자체를 아예 고려하지 못하는 패턴 인식 수준에 머물러 있기에, 현재적 차원에서 '설명 가능한 인공지능 시스템'을 기술적으로 구현하는 것은 쉽지 않다. 하지만 머지않은 미래에는 충분히 가능할 것으로 본다.

결국 설명 가능한 인공지능 시스템 설계에서 관건은 설명 시스템의 알고리즘이다. 만약 설명 시스템의 알고리즘이 인공지능 시스템이 출력한 최종 정보를 인간이 해석할 수 있는 언어 혹은 개념으로 번역할 수 있다면, 설명 가능한 인공지능 시스템은 구축 가능할 것이다. 하지만 이런 알고리즘이 구축된다 할지라도, 다음의 문제들은 여전히 남는다. 실제로 알고리즘은 성별, 인종, 민족, 종교 등을 이유로 사람들을 충분히 차별할 수 있다. 또한 알고리즘의 의사결정 과정은 이전 의사결정자의 편견을 이어받거나 사회에서 지속되는 광범위한 편향을 반영하여 기존 차별 패턴을 재현하고 강화할 수 있다. 이는 설명 가능한 인공지능 시스템을 통해 인공지능 시스템의 책무성을 구현하는 것이 중요한 의미가 있음에도 불구하고, 많은 어려움이 있음을 암시한다.

5. 책무성 중심의 윤리 프레임을 위하여

지금까지 우리는 인공지능 시스템에서 문제가 되는 사건이 발생할 경우 이의 의사결정 과정에 대한 설명을 수행해야 하는 책무를 인공지능 시스템에 부과할 수 있다고 주장했다. 그리고 여기서 설명은 기술적인 차원에서 모든 비트의 흐름을 명백히 밝혀내는 것이 아니라, 문제가 된 특정한 결과를 산출하는 데 어떤 입력 요소들이 작용했는지, 그러한 입력 요소들 가운데 결정적인 것은 무엇인지, 알고리즘은 신뢰할 수 있는지, 그리고 특정의 최종 결과가 사회적·윤리적·법적으로 어떤 함의를 지니는지 등을 밝혀내는 것을 의미한다고 보았다. 그런데 이처럼 설명이 가능한 부분들을 만약 설명 시스템의 알고리즘 안에 처음부터 반영하여 전체 의사결정 과정을 구성한다면, 인공지능 시스템은 문제의 사건이 발생할 때마다 자체적으로 오류가 어디에 있는지 밝혀낼 수 있게 될 것이다. 이런 방식으로 잘못된 의사결정 과정 자체를 알고리즘상에서 사전에 예방할 수 있을지도 모른다. 오늘날 책임질 수 있는 인공지능 시스템을 개발하려는 많은 개발자들이 구축을 서두르고 있는 소위 '설명 가능한 인공지능 시스템'은 바로 이를 지향하고 있다. 이는 자신이 지닌 행위 능력에 따라 스스로 행동을 조절하고 통제할 줄 아는 인공지능 시스템을 개발해야 한다는 말에 다름 아니다.

이러한 '설명 가능한 인공지능 시스템'의 등장은 인공지능 윤리와 관련하여 중요한 시사점을 우리에게 던져준다. 첫째, 인공지능 시스템을 단순히 윤리적 사고와 판단의 대상이 아니라, 부분적이고 제한적인 의미겠지만 윤리적 행위의 주체로 간주할 수 있도록 한다는 점이다. 인공지능 시스템에서의 설명 가능성은 기본적인 응답의 책무를 포함하여, 다양한 상황에 따른 비난받을 만함으로서의 사회적 책무, 법적 책무, 귀속 가능성으로서의 책무의 핵심 토대가 된다. 따라서 그 연장선상에 있는 도덕적·윤리적 책임에 대해서도 중요한 기반이 될 수 있고, 그러한 맥락에서 자유의지를 갖춘 인간에게만 부여되어온 전통적인 의미의 도덕적·윤리적 책임의 주체는 아니지만, 책무의 담지자로서 넓은 의미의 책임의 주체로 볼 수 있다는 것이다.

둘째, 그럼에도 설명 가능성은 책무의 담지자인 인공지능 시스템이 넓은 의미의 책임의 주체가 되기 위한 필요조건이지 충분조건은 되지 못한다. 비록 설명을 통해 책임의 소재, 즉 귀책 사유가 밝혀졌다 하더라도, 그 결과에 대해 누가 어떻게 책임질 것인가의 문제는 여전히 남아 있기 때문이다. 그런데 (어떤 의미에서건) 책임의 주체가 되기 위해서는 이 문제가 매우 중요하다. 예를 들어 교통사고를 낸 자율주행자동차의 경우를 생각해보자. 자율주행자동차가 책무 차원에서 설명 알고리즘을 통해 사고가 어떤 경위를 통해 왜 발생했는지를 소상히 밝혔다 해도, 그 결과에 대한 책임을 자율주행자동차가 질 것인지 아니면 자율주행자동차의 설계자 혹은 제작자 혹은 사용자인 인간이 져야 할 것인지의 문제는 남는다. 만약 자율주행자동차의 설계 혹은 제작 혹은 사용 과정에서 인간의 실수나 오류로 사고가 발생했다면, 책임의 주체는 당연히 인간이 될 것이고 자율주행자동차는 책무의 담지자로서 자신의 역할을 충실히 했다고 말할 수 있을 것이다. 그런데 만약 사고의 원인이 아무리 규명해도 인간의 오류나 실수에 의한 것으로 명확하게 밝혀지지 않는다면, 우리는 책임의 주체를 인간이 아닌 인공지능 시스템으로 볼 수밖에 없는 매우 당황스러운 상황에 처하게 된다. 이럴 경우 책임의 주체를 인간에게만 한정한다면 앞서 언급한 책임 공백의 문제가 발생할 것이고, 인간이 아닌 인공지능 시스템에게까지 책임의 주체 범위를 확대한다면 책임 개념의 의미가 달라져야 할 것이다.

후자의 논의는 미래의 인공지능 윤리와 관련해서 매우 중요한 문제로, 이에 대해 지금까지의 논의를 바탕으로 다음과 같은 주장을 조심스럽게 시도해볼 수 있을 것이다. 이 경우 인공지능 시스템에 대해 자유의지를 갖춘 인간에게만 부여되어온 전통적인 의미의 책임 개념 대신, 앞서 분석한 레비나스의 책임 개념을 타율성과 대속성을 중심으로 완화시켜 적용해보는 것이다. 앞서 분석했듯이 책무성 개념은 인간만을 염두에 둔 자유의지를 군이 상정할 필요가 없다는 점에서 이를 전제조건으로 제시하지 않고 있는 레비나스의 책임 개념과 어느 정도 맞닿아 있다고 할 수 있다. 또한 인간뿐 아니라 인간이 아닌 존재자들에게도 제한적 의미의 도덕적 본성을 부여하는 유가사상도 전통적인 도덕철학에서의 책임 개념을 완화한 것으로 볼 수 있다. 이를 기반으로 한다면 미래에 발전할 인공지능 시스템에 대해서는 이와 같은 의미에서 책임을 부여해볼 수 있을 것으로 기대된다.

하지만 인공지능 시스템이 아직은 고도로 발전하지 못하고 있고, (레비나스 책임 개념의 완화와 같은) 도덕적 책임 개념의 확장을 위한 철학적 논의 또한 제대로 이루어지지 못한 상황에서, 책임 개념을 인공지능 시스템에 적용하기란 당분간 어려워 보인다. 윤리학의 현재 발전 수준이나 현재의 기술적 상황 등을 종합해본다면, 책임은 당분간 인간에게 부여하는 것이 타당해 보인다. 그런 맥락에서 인공지능 시스템의 행위에 대한 윤리적 판단은 당분간 그것의 책무성의 범위 안에서 이루어지는 것이 적절하다고 할 수 있다. 앞으로 인공지능 시스템이 고도로 발전하여 인간과 거의 유사하게 자율적으로 생각하고 행동하는 상황이 된다면, 그리고 도덕적 책임 개념 또한 지속적인 철학적 성찰을 통해 보다 체계적으로 그 의미가 완화되고 확장될 수 있다면, 향후 인공지능 시스템에 대해서 도덕적 책임의 문제를 책무의 연장선상에서 거론해볼 수 있을 것으로 기대할 수 있다. 이것이 책무성 중심의 인공지능 윤리의 기본 아이디어다.

이제 책무성 중심의 인공지능 윤리가 성립하려면 어떤 요소들이 필요하고 어떤 조건들이 충족되어야 하는지 그 프레임의 구축 방향을 언급하는 선에서 논의를 마무리하고자 한다. 우선 인공지능 시스템의 설명과 관련하여 어떤 부분에 대한 설명이 책무와 관련하여 필요하고 중요한지 관련 상세 항목들을 적시하고 이를 바탕으로 이 설명 메커니즘을 보편적인 알고리즘 형태로 구현하는 것이다. 다음으로 이러한 설명 알고리즘의 토대 위에서, 해당 인공지능 시스템의 행위 결과를 놓고 실제적으로 사회적 차원, 법적 차원 그리고 윤리적 차원에서 설명 요청이 있을 경우, 인간이 그 의미를 이해할 수 있는 방식으로 이에 대한 설명을 제공하는 것이다. 마지막으로 행위 결과에 대한 사회적·법적·윤리적 차원에서의 세분화된 인공지능 시스템 자신의 설명과 인공지능 시스템도 지켜야 할 인간의 사회적·법적·윤리적 차원에서의 의무 준칙들과 대조하는 방식으로, 인공지능 시스템의 행위를 윤리적으로 평가하는 것이다. 이는 책무성 중심으로 인공지능의 윤리 프레임을 구축하는 데 중요한 기반이 될 것이다.

7장 참고문헌

『경서(經書)』.
『논어(論語)』. 「미자(微子) 06」.
『맹자집주(孟子集註)』. 「진심상(盡心上) 45」.

김홍경. 1989. 「주희 이일분수론의 두 가지 이론적 원천」. ≪동양철학연구≫, 10권, 173~
　　215쪽.
아리스토텔레스(Aristotle). 1984. 『니코마코스 윤리학』. 최명관 옮김. 서광사.
요나스, 한스(Hans Jonas). 1994. 『책임의 원칙: 기술시대의 생태학적 윤리』. 이진우 옮
　　김. 서광사.
이유택. 2008. 「책임에 관한 철학적 성찰-레비나스와 요나스를 중심으로」, ≪현대유럽철
　　학연구≫, 제17집, 63~94쪽.
이중원. 2018. 「인공지능과 관계적 자율성」. 이중원 외. 『인공지능의 존재론』. 파주: 한
　　울아카데미.
＿＿＿. 2019. 「인공지능에게 책임을 부과할 수 있는가?: 책무성 중심의 인공지능 윤리 모
　　색」. ≪과학 철학≫, 22권 2호, 79~104쪽.
이중원·김형찬. 2016. 「로봇의 존재론적 지위에 관한 동·서 철학적 고찰-비인간적 인격
　　체로서의 가능성을 중심으로」. 김상환·박영선·장태순 엮음. 『동서의 학문과 창조:
　　창의성이란 무엇인가?』. 이학사.
조영록. 1968. 「양명학에 있어서 '분(分)'의 문제」. ≪동양사학연구≫, 제6집.
최영성. 2006. 「유가사상에서의 자유와 책임」. ≪가톨릭 철학≫, 제8호, 148~176쪽.

Bijker, W., T. Hughes, and T. Pinch(eds.). 1987. *The Social Construction of Techno-*
　　logical Systems. Cambridge, MA: The MIT Press.
Doshi-Velez, F. and M. Kortz. 2017. "Accountability of AI Under the Law: The Role of
　　Explanation." Berkman Klein Center Working Group on Explanation and the
　　Law, Berkman Klein Center for Internet & Society working paper. http://nrs.har-
　　vard.edu/urn-3:HUL.InstRepos:34372584
Dubnick, M. J. 2003. "Accountability And Ethics: Reconsidering the Relationships." *In-*
　　ternational Journal of Organization Theory and Behavior, 6(3):405~441.
Eshleman, A. 2014. "Worthy of Praise: Responsibility and Better-than- Minimally-De-
　　cent Agency." in David Shoemaker and Neal Tognazzini(ed.). *Oxford Studies in*

Agency and Responsibility, Volume 2 'Freedom and Resentment'. Oxford University Press.

Floridi, L. 2013. "Distributed morality in an information society." *Science and Engineering Ethics*, 19(3):727~743.

_____. 2016. "Faultless responsibility: on the nature and allocation of moral responsibility for distributed moral actions." *Philosophical Transactions of the Royal Society A*(Mathematical Physical and Engineering Sciences), 374(2083). https://doi.org/10.1098/rsta.2016.0112

Friedman, B. 1990. "Moral Responsibility and Computer Technology." Paper Presented at the Annual Meeting of the American Educational Research Association, Boston, Massachusetts.

Hand, S.(eds.) 1989. *The Levinas Reader.* by Emmanuel Levinas. MA: Balckwell.

Hildebrand, C. H. 2012. *Kant and Moral Responsibility.* dissertation paper, University of Ottawa.

Johnson, D. G. 2001. *Computer Ethics*, 3rd edition. Upper Saddle River, New Jersey: Prentice Hall.

Johnson, R. and A. Cureton. 2016. "Kant's Moral philosophy." *Stanford Encyclopedia of Philosophy.* https://plato.stanford.edu/entries/kant-moral/

Jonas, H. 1984. *The Imperative of Responsibility : In search of an Ethics for the Technological Age.* Chicago: The Chicago University Press.

Lingis, A.(trans.) 1969. *Totality and Infinity: An Essay on Exteriority.* by Emmanuel Levinas. Pittsburgh, PA: Duquesne University Press.

Matthias, A. 2004. "The responsibility gap: Ascribing responsibility for the actions of learning automata." *Ethics and Information Technology*, 6:175~183.

Nidditch, P. H.(eds.) 1992. *A Treatise of Human Nature.* by David Hume. Oxford.

Nissenbaum, H. 1994. "Computing and Accountability." *Communications of the Association for Computing Machinery*, 37(1):72~80.

Robson, J. M.(eds.) 1977. "On Liberty." *Essays on Politics and Society,* pp.213~310. by John Stuart Mill. University of Toronto Press.

Waelbers, K. 2009. "Technological Delegation: Responsibility for the Unintended." *Science & Engineering Ethics*, 15(1):51~68.

8장
인공지능, 또 다른 타자*

신상규

1. 논의의 배경

    도덕적 가치를 지녀서 존중의 대상이 되거나 도덕적 의무나 권리를 갖는 존재를 도덕적 지위를 지닌 도덕적 존재라고 말할 수 있다. 어떤 존재의 도덕적 지위는 크게 행위자와 피동자라는 두 가지 차원에서 말할 수 있다. 도덕 행위자는 도덕 행위의 주체로서 도덕적 행위 능력을 가지며 자신의 행위에 따른 결과에 대해서 책임을 질 수 있는 존재를 가리키는 표현이다. 이에 비해 도덕 피동자는 도덕적 이해관

---

* 이 글은 ≪철학연구≫, 제149집(2019), 243~273쪽에 수록된 「인공지능의 도덕적 지위와 관계론적 접근」을 이 책의 취지에 맞게 일부 수정하고 재구성한 것이다.

계를 갖기 때문에, 도덕 행위자가 행위를 함에 있어서 그 존재에게 끼치는 영향이나 권리 침해를 고려해야만 하는 존재를 가리키는 표현이다. 설령 스스로 도덕적 행동을 할 수 있는 주체적 능력은 없는 존재라 하더라도 도덕적 피동자가 될 수 있다.

오랜 기간 도덕적 지위의 문제는 도덕 행위자의 차원에서 논의되었으며, 전통적인 의미의 도덕 행위자는 인격(person)적인 존재로 국한되었다. 인격체로서의 행위자가 되기 위해서는 이성, 의식, 자유의지와 같이 책임의 귀속에 필요해 보이는 특징을 갖추고 있어야 한다고 간주되었다. 도덕적 존재의 범위를 결정하는 문제는 도덕적 권리나 의무를 갖는 도덕 주체의 공동체에 누구를 포함시킬 것인지를 결정하는 배제적 결정의 문제와 연관되어 있었으며, 역사적으로 그 외연이 확장되는 방식으로 변화해왔다. 인류 역사는 어떤 의미에서 도덕적 행위자의 외연 확장에 대한 도전과 승리의 역사, 혹은 타자에 대한 배제와 포섭의 역사였다고 말할 수 있다.

최근 서양 윤리학의 중요한 변화 중의 하나는 행위자 중심에서 피동자 중심의 윤리학으로의 전환이다. 즉, 윤리를 행위 주체가 아니라, 행위로 인하여 영향을 받게 되는 도덕적 이해관계(interest)를 가진 피동자의 관점에서 접근할 필요가 있다는 것이다. 이를 통해 도덕적 행위자와 피동자의 범위가 서로 달라지게 된다. 피동자 중심의 윤리학은 윤리를 행위 주체의 관점이 아니라, 행위로 인하여 영향을 받게 되는 도덕적 이해관계를 가진 피동자의 관점에서 접근한다. 싱어(Peter Singer)의 동물해방론처럼 동물의 권리와 관련된 철학이 그 대표 사례이다.

도덕적 피동자의 범위를 모든 동식물뿐 아니라 산과 바다와 같은 자연 세계를 포함하도록 확장하려는 생태적 환경윤리 또한 피동자 중심의 윤리학이다. 피동자 중심 윤리의 현대적 의의는 자연 세계에서 인간의 검증되지 않은 특권적 위치를 문제 삼고 윤리학의 인간중심주의적 전통에 도전한다는 점에 있다. 달리 말해서, 도덕적으로 유의미하고 중요한 존재를 단지 다른 '인간'들로만 국한하는 것이 아니라, 지금까지 도덕적 공동체에서 배제되어 있던 모든 종류의 존재로 확장할 가능성을 열어놓는다는 것이다. 우리는 이제 AI와 같은 기술적 존재에게도 도덕적 지위를 부여해야 하는가의 문제에 직면해 있다. 이 글은 인공지능이나 AI 로봇과 같은 존재의 도덕적 지위 문제에 접근하는 대안적 관점들을 소개하는 데 그 목적이 있다.

2. 도구라는 언어 문법

컴퓨터나 자동차를 비롯한 기계 혹은 기술적 대상들은 어디까지나 인간 생활의 편의를 돕기 위해 만들어진 "도구"에 불과하다는 것이 우리의 일반적인 생각이다. 그러나 인공지능의 출현 이후 이런 일상적 직관과 충돌하는 사건들이 점점 더 자주 일어나고 있다. 2015년 일본의 치바현에 있는 한 사찰에서는 소니의 로봇 강아지 아이보(AIBO)에 대한 합동 장례식이 열린 바 있다. 아이보의 주인들은 더 이상 작동하지 않는 자신의 로봇에 대해 마치 오랜 기간 함께했던 반려견을 떠나보내는 것처럼 애도를 표현했다. 구글의 자회사인 보스턴 다이

내믹스(Boston Dynamics)가 만든 4족 보행 로봇 스팟(Spot)의 시연 동영상을 두고 인터넷에서는 '로봇 학대' 논란이 일기도 했다. 이 동영상 속에서 한 연구원은 걷거나 서 있는 스팟을 발로 찬다. 스팟은 잠시 비틀거린 다음에 이내 균형을 되찾는 모습을 보여준다. 스팟은 비록 머리가 없이 몸통과 다리만으로 이루어진 로봇이지만, 비틀거리며 중심을 잡으려 애쓰는 모습이 사람들의 동정심을 자극한 것이다. 동영상을 본 많은 사람들은 SNS를 통하여 '로봇 학대'를 성토하는 수많은 댓글을 달기 시작했고, 로봇 동물에 대한 잔혹 행위나 학대의 중지를 요구하는 웹사이트도 생겨났다.

물론 아이보나 스팟은 알고리듬에 의해 작동하는 기계에 불과하며, 지금의 통상적 기준으로 보아서 '인격적인' 존재이거나 정서 혹은 도덕적인 배려의 대상은 아니라고 판단된다. 물론 사람들도 지성적인 인식의 차원에서 그러한 사실을 정확히 알고 있다. 그럼에도 불구하고, 사람들은 그것들의 반응이나 행동에 모종의 인간적 감정을 투사하고 정서적으로 반응하며 행동한다. 물론 기계나 사물에 대해 감정을 투사하는 일이 꼭 인공지능 기술로 인하여 생겨난 현상은 아니다. 이전에도 어릴 적 가지고 놀던 인형이나, 처음으로 산 자동차, 사랑하는 이로부터 선물받은 물건 등에 대하여 애착 관계를 형성하는 사람이 있었다. 하지만 이는 일반적인 현상이라기보다 일부 소수의 사람에게 일어나는 예외적인 현상에 가까웠다. 그런데 인공지능은 그것이 갖는 상호작용성과 '자발성' 때문에 사람이 훨씬 더 쉽게 정서적 관계에 빠지도록 만드는 것처럼 보인다. 우리는 이러한 행동들을 여전히 일부 특이한 사람들에 한정되어 일어나는 일탈적 현상으로 간주해야 하는 것일까? 아니면 인간과 기계 사이에 발생할 수 있는 정서적 관계에서 모종의 중요한 변화가 일어나고 있는 것일까?

'로봇 학대'에 대한 비난이나 '로봇의 명복'을 비는 행위에 대해서 우리가 보이는 일차적인 반응은 그러한 인식 자체가 개념적인 범주의 혼돈에 빠져 있다는 것이다. '학대'나 '명복'과 같은 표현은 기본적으로 고통이나 즐거움과 같은 내적 경험이 가능한 존재에게만 적용될 수 있다. 그런데, 기계는 무엇인가를 느끼는 주관적 경험 상태를 가질 수 없으며, 물리적인 운동 법칙에 따라 작동하는 무생물에 불과하다. 그러므로 비유적인 경우를 제외한다면, 이런 기계에게 '학대'나 '명복'과 같은 개념을 적용하는 일 자체가 모종의 개념적 오류에 해당하는 것처럼 보인다. 오늘날 우리가 상식 수준에서 동의할 수 있는 결론은 아마도 이런 정도의 생각일 것이다. 따라서 우리는 앞서 언급한 사례들을 인간의 감정을 기계적인 로봇에게 투사하여 발생한 의인화의 해프닝으로 치부하게 된다.

문제는 이러한 상식적 판단이 세계나 존재자들 간의 관계에 대한 우리의 이해를 지배하는 오늘날 혹은 근대의 언어 문법을 반영하고 있다는 것이다. 우리 인류는 아주 오랜 기간 자연 사물을 포함한 모든 대상에게 영혼과 비슷한 어떤 것이 깃들어 있다고 믿은 적이 있다. 그러나 근대 과학의 발전과 함께 이러한 생각은 점차 무지의 소산에 불과한 미신적 생각으로 간주되기 시작했으며, 지금은 그 같은 생각을 진지하게 받아들이는 사람이 거의 없다. 하지만 당시의 언어 문법에 입각해서 본다면, 나무나 돌에 영혼이 있다고 믿는 것이 오히려 상식적인 일이었을지 모른다.

오늘날 우리가 세계를 이해하는 언어 문법은 많은 부분 정신과 신체, 인간과 동물, 생명과 기계, 인공과 자연의 구분 같은 여러 이원적인 (근대적) 범주의 구분에 기초해 있다. 이러한 이원적 범주들은 다양한 존재자들의 본성이 무엇인지에 대한 우리의 상식적인 이해를 상당 부분 속박 혹은 제약하고, 그러한 존재들을 어떻게 대우하고 처우해야 하는지와 관련된 윤리나 도덕, 정서적 판단에 대해서도 중요한 실천적 함축을 갖게 된다. 다시 말해서 이러한 이원적인 의미망 혹은 언어 문법은 인간이 어떤 존재이며 그 본성은 무엇인지, 인간 아닌 다른(non-human) 존재의 본성은 무엇이며, 인간과 비인간 존재 사이의 차이는 무엇인지에 대한 우리의 상식을 구성한다. 우리 인간이 다른 비인간 존재들과 맺게 되는 관계나 실천적 행동의 방식을 규제하고 제약하는 것도 바로 이러한 상식이다. 우리가 하는 어떤 행동이 정상이라거나 자연스럽다는 판단은 바로 이러한 상식의 토대 위에서 이루어지는 것이다. 그런데 이러한 언어 문법 혹은 상식은 고정된 것이 아니다. 이는 과학이나 사회적·문화적인 발전에 의해 조건지워지는 삶의 양식과 함께 변화해왔다.

3. 기계 문제

근대적인 인간 이해의 출발점을 제공했던 데카르트(René Descartes)에 따르면, 인간은 정신과 물질적 신체가 합성된 복합적인 존재이다. 여기서 정신은 다른 존재자들과 구분하여 인간의 유일함을 규정하는 동시에 인간이 갖는 특권적 지위를 정당화하는 핵심적인 특성이다. 데카르트는 인간을 제외한 모든 동물은 단지 인과적 법칙의 지배를 받는 기계에 불과하다고 간주했다. 여기서 우리는 도덕적 지위라는 차원에서 동물과 기계 사이에 아무런 차이가 존재하지 않으며, 기계라는 개념(범주) 자체가 영혼 혹은 정신의 대립항으로서 동물에게 도덕적 지위를 배제하는 핵심적인 규준으로 작용하고 있음에 주목할 필요가 있다. 데카르트에 따르면 인간의 신체 또한 기계적인 것이다. 인간이 도덕적 고려의 대상이 되는 것은 바로 우리가 영혼을 가진 존재이기 때문이다. 어떤 것이 기계라는 사실은 곧 그것이 영혼을 결여하고 있음을 나타내며, 아무런 도덕적 고려의 대상이 아님을 함축한다.

기계는 원인과 결과의 연쇄를 통하여 작동하는 결정론적 자연법칙에 종속되어 있으므로, 행위나 목적 혹은 책임 등의 개념에 의해 규정되는 규범적이고 가치적인 영역에 속하지 않는다. '기계'라는 개념 자체가 어떤 존재를 가치의 영역에서 배제하는 결정적인 기준인 셈이다. 동물이 도덕적 고려의 대상이 될 수 없는 것은 그것이 바로 기계이기 때문이다. 즉, 동물은 단지 외부 자극에 기계적으로 반응해 생존이라는 본능적 욕구를 충족시키려는 존재일 뿐이며, 그것이 기계인 한에 있어서 어떠한 도덕적 고려의 대상도 될 수 없다. 이러한 생각은 비단 데카르트에게 국한되지 않는다. 칸트(Immanuel Kant)를 비롯한 대부분의 근대인들은 동물이 아무런 도덕적 권리나 지위를 갖지 않으므로, 동물을 학대하는 행위 그 자체에 어떤 내재적인 도덕 문제가 있는 것은 아니라고 보았다. 만약 그것이 문제가 된다면, 그러한 행위가 행위의 주체인 인간의 도덕 품성에 나쁜 영향을 끼치기 때문이었다.

그런데 동물이 경험하는 고통에 주목함으로써 동물과 기계의 도덕적 지위에도 차이가 생기기 시작했다. 18~19세기에 활동했던 영국의 공리주의자 벤담(Jeremy Bentham)은 동물과 관련한 가장 핵심적인 윤리적 문제는 "동물들이 고통을 겪을 수 있는가?"의 질문이라고 주장했다. 지금의 상식적 관점에서 생각해보면, 동물과 기계 사이에 도덕적 차이가 존재한다는 사실은 너무나 당연하게 들린다. 기계는 아무것도 경험할 수 없는 무생물이지만, 동물은 쾌락이나 고통을 경험할 수 있는 생명체가 아닌가? 하지만 이러한 생각이 상식으로 자리 잡는 과정에는 매우 중요한 두 가지 발상의 전환이 개입되어 있다.

첫 번째 전환은 도덕적 지위의 문제를 행위자(agent)가 아니라 피동자(patient)의 관점에서 바라보기 시작했다는 것이다. 어떤 존재의 도덕적 지위는 크게 행위자와 피동자의 두 가지 차원에서 말할 수 있다. 도덕 행위자는 도덕 행위의 주체로서 도덕적 행위 능력을 가지며 자신의 행위에 따른 결과에 대해서 책임을 질 수 있는 존재를 가리키는 표현이다. 이에 비해 도덕 피동자는 설령 스스로 도덕적 행동을 할 수 있는 주체적 능력은 없으나 도덕적 이해관계를 갖기 때문에, 도덕 행위자가 행위를 함에 있어서 그 존재에게 끼치는 영향이나 권리 침해를 고려해야만 하는 존재를 가리키는 표현이다.

군켈은 벤담의 질문을 '동물 문제(animal question)'라고 명명하면서, 벤담의 질문은 행위자의 능력이나 힘이 아니라 피동자의 피동성에 초점을 맞춘 도덕철학의 코페르니쿠스적 전환에 해당한다고 진단한다(Gunkel, 2012). 동물은 스스로 도덕적 행동을 하거나 책임을 질 수 있는 행위자는 아닐지 몰라도, 고통을 느낄 수 있는 능력 때문에 침해 당할 수 있는 권리를 보유하는 도덕적 피동자의 지위를 갖게 된다. 도덕적 지위에 대한 이러한 관점의 전환은 윤리학에서 인간중심주의로부터의 탈피라는 두 번째 발상의 전환과 밀접한 연관을 가지고 있다.

군켈이 벤담의 물음을 도덕철학의 코페르니쿠스적 전환이라고 평가하는 이유는, 윤리학에서 피동자 중심주의로의 전환이 인간의 검증되지 않은 특권적 위치를 문제 삼고, 윤리학의 인간중심주의적 전통에 도전함으로써 도덕적 사유의 기본 구조에 중요한 변화를 가져왔다고 보기 때문이다. 우리가 역사 시간에 배워서 알고 있듯이, 중세와 근대를 구분하는 중요한 특징은 신 중심의 세계관에서 인간 중심의 세계관으로의 이행이다. 그런 점에서, 근대 휴머니즘의 본래적인 뜻은 인본주의 혹은 인간중심주의라고 말할 수 있다. 인간 중심성은 비단 신과의 관계 속에서뿐 아니라, 동물이나 자연 세계와의 관계 속에서도 인간이 중심적인 위치를 차지하면서 모든 가치판단의 준거로 작용함을 뜻한다.

인간중심주의란 말은 다양한 의미로 사용될 수 있다. 인간은 자신의 감각기관이나 생물학적 두뇌의 제약을 받는 인간적 관점에서 세상을 바라보고 행동할 수밖에 없다. 따라서 우리가 말하고 행동하는 것은 모두 어떤 의미에서 인간 중심적인 관점하에 이루어지는 것이다. 우리가 인간인 한 그러한 관점을 벗어나는 것은 불가능하므로, 이런 의미의 인간중심주의는 거의 동어반복에 가까운 필연적 진리라고 말할 수 있다. 이런 인간중심주의를 편의상 인식적 인간중심주의라고 불러보자.

그런데 지금 문제가 되는 것은 이런 인식적 인간중심주의와 구분되는 실천적·윤리적 관점으로서의 인간중심주의이다. 실천적 의미에서의 인간중심주의는 윤리, 가치판단의 준거나 궁극적 기준을 오직 인간에게 두고, 도덕적 이해관계를 고려해야 하는 도덕 공동체의 범위를 인간으로 국한시키는 관점이다. 조금 극단적일 수 있지만, 우리가 윤리적이라 부르는 것은 결국 모두 인간의 이익이나 행복, 존엄성과 관련되어 있으며, 동물이나 자연의 여러 비인간 존재자를 윤리적으로 고려해야 하는 이유는 그것들이 어떤 내재적인 가치를 가져서가 아니라, 인간의 이익이나 행복에 도움이 되는 수단적 가치를 갖기 때문이라는 것이 실천적 인간중심주의의 생각이라 말할 수 있다. 실천적 차원의 인간중심주의는 인식적 차원의 그것과는 다르게 결코 당연한 주장이 아니다. 심지어 그 주장의 강도에 따라, 결코 정당화될 수 없는 인간 종족 이기주의의 혐의를 피할 수 없을 듯 보인다.

다윈(Charles Darwin)의 진화론이 출현하면서 우리는 인간이란 존재 및 인간과 동물 사이의 관계를 어떻게 이해할 것인가와 관련하여 중대한 언어 문법의 변화를 경험한 바 있으며, 그 변화의 과정은 아직도 진행 중이다. 진화론이 인간이나 동물의 발생적 기원에 대한 표준적인 설명으로 정착된 이후에, 인간과 동물 사이에 과연 근본적인 범주의 차이가 존재하는지에 대해서 많은 의문이 제기되었으며, 동물의 도덕적 지위에 관해서도 상당한 정도의 인식 변화가 진행되었다. 많은 사람들은 이제 도덕적으로 유의미하고 중요한 존재는 단지 나와 다른 인간들로만 국한되지 않으며, 동물들 또한 그 도덕적 이해관계를 고려해야만 하는 도덕 공동체의 정당한 일원으로 인정해야 한다고 주장한다.

 '동물 문제'를 누구보다 더 깊이 있게 밀고 나간 것이 바로 싱어나 리건(Tome Regan)과 같은 철학자들이다. 싱어는 다음과 같이 말하고 있다.

어떤 존재가 고통을 겪는다면, 그러한 고통에 대한 고려를 거부하는 것은 도덕적으로 정당화될 수 없다. 그 존재의 본성이 무엇이든 간에 평등의 원칙은 그것의 고통이 다른 모든 존재의 고통과 동등하게 고려될 것을 요구한다(Singer, 1975: 9).

 싱어는 종의 경계와 관련된 생물학적 사실은 도덕적인 의미나 중요성이 없으며, 이에 근거하여 도덕적 지위 여부를 결정하는 것은 특정 인종을 우대하는 인종주의자와 다를 바가 없다고 주장한다. 싱어의 주장을 따르면, 고통을 느낄 수 있는 모든 동물은 최소한 도덕적 피동자의 지위를 부여받아야 한다. 물론 도덕적 피동자가 된다고 해서 그것들이 곧 도덕적 행위 능력을 갖는 행위자인 것은 아니다. 이들이 피동자로 인정되는 (표면적인) 근거는 그것들이 고통을 경험할 수 있는 감수적(sentient) 존재이기 때문이다. 리건에 따르면 인간이 도덕적으로 중요한 것은 이성적이기 때문이 아니라, 스스로 생명의 주체(subject-of-a-life)임을 경험하는 존재이기 때문이다(Regan, 1983). 리건은 만약 이것이 인간에게 내재적 가치를 부여하고 존중받을 도덕적 권리를 부여하는 근거라면, 우리는 그와 일관되게 생명-주체로서의 지위를 갖는 비인간 동물들에 대해서도 내재적 가치와 함께 단지 수단으로서가 아니라 목적으로 대우받을 도덕적 권리를 부여해야만 한다고 주장한다.

한 걸음 더 나아가, 우리는 자연의 다른 존재자들에 대해서도 그 도덕적 지위의 여부를 고민할 수 있다. 도덕적 배려의 대상이 되는 피동자의 범위를 동식물뿐 아니라 산과 바다와 같은 자연 세계를 포함하도록 확장하려는 생태적 환경윤리가 바로 그러한 시도 중 하나이다. 플로리디는 '정보윤리(Information Ethics)'라는 이름하에 훨씬 더 근본적인 수준의 피동자 중심 윤리학을 제안하며, 기술이나 인공물, 추상적인 지적 대상들도 도덕적 피동자로 간주되어야 한다고 주장하기까지 한다(Floridi, 2013).[1]

이 글에서 우리는 인간의 정서나 도덕적 반응을 촉발하는 인공지능이나 AI 로봇의 경우를 중심으로 기술적 대상들의 도덕적 지위 문제를 논의하고자 한다. 우리에게 익숙한 사고방식을 따르자면, AI를 포함한 모든 기계는 인간이 자신의 목적 달성을 위하여 만든 수단으로서의 도구에 불과하다. 따라서 '기계'라는 표현의 의미에 이미 내포되어 있는 것처럼, 그것들의 도덕적 처우 문제를 고민한다는 것 자체가 사실은 대단히 이상한 일처럼 여겨진다. 그런데 우리의 이러한 일상적 직관은 얼마나 견고한 것일까?

데카르트가 동물과 기계에게 동등한 도덕적 지위를 부여했음을 상기해보자. 오늘날 우리는 개나 고양이 같은 반려동물이나 고등의 포유류에게 도덕적 지위를 부여하는 일에 큰 거부감을 느끼지 않는다.

---

1 플로리디(Luciano Floridi)의 입장에 대한 보다 자세한 논의는 신상규(2016), 목광수(2017)를 참조하라.

데카르트의 사고방식을 따르자면, 이는 매우 터무니없는 일이다. 하지만 진화론의 등장과 함께 인간과 동물 사이의 근본적인 경계가 불확실해지고 고통에 대한 동물의 감수 능력 혹은 그 생명-주체성에 주목함으로써, 우리는 동물의 권리를 당연한 것으로 수용하기 시작했다. 많은 학자들은 동물에게 일어났던 이러한 인식의 변화가 AI를 중심으로 기계에 대해서도 일어나고 있다고 주장한다.

대표적인 학자가 매즐리시(Bruce Mazlish)이다. 매즐리시는 인간이 세계의 다른 존재들과 구분되어 특권적 지위를 갖는다는 생각의 배후에는 인간과 다른 존재 사이에 모종의 근본적 불연속이 존재한다는 가정이 있다고 진단한다. 이러한 생각은 자연스럽게 오직 인간만이 도덕적 고려의 대상이라거나, 인간의 행복이나 번영이 최우선 순위이며 나머지 비인간 존재는 인간의 복지를 위해 동원될 수 있는 수단에 불과하다는 생각으로 이어진다. 매즐리시에 따르면, 코페르니쿠스나 다윈, 프로이트의 역사적 기여는 인간과 다른 존재를 차별 짓는 범주적 구분들의 타당성에 의문을 제기하고 그것들을 해체한 것이다. 그리고 그는 지금 우리가 인간-기계 사이의 네 번째 불연속을 깨는 문턱에 와 있다고 선언한다(매즐리시, 2001).

군켈 또한 인공지능이나 AI 로봇의 등장이 인간-기계의 관계 및 기계의 도덕적 지위에 대해 근본적인 인식 전환의 계기를 제공한다고 생각하며, 오늘날 우리가 당면한 다음과 같은 질문들을 '기계 문제(machine question)'라는 이름으로 통칭하고 있다.

• 지능적 기계의 도덕적 지위는 무엇인가?

- 지능적 기계는 도덕적 행위자나 피동자로서의 지위를 가지는가?
- 우리는 지능적 기계를 도덕 공동체의 한 일원으로 인정할 수 있는가?

'기계 문제'는 인간과 기계, 자연과 인공 사이의 구분이 불확실해지고 있는 오늘날의 상황과 밀접히 관련되어 있다. 인공지능이나 AI 로봇의 출현은 인간과 기계의 관계를 이해하는 새로운 언어 문법을 요구하는 것일까? 아니면 '기계 문제'는 도덕적 지위의 개념에 대한 범주적 혼동을 보여줄 뿐인 잘못된 질문들에 불과한 것인가? 이에 답하는 일이 생각처럼 쉬워 보이지는 않는다. 가령 우리는 기계는 통상적으로 도덕적 판단과 관련되어 있다고 생각되는 의식, 감정, 고통, 생명 등의 특성을 갖지 않으므로, 아무런 도덕적 지위를 갖지 않는다고 답변할 수 있다. 그런데 이러한 판단은 단지 오늘날의 상식적 견해를 반복하는 것에 불과한 것은 아닌가? '기계 문제'는 우리 직관의 배후에서 작동하는 (근대적) 상식에 입각하여 AI의 도덕적 지위 문제에 접근하는 것 자체가 여전히 유효한가를 문제 삼는다. 따라서 단지 오늘의 상식에 입각하여 '기계 문제'가 일종의 범주 오류에 빠져 있다고 답변하는 것은 일종의 순환 오류를 저지르는 일은 아닐까? 지금 우리가 묻고 있는 질문은, 만약 그런 이원적인 구분들을 해체/재구성하고 난 다음에도, AI 로봇을 우리 인간의 인격적인 상대역으로서 새로운 타자로 간주할 가능성이 결코 없느냐에 관한 것으로 보이기 때문이다.

4. 도덕적 지위는 어떻게 결정되는가?

기계인 AI 로봇이 도덕적 지위를 갖는다는 말은 그것이 권리의 주체가 된다는 것, 혹은 최소한 모종의 도덕적 이해관계를 갖게 된다는 것이며, 우리가 그것들을 도덕적으로 대우해야 할 경우가 있음을 의미한다. 기계인 AI 로봇도 과연 행위자나 피동자의 도덕적 지위를 가질 수 있을까? 이 글에서는 이 질문에 대해 확정적인 대답을 제시하지 않을 것이다. 대신 이른바 '기계의 도덕적 지위' 문제에 접근하는 (도덕 속성) 실재론과 관계론의 두 가지 방식을 소개하고, 그중에서도 관계론적 접근의 매력이나 의의를 소개함으로써 기계 문제에 접근하는 대안적 관점을 제시하고자 한다. 두 입장에 대한 보다 치밀한 평가와 비교는 별도의 글을 필요로 할 것이다. 여기서 소개되는 관계론의 입장은 주로 쿠헬버그라는 벨기에 출신 철학자의 견해를 재구성한 것이다(Coeckelbergh, 2012).

먼저 도덕적 지위 문제와 관련된 실재론의 입장이 무엇인지를 살펴보자. 우리가 인간이나 동물의 도덕적 지위를 생각하는 일반적인 방식을 떠올려보자. 우리는 어떤 존재가 도덕의 권리 주체로 인정받으려면 그 존재가 그러한 권리의 귀속을 뒷받침하는 모종의 특성을 가지고 있어야 한다고 생각한다. 가령 동물의 경우라면 우리는 동물이 생명-주체로서의 의식, 감정, 혹은 고통에 대한 감수성이란 특성을 가지고 있기에 도덕 피동자로서의 권리를 부여받아야 한다고 생각한다. 상식적으로 거의 자명해 보이는 이런 접근 방식에 따르면, 어떤 존재가 도덕적 지위를 갖느냐의 문제는 그 존재가 도덕 지위와 유관한 속성을 실제로 갖고 있느냐의 문제로 귀착된다. 이것이 도덕적 지위와 관련된 실재론적 입장이다.

현재 온전한 도덕 행위자로 인정되는 존재는 인간이 유일한데, 행위자의 지위와 유관하다고 생각되는 속성으로는 주로 언어의 사용이나 이성적 판단, 의도적 선택 등과 결부된 지향성(intentionality)의 능력, 자유의지, 의식 등의 속성이 거론된다. 도덕적 배려의 대상인 피동자의 지위와 유관하다고 생각되는 주요 속성은 생명, 고통에 대한 감수 능력(sentience), 자연성 등이다.

도덕 속성 실재론의 입장은 어떤 존재가 갖는 형이상학·존재론적 속성을 토대로 그 존재의 도덕적 지위와 관련된 문제에 답하고자 한다. 가령 감정이 도덕과 유관한 속성임을 가정해보자. 이들의 접근 방식을 따르면 감정이란 객관적으로 존재하는 어떤 성질 혹은 상태를 나타내며, 우리는 어떤 존재가 실제로 그런 감정을 가지고 있는지 여부를 밝혀냄으로써 그 존재의 도덕적 지위 문제에 답할 수 있다.

우리는 인공지능이나 AI 로봇의 경우에도 비슷한 방식으로 접근할 수 있다. 가령 AI 로봇이 도덕적 행위자의 요건을 만족시키기 위해서는 지향성이나 의식과 같은 심적 능력 및 스스로 행위를 선택할 수 있는 행위 자율성 혹은 자유의지를 가지고 있어야 한다고 주장할 수 있다. 또는 AI 로봇이 감정적 상호작용이나 도덕적 배려의 대상이 되기 위해서는 로봇이 실제로 감정을 가져야 한다거나 로봇 스스로가 고통을 겪을 수 있어야 한다고 생각할 수 있다. 만약 우리가 인공지능의 도덕적 지위와 관련하여 속성 실재론을 견지한다고 할 때, "인공지능은 실제로 마음 혹은 지능을 갖는가?", "AI 로봇이 진정으로 감정을 가질 수 있는가?", "로봇은 고통을 겪을 수 있는가?"와 같은 다양한 질문들은 이론적 호기심만의 대상이 아니라, 그것들의 도덕적 지위를 결정짓는 실천적 쟁점이라 할 수 있다.

그런데 이러한 실재론적 입장을 따라서 도덕적 지위 문제에 접근하고자 하는 경우에, 우리는 다음과 같은 두 가지 인식론적 문제에 먼저 답해야 한다. 첫 번째는 어떤 속성이 도덕적으로 유관한 속성인지를 밝히는 문제이다. 도덕적 지위의 귀속과 관련하여 그것을 결정하는 유관한 속성이 무엇인지에 대하여 다양한 이견이 있을 수 있다. 그런데 그중에서 어떤 입장이 올바른지를 어떻게 알 수 있으며 또 그러한 판단은 어떻게 정당화될 수 있는가?

가령 도덕 피동자의 지위와 관련하여 우리는 다음과 같은 다양한 가능성을 생각해볼 수 있다. 먼저 인간만이 도덕적 배려의 대상이라고 생각하여 인간성이나 이성이 유관 속성이라 생각할 수 있다. 하지만 다른 이는 그 폭을 넓혀서, 고통을 느낄 수 있는 '감수성'이나 의식이 그 유관 속성이라 주장하여 동물까지 포괄하고자 한다. 우리는 거기서 더 나아가 생명, 자연, 존재와 같은 다양한 특성들을 그 유관 속성이라고 생각하는 다양한 가능성을 생각해볼 수 있다. 각각의 주장에 따라, 인간중심주의, 동물중심주의, 생명중심주의, 자연중심주의, 존재중심주의와 같은 다양한 입장들의 스펙트럼이 존재한다.

실재론의 관점에 따르면, 특정의 속성이 도덕적 지위의 귀속을 근거 지우는 유관 속성임은 실재에 관한 객관적 사실의 문제이며, 하나의 올바른 답변이 존재하는 문제이다. 문제는 각 입장의 차이를 넘어서서 도덕적 지위와 진정으로 유관한 속성이 무엇인지를 누가 어떻게 결정할 수 있는가에 있다. 실재론의 입장을 유지하기 위해서는, 도덕적 지위에 관한 철학적 개념 분석과 더불어 그 구성 요소로 확인된 조건들과 연관된 경험과학의 발견이나 지식으로 이루어진 객관적이고 중립적인 이른바 '도덕 과학(moral science)'과 같은 것을 상정해야 하는 것은 아닐까? 그런데 그런 도덕 과학은 과연 존재하는가?

실재론이 해결해야 하는 두 번째의 인식론적 문제는, 설령 특정한 속성이 도덕적으로 유관하다고 밝혀졌다 하더라도, 특정의 존재가 그 속성을 실제로 갖는지의 여부를 어떻게 확인할 수 있는가의 문제이다. 의식이나 감수 능력이 도덕적 피동자의 지위와 유관한 속성으로 밝혀졌다고 가정하자. 이때 우리는 AI 로봇이 그러한 속성이나 능력을 실제로 갖고 있는지 여부를 어떻게 확인할 수 있는가?

이는 일종의 변형된 '타인의 마음' 문제에 해당한다. '타인의 마음'은 다른 인간이 나와 마찬가지로 마음이나 의식을 가진 존재임을 어떻게 확신할 수 있는가를 문제 삼는다. 겉으로 나와 똑같이 행동하지만 내적인 의식 상태를 결여한 존재를 '철학적 좀비'라고 부른다. 우리는 다른 사람이 철학적 좀비가 아님을 어떻게 확신할 수 있는가? 우리는 타인의 마음이나 의식에 직접 접근할 수 있는 어떠한 방법도 가지고 있지 않다. 실재론의 관점에서 굳이 이 질문에 답하고자 한다면, 다음의 세 가지 유사성에 입각하여 간접적인 방식으로 타인의 마음의 존재를 정당화할 수 있을 것이다.[2]

---

2 필자는 이와 같은 간접적인 이유를 통한 답변이 타인의 마음 문제에 대한 올바른
   접근은 아니라고 생각한다. 타인이 마음을 가진다는 '사실'은 경험적 발견의 대상

- 나와 타인이 보이는 기능/행동의 유사성
- 나와 타인이 가진 생물학적 두뇌/신체의 유사성
- 나와 타인이 갖는 진화적인 발생 기원의 공통성

그런데 AI 로봇은 생물학적 존재인 우리 인간과 그 물질적 구성이나 조직이 매우 상이할 뿐 아니라, 전혀 다른 발생적 기원을 갖는다. 그러므로 위의 세 가지 근거 중에서 두뇌/신체의 유사성이나 발생 기원의 동일성은 아예 적용이 불가능하다. 여기서 우리가 호소할 수 있는 유일한 선택지는 행동/행동적 성향이나 그와 유사한 범주로 묶을 수 있는 기능적 특성뿐이다. 말하자면 행동주의 혹은 기능주의적 기준을 통하여 AI 로봇이 의식이나 감수 능력을 갖는지 여부를 판별할 수밖에 없다는 것이다. 그런데 많은 사람들은 AI 로봇의 의식이나 감수 능력에 대해서 행동주의나 기능주의적으로 접근하는 것에 대해서 의구심을 가지고 있다.

행동주의나 기능주의는 마음을 1인칭적으로만 접근 가능한 주관적 상태가 아니라, 3인칭의 관점에서 접근 가능한 행동/행동적 성향이나 기능을 통해 해명함으로써 타인의 마음 문제에 대해 대응한다. 만일 우리가 이러한 기준에 입각하여 AI 로봇의 의식에 대해 평가한다고 가정해보자. 이 경우 AI 로봇이 외부적으로 드러난 적절한 감성 능력 혹은 행동 체계를 갖추고 있는 한에 있어서, 원리적으로 그것이

이 아니라 우리의 인식적 의미망을 구성하는 언어적 문법에서 선험적으로 전제되는 것이다.

의식을 갖지 않는다고 말할 이유는 없어 보인다. 하지만 행동주의나 기능주의가 받는 가장 중요한 비판은 이러한 입장들이 의식의 주관적 경험을 누락시킨다는 것이다. 행동주의나 기능주의적으로 AI 로봇의 의식이나 감수 능력에 접근하는 것을 반대하는 이들도 바로 이 부분을 지적한다. 이들이 볼 때, AI 로봇이 제기하는 타인의 마음 문제는 주관적 의식에 관한 것이며, 이는 결코 3인칭적인 행동/행동적 성향으로 환원될 수 없다.

다른 한편으로, 이러한 비판을 받아들여서 의식과 관련된 문제에 있어서 행동주의나 기능주의의 기준을 배제하는 순간, 우리는 이미 AI 로봇이 의식을 갖는다는 것을 정당화할 수 있는 유일한 방법을 봉쇄해버리는 것처럼 보인다. 우리는 인간이나 동물의 의식에 대해서도 직접적으로 접근할 수 있는 방법을 가지고 있지 못하며, 행동/행동적 성향, 두뇌의 기능적 특성과 같은 간접적 통로에 의존할 수밖에 없다. 그런데 AI 로봇이나 인공지능의 경우에는 그것이 왜 문제가 되는가? 그것들이 탄소를 기반으로 하는 유기체가 아니며, 실리콘을 기반으로 하는 알고리듬적 존재이기 때문인가? 아직 의식의 본성에 대해 충분히 알고 있지 못한 상태에서, 만일 그런 이유로 AI 로봇이 의식과 같은 내적 상태를 가질 수 없다고 주장하는 것은 일종의 선결문제 가정의 오류를 범하는 일은 아닐까?

쿠헬버그(Mark Coeckelbergh)는 속성 실재론에 입각한 접근이 설령 위에서 제기된 인식론적 난제들을 해결할 수 있다 하더라도, 생각과 행동의 불일치에 따른 간극을 설명해야 하는 또 다른 문제에 직면한다고 주장한다. 많은 사람들이 인정하듯이 감정이나 고통 능력이 도덕과 유관한 속성이라고 가정해보자. 우리는 지금의 인공지능 로봇이 그러한 속성을 실제로 갖는다고 생각하지는 않는다. 그럼에도 불구하고, 사람들은 마치 이것들이 감정이나 의도를 가진 존재인 듯 대하며, 그것들에 애정을 담아서 보살핀다. 로봇이 비록 기계임을 잘 알고 있지만, 이를 "단순한 기계"로 대하지 않고, 동료나 반려자를 대하는 것과 같은 다양한 감정을 느끼고 애착 관계를 형성하는 것이다. 즉, 도덕과 유관한 속성을 갖는다고 생각하지 않음에도 불구하고, 실제의 행동은 전혀 상반된 방식으로 이루어진다는 것이다. 이성적 판단이나 추론이 말하는 바와 실제로 이루어지는 경험 사이에 간극이 있다는 것이다.[3]

속성 실재론의 입장에 따르면, 이러한 간극은 애초에 존재하지 않아야 하는 것이다. 만일 감정이나 고통 능력이 도덕과 유관한 속성이고 AI 로봇이 그런 속성을 지니고 있지 않다는 것이 분명하다면, 그것들을 단순한 기계로 대하는 것이 합리적인 반응이다. 실재론은 AI 로봇을 기계 이상의 감정적 존재로 대하는 모든 반응과 행동은 이러한 인식과 충돌하는 비합리적인 행동임을 함축한다. 생각과 행동의 이러한 불일치는 단순한 무지의 소산이거나 유치한 일로 치부된다. 그런데 '올바른' 대답과 일치하지 않는 모든 반응을 비합리적이라 치부하는 이러한 견해는 과연 만족스러운 설명 방식인가? 감정로봇 아이보나 키즈멧(Kismet)과 관련된 보고에 따르면, 사람들은 비록 로봇이

---

3 이는 도덕적으로 옳은 행위라고 생각하지만 의지의 박약으로 그것을 실천하지 못하는 인식과 실천의 괴리와는 반대의 방향으로 발생하는 괴리다.

실제로 감정을 갖지 않음을 잘 알고 있어도 그것들에 대한 감정적 태도를 형성할 뿐 아니라 이를 잘 바꾸지도 않는다. 쿠헬버그는 생각과 행동 사이의 이러한 간극이 도덕적 지위 문제에 대한 실재론적 접근 방식이 갖는 한계를 보여준다고 생각한다. 달리 말해서 속성 실재론의 입장은 도덕적 지위와 관련된 우리의 풍부한 일상적 도덕 경험과 실천을 너무 단순화한다는 것이다.

5. 관계론적 접근

사실상 우리는 어떤 존재의 도덕적 지위에 관해 생각할 때, 실재론적 입장을 너무나 당연하게 가정한다. 인공지능의 도덕적 지위와 관련하여 오늘날 논의되는 많은 이야기들은 오직 실재론적 입장을 전제로 했을 때만 유의미한 논의들이다. 그런데 지금 우리가 살펴보려고 하는 쿠헬버그의 관계론은 '도덕적 지위'의 문제에 관해 접근하는 상식적 관점 자체를 전복하고자 한다. 이는 어떤 존재에게 '도덕적 지위'를 부여하는 언어 놀이의 기본적인 성격을 전혀 다른 방식으로 이해해야 한다고 주장한다.

관계론은 도덕적 지위의 문제를 도덕과 유관한 속성과 관련된 형이상학이나 존재론의 문제가 아니라, 일상적인 경험이나 실천의 맥락 속에서 우리가 실제로 그것들을 어떻게 대우하고 상호 작용하는가에 초점을 맞춘 현상학이나 해석학의 문제로 접근할 것을 제안한다. 이런 접근은 "관계"에 입각하여 세계에 대한 더 "올바른" 견해로서의 새로운 존재론을 구성하려는 시도가 아니다. 대신에 이는 주체와 객체 사이의 구체적인 관계의 양상, 즉 우리가 인식적·도덕적으로 AI 로봇들과 어떻게 관계 맺는가의 현상에 초점을 맞추어 그것들의 도덕적 지위 문제에 접근해야 한다는 제안이다. 그런 점에서 '관계론'이란 표현보다 '현상론'적 접근이란 표현이 쿠헬버그의 입장을 더 잘 포착하고 있는 것 같기도 하다.

쿠헬버그에 따르면, 도덕적 지위는 우선 '저 바깥'에 있는 '객관적인' 속성이 아니다. 도덕적 지위는 오히려 인간과 다른 존재들이 맺고 있는 구체적 관계의 양상으로부터 창발하는 것이다.

도덕적 지위는 더 이상 우리의 경험이나 활동으로부터 분리되어 있는 객관적인 어떤 것으로 이해되지 않는다. 대신에, 그것은 우리의 언어적-과학적 그리고 언어적-철학적 개념화에 앞서는 경험적-실천적인 관계의 바탕 위에서 자라나는(grow) 어떤 것으로 이해된다(Coeckelbergh, 2012: 44).

말하자면 어떤 존재의 도덕적 지위는 과학이나 철학의 이론적인 범주화 작업에 앞서 우리의 일상적 삶의 양식 속에서 실천되는 경험을 통하여 구성(construct)되는 것으로, 도덕적 지위 귀속의 주체인 인간과 해당 대상인 객체 사이의 상호작용이나 관계 맺기라는 과정의 토양 위에서 자라나는 것이다. 그런 만큼 어떤 존재에게 주어지는 새로운 도덕적 지위의 부여는 새로운 삶의 양식의 발전(자라남) 혹은 그것에 수반하여 일어나는 관계의 자람으로 이해될 수 있다.

여기서 우리가 물어야 할 핵심 질문은 "해당 존재가 실제로 무엇인가?"가 아니라 우리가 그것을 "어떻게 보는가?(혹은 그것이 우리에게 어떻게 나타나는가?)"와 관련된 문제다. 우리는 일상 속에서 다양한 비인간 존재자들과 상호 작용하고 관계를 맺는다. 그런데, 일반적으로 말해서, 우리는 과학을 통해서 밝혀지는 본성을 토대로 그것들이 어떤 존재인지를 먼저 파악한 다음에, 어떻게 그것들을 대우할지를 정하지는 않는다. 오히려 더 중요하게 작용하는 것은 일상적 맥락에서 우리가 그것들을 경험하거나 혹은 그것들이 우리에게 드러나는 양상이나 방식이다. 비인간 존재자들은 우리에게 **특정한 방식**으로 나타난다. 그리고 그 나타남(appearance)의 양상은 역사의 특정 지점에 존재하는 삶의 양식과 문화, 사고방식이라는 맥락과 독립적일 수 없다. 동일한 비인간 존재자라 할지라도, 우리가 처한 삶의 양식이나 이를 구성하는 문화적 조건이나 생각이 바뀜에 따라 다른 방식으로 나타날 수 있다. 도덕적 지위는 그러한 나타남의 양상에 의존하여 정해진다는 것이 쿠헬버그의 기본적인 주장이다.

비트겐슈타인(Ludwig Wittgenstein)의 용어를 빌려, 역사의 특정 지점의 삶의 양식과 문화, 특정한 생각의 총체를 하나의 언어 놀이로 간주해보자. 그렇다면, 도덕적 지위에 관한 논의는 이러한 **특정한 언어 놀이** 내에서 일어나며, 비인간 존재자의 도덕적 지위는 우리가 채택하고 있는 언어 놀이의 규칙이나 내용이라는 맥락 속에서 결정된다. 이는 도덕적 지위에 관한 논의에서 지위 귀속의 주체가 어디까지나 인간일 수밖에 없으며, 비인간 존재자가 객체로서 누리는 도덕적 지위는 인간의 (주관적) 관점으로부터 독립적이지 않음을 함축한다. 도덕적 지위는 지위 귀속의 객체가 그 주체인 인간에게 어떠한 모습으로 등장하는가에 의존하며, 그 나타남의 양상은 우리가 살아가는 삶의 양식 혹은 언어 놀이라는 맥락에 따라 결정된다는 것이다.[4]

비인간 동물의 경우를 생각해보자. 만약 실재론의 입장에서라면 도덕적 지위의 결정을 위해서 모든 동물 혹은 동물 일반이 공유하는 공통의 속성이 무엇인가가 문제시될 것이다. 그러나 관계론적 접근을 따르면, 비인간 동물의 도덕적 지위는 오직 인간과 동물이 맺고 있는 다양한 관계의 맥락 속에서만 말해질 수 있다. 관계의 대상이 되는 동물의 종류는 다양하며, 인간과 이들 사이에 이루어지는 관계의 양상이나 맥락도 다양하다. 이러한 구체적 관계나 맥락을 떠나서 일의적으로 규정될 수 있는 동물 일반(the animal)은 존재하지 않는다. 각각의 동물은 생태계와 다른 동물 및 인간과의 사회적 관계망 안에서 특정의 위치를 점하고 있으며, 이 관계들은 역사적이며, 특정의 장소, 서식지, 사물들과 얽혀 있다. 쿠헬버그는 이러한 복잡한 관계망을 떠나서 어떤 "속성"을 가진 추상적 존재에서 출발하여 도덕적 지위를 규정하는 것은 그 자체가 이미 도덕적 침해라고 주장한다. 도덕적 지위의 귀속과 관련하여, "동물"이라는 용어 자체가 그러한 추상에 해당한다. 동물의 도덕적 지위는 '동물'이라는 추상적 속성에 근거하여 일의적으로 결정되는 것이 아니라, 각각의 동물들이 처한 맥락적 상황과 그것들이 인간과 맺고 있는 다양한 사회적 관계를 통해서만 정

---

4 '나타남의 양상'을 은유의 역할을 통해서 이해할 수도 있을 것이다. 우리가 채택하고 있는 언어 문법은 해당 존재를 경험하고 이해하는 데 동원될 수 있는 다양한 은유 중에서 어떤 것이 '적법한' 은유인지를 결정한다.

해질 수 있다.

동물들은 그것들이 처한 맥락에 따라서 다르게 나타나며, 그에 따라 우리는 그것들과 다르게 관계 맺는다. 동물은 우리에게 애완이나 반려동물, 살아 있는 고기(가축), 노동력, 혹은 사냥감이나 실험 재료, 오락의 대상(동물원의 동물)과 같이 그 맥락에 따라서 다양한 모습으로 나타난다. 심지어 동일한 동물이 맥락에 따라 다르게 나타날 수도 있다. 가령 문화에 따라서 개는 식용으로 지각되기도 하고 반려나 노동력으로 지각될 수도 있다. 우리는 이런 나타남의 양상에 따라서 어떤 동물과는 반려(가족) 관계를 맺기도 하고, 어떤 동물과는 식량이나 음식의 관계를, 또는 노동력이나 실험 수단, 오락의 대상이란 관계를 맺게 된다. 각 동물의 도덕적 지위는 해당 동물이 처한 이러한 맥락 속에서 정해진다. 이때 관계나 지위의 다름을 설명하는 것은 단순히 과학을 통해서 규정되는 동물들의 존재론적 특징이 아니라, "맥락-속의-드러남(appearance-in-context)"이다(Coeckelbergh, 2011: 200). 드러남의 양상이나 맥락은 시대나 지역 혹은 문화에 따라서 달라지며, 도덕적 지위는 이러한 맥락 속에서 일어나는 다양한 관계의 토양 위에서 자라나고 구성되는 것이다.

AI 로봇이 갖는 도덕적 지위의 문제에 대해서도 우리는 비슷한 이야기를 할 수 있다. 그것의 도덕적 지위를 결정하기 위해서, 우리는 먼저 그것들이 인간 및 다른 기계들과 맺고 있는 관계, 기계의 상황성, 역사, 위치(장소)를 알아야 한다.

우리는 그것들이 어떻게 자연적으로, 물질적으로, 사회적으로, 문화적으로 뿌리내리고

(embedded) 구성되는지를 알 필요가 있다. 우리는 존재물을 도덕적 신분의 과학(moral status science)이라는 해부학적 극장 안에서 원자론적인 호기심의 대상(curiosum)으로 연구할 것이 아니라, 도덕적 지위(standing)를 맥락화할 필요가 있다(Coeckelbergh, 2014: 64).

AI 로봇은 동물과 마찬가지로 상황과 맥락에 따라, 여러 다른 사람들에게 각기 다른 방식으로 나타날 수 있다. 그런 점에서 "기계 일반(the machine)"이라는 일의적인 지위는 필연적이지도 않고 AI 로봇을 이해하는 유일한 방법이지도 않다. AI 로봇은 산업의 맥락, 가정의 맥락, 오락의 맥락 등에서 우리에게 다르게 나타난다. 우리는 자동차 공장의 조립 로봇과는 단순한 기계 노동력 혹은 노예라는 관계를 맺겠지만, 전쟁터에서 함께 싸우는 군사 로봇과는 동료의 관계를 맺을 수 있고, 가정이나 요양원에서 만나는 감정 로봇과는 가족이나 우정과 같은 또 다른 양상의 관계를 맺을 수도 있다. 도덕적 지위라는 것이 이러한 관계의 토양 위에서 자라나는 것이라면, AI 로봇과 대면하고 상호 작용하며 구체적 관계가 이루어지는 특정한 장소와 상황에 따라서 그것들의 도덕적 지위는 다르게 이해되고 해석될 수 있다.

앞서 논의한 속성 실재론의 견해는 어떤 대상이 하나의 '올바른(correct)' 도덕적 지위를 갖는다고 가정한다. 그런 관점에서 인공지능 로봇의 의인화를 지적하는 사람들은 실재 자체로서의 사물과 그 사물이 드러나는(나타나는) 현상 사이의 이원론적 구분을 전제하면서, (과학이 밝혀주는) 실재 자체로서 사물이 갖는 본성이 도덕적 지위를 결정하는 유일한 혹은 최우선의 기준임을 주장한다. 쿠헬버그는 이러한 이분법적 사고를 거부하고, 하나의 대상은 우리에게 여러 다른 방식으로 나타날 수 있으며, 그러한 관점들 중의 어느 것도 선험적으로 결정된 존재론 혹은 해석학적 우선성을 갖지 않는다고 주장한다. 과학이 알려주는 사물의 존재론적 본성 또한 사물이 우리에게 드러나는 여러 방식 중 하나다.

그런데 상황이나 맥락에 의존한다고 해서, 도덕적 지위의 구성이 임의적으로 이루어진다거나 일부 사람들의 자의적인 선택에 의해 마음대로 바뀔 수 있음을 의미하지는 않는다. 쿠헬버그의 표현을 빌리자면, "어떤 대상의 도덕적 지위는 인식적 주체로서 우리가 그것과 맺는 관계의 토양 위에서, 우리가 통제할 수 없는 정도까지 자라나는 것이다"(Coeckelbergh, 2014: 65). 달리 말해서, 도덕 지위의 귀속은 단순히 나-너의 관계를 넘어서서, 관계들과 관련된 여러 가능성의 조건, 즉 언어적 관계, 사회적 관계, 기술적 관계, 영적인 관계, 공간적 관계 등에 의존한다. 여기서 이야기되는 관계의 토양은 현재 우리 삶의 문법을 규정하는 특정한 삶의 양식에 해당한다. 특정한 삶의 양식과 그것을 지배하는 언어적 문법은 '도덕적 지위'의 귀속이라는 언어 놀이를 가능하게 하는 일종의 선험적 조건에 해당한다.

특정한 로봇이 나에게 어떻게 나타나는지(혹은 내가 그것을 어떻게 경험하는지) 혹은 내가 그 로봇과 구체적으로 어떻게 관계 맺을 것인가는, 언어 놀이의 일부로서 우리 문화가 기계를 이해하고 구성하는 방식에 의해서 영향을 받는다. 우리 문화에서 우리는 로봇에 관해 어떻게 말하는가(기계 vs. 반려)? 우리는 로봇과 어떻게 함께 생활하고 있는가? 기술 발전에 대한 우리 사회의 태도는 어떠한가? 우리 문화에 비인간 존재자에게 모종의 지위 귀속을 부추기는(격려하는) 문화적·종교적 태도는 없는가? 인간과 비인간 존재자 사이에 타자성의 관계를 발전시키기 어렵게 만드는 범주적 구분이 있는가? 우리의 문화 혹은 언어 문법에 내재한 이러한 다양한 요소들이 AI 로봇에 대한 우리의 개인적인 이해나 구성에 영향을 끼친다. 어떤 존재의 도덕적 지위에 관해 말할 때, 우리는 결코 백지 상태에서 출발하지 않는다. 우리는 이미 해석의 패턴, 행동(습관)의 패턴, 삶의 패턴, 평가의 패턴이 존재하는 구체적인 언어 놀이의 맥락 속에 있다. 그리고 도덕적 지위의 구성은 단지 어휘적 과정이 아니라 그 자체가 하나의 삶의 실천이자 과정이며, 우리가 "사회" 혹은 "문화"라고 부르는 살아 있고 변화하는 전체로부터 창발한다.

도덕적 지위 귀속의 선험적 조건으로서 관계의 토양이란 것은 고정된 것이 아니기에, 관계론적 접근은 어떤 존재를 대하는 관점이 문화적 배경에 따라 서로 다를 수 있음을 허용한다. 심지어 하나의 문화 내에서도 언제나 일의적인 지위의 귀속을 강제하는 것은 아니며, 사람이나 관계의 양상에 따라 서로 다른 복수의 관점을 동시에 허용할 수 있다. 그렇다면 관계론적 접근은 일종의 문화상대주의이며, 도덕적 지위는 단순히 문화적 선택의 문제일 뿐이라고 주장하는 것인가? 필자는 관계론적 접근이 일종의 문화다원주의를 지지할 수는 있지만, 어떤 선택이 되었건 그것은 해당 문화의 문제이므로 그 자체로 존중되어야 한다는 식의 극단적 상대주의를 함축할 필요는 없다고 생각한다.

쿠헬버그 또한 도덕적 지위에 관한 모든 관점이 동등하게 좋은 관점으로 인정되는 것은 아니라고 주장한다. 비인간 동물이나 AI 로봇을 대하는 어떤 특정의 방식, 어떤 특정의 구성이나 지위의 귀속은 분명 다른 방식보다 더 나은 혹은 올바른 방식으로 평가될 수 있다. 여기서 관계론적 접근이 제안하는 바는 그 우열에 대한 평가가 표준적 접근에서 말하는 바와 같이 어떤 속성 형이상학에 의해서만 결정될 문제는 아니라는 것이다. 과학의 발견이나 기술의 발전 또한 우리 삶의 양식 혹은 언어 놀이를 구성하고 있는 중요한 조건이다. 과학의 발견이나 기술의 성과를 어떻게 받아들이고 얼마나 중요하게 취급할 것인가에 대한 태도 또한 우리의 문화를 구성하는 중요한 요소이다. 그러나 그렇다고 해서 모든 문제에 대한 해답을 과학에서 찾을 수 있는 것은 아니다. 관계론적 접근이라고 해서 과학의 발견을 무시하자는 것이 아니다. 오늘날의 과학기술 문명에서 과학이나 기술은 분명 우리 삶의 근본 조건에 해당하는 핵심적인 요소이다. 다만 관계론은 그것이 도덕적 지위를 결정하는 유일한 요소는 아니라는 것이다.

관계론적 접근은 비인간 존재의 도덕적 지위에 대한 각 관점 사이의 우열에 대한 평가가, 과학이나 존재론의 기준/원칙에만 의존하는 것이 아니라, 그 존재를 대하는 우리의 경험적 태도를 포함하여 그것과 관련된 여러 실천적 상황과의 관련성 속에서 복합적이고 중층적인 방식으로 이루어져야 함을 주장한다. 실재론의 입장에 선 과학자나 철학자들은 AI 로봇의 위치나 도덕적 지위에 관한 하나의 실재론적 진리가 있다고 가정한다. 그러나 관계론적 접근은 AI 로봇과 대면하는 구체적인 경험이나 관계에 주목하면서, 훨씬 더 다면적이고 광범위한 해석학적 시도를 통해서 이 문제에 접근해야 한다고 제안한다. 거기에 만약 진리라고 말할 수 있는 것이 있다면(혹은 특정 관점의 우월성을 말할 수 있다면), 그것은 존재론적 차원의 진리가 아니라, 도덕에서 우리가 도달할 수 있는 일종의 상호주관성의 영역에 속하는 것이다.

이는 AI의 도덕적 지위 문제가 연구실에서 이루어지는 이론적 논증만으로 해결될 수 있는 추상적인 철학 질문이 아니라, 우리가 그것들과 어떻게 관계 맺고 반응할지에 관한 실천적 질문의 성격을 띠고 있음을 의미한다. 쿠헬버그가 제안하는 관계론적 접근에서는 무엇보다 해당 대상과 대면하고, 상호 작용하며, 그것에게 어떤 행동을 하면서, ("도덕적 지위"의 문제가 아니라) 그것과 구체적으로 어떻게 관계 맺을지의 문제를 고민하는 실제의 인간 주체(의 경험)에 주목해야 한다고 주장한다. AI와 어떻게 관계 맺을지의 질문에 대한 대답이 필요한 곳은 우리가 인공지능 존재들과 실제로 상호 작용하는 병원, 드론 통제실, 가정과 같은 특정의 장소와 상황 속이다. 그에 따라, 우리의 윤리적 관심은 존재론에서 인식론으로, 객체에서 주체(주관)로, "사물이 실제로 무엇인가"에서 우리가 그것들을 어떻게 보는지로 이동한다.

그런 점에서, 쿠헬버그는 AI 로봇의 도덕적 지위와 관련하여, 도덕적 지위에 관한 추상적 논증만큼이나 로봇 개 등과 같은 구체적인 대면의 이야기가 필요함을 주장한다. 즉, 우리는 로봇 일반이나 추상으로서의 로봇이 아니라, 인간을 쳐다보는 휴머노이드 로봇이 "현전"하는 상황에서 그 로봇과의 상호작용에 주목하고, 인간과 로봇이 함께 "춤추는" 것의 의미화에 대한 질문을 던져야 한다.

우리의 철학적·과학적 전통 때문에, "로봇"의 도덕적 지위에 관한 논의, 보다 일반적으로 "로봇"에 관한 논의는 로봇과의 신체화된 대면이나 교섭을 무시하고, "그" 로봇(로봇 일반)과 그것의 속성에 초점을 맞추는 경향이 있으며, 종종 그것을 "기계"라고 선험적으로 정의한다. … 이는 가능한 경험과 해석의 범위를 좁힌다. 가령, (철학자나 과학자로서) 우리가 인간을 쳐다보는 로봇을 보고, 즉각적으로 우리 스스로를 "교정"하여 "그 로봇(로봇 일반)", "그것", "기계" 등으로 말할 때, 우리는 다른 경험적 가능성을 봉쇄해버린다. 아마도 우리는 처음에 매우 다른 경험이나 인상을 받았을 수도 있다. 가령, 우리는 모종의 "현전"을 느꼈거나, 로봇이 우리를 "주시"하고 있다고 느꼈을 수도 있다 (Coeckelbergh, 2014: 68~69).[5]

"기계 질문"은 AI 로봇이 우리에게 "타자"로서 나타날 수 있는가, 혹은 타자로 구성될 수 있는가의 질문이다. 이 질문에 대한 답은 표준적(실재론적) 접근에서처럼 특정한 속성을 언급함으로써 대답될 수 없으며, 일상적 경험의 삶의 현상학 속에서 발견되고 해석될 필요가 있다는 것이 쿠헬버그의 주장이다. 우리는 이 질문에 답함에 있어서 애완 로봇을 돌보는 사람이나 반려 로봇과 지내는 노년층과 같이, AI 로봇을 "만나고" 함께 일하며 상호 작용하는 인간을 고려해야 한다. 도덕적 지위 귀속은 인간과 기계 사이의 이러한 대면과 상호작용에 의미를 부여하는 한 가지 방식이며, 이를 위해 구체적인 인간-로봇의 대면에서 배우는 풍부한 도덕적 해석학을 필요로 한다. 우리는 거기

---

5 인용문에서 '로봇 일반'은 필자가 삽입한 표현이다. 영어로는 'the robot'인데, 이는 로봇의 다양성을 무시하고 하나의 범주로 일반화하는 표현으로 사용되고 있다.

서 발견되는 구체적인 도덕 경험을 진지하게 인정하고, 인간과 기계 사이의 독특한 대면의 의미나 그것의 도덕적 중요성을 논의해야 한다. "기계"라는 용어 자체는 이미 추상이며, 규범적으로 가치적인 표현이다. 우리는 AI 로봇과의 대면이나 관계적 경험을 올바로 해석하고 그것에 정당한 의미를 부여하기 위하여, "기계"의 어휘가 아니라 "우정"과 같은 어휘에 입각한 또 다른 해석학적 가능성도 열어두어야 한다.

관계론적 접근을 통해 다른 존재의 도덕적 지위를 묻는 일은 또한 인간의 위치가 어디인가를 묻는 일이기도 하다. 이는 인간이 무엇이며 도덕 주체로서 나의 위치는 무엇인가를 문제 삼는 방식으로 도덕적 지위의 언어 놀이 방식을 바꾼다. 여기서 도덕적 지위는 단순히 그 해당 존재에 관한 것이 아니라 우리에 관한 것이며, 우리와 우리 사이, 우리와 그 존재 사이의 관계에 관한 것으로 바뀐다. 이때 우리가 묻는 질문은 더 이상 AI 로봇의 속성에 관한 것이 아니라 그것의 타자성에 관한 것으로 바뀌며, 그것과 대면하는 우리의 구체적 경험에 대한 것이 된다. "AI 로봇은 생각하는가?", "AI 로봇은 고통을 겪는가?"와 같은 질문이 속성에 관한 전형적인 질문이라면, 이제 우리가 가져야 할 의문은 "우리"는 무엇이고, 어디에 서 있으며, 우리가 어떻게 AI 로봇과 관계를 맺을지에 관한 것이다. 이 로봇은 과연 "우리"의 일부인가?

AI 로봇의 도덕적 지위에 대한 올바른 입장은 무엇인가? 우리는 아직 이 질문에 확정적인 답변을 줄 수 있는 단계에 이르지 못했다. 관계론적 입장을 따르면, AI 로봇이 진정한 타자로 등장할지 여부는 AI

로봇이 발전함에 따라 우리가 그것들과 맺게 될 관계의 양상과 삶의 양식 변화에 따라 그 답변이 달라질 것이다. 도덕적 지위를 포함한 도덕적 사고의 변화는 여러 가능성의 조건에 달려 있다. 이는 기술적 조건, 언어의 변화, 관계에 대한 태도 등 기술, 사회, 문화적 차원을 포괄하는 삶의 양식의 전체적 변화에 동반하는 것이다.

여기서 우리가 이야기할 수 있는 최소한의 부분은 지금 현재가 근대적인 삶의 양식 자체가 흔들리고 있는 문명의 대전환기라는 사실이다. 인공지능 로봇과 같은 자율기술적 존재들의 출현은 우리가 너무나 당연하게 가정하고 있는 의미의 체계나 사고방식과 끊임없이 마찰을 일으키며, 우리가 지향하는 삶의 방식이나 가치, 바람직한 사회의 모습 등에 대해서 새로운 반성을 요구한다. 지금 우리 사고방식의 밑바탕을 이루는 인간 중심적 휴머니즘과 그 언어는 결코 근대라는 시대의 역사성으로부터 자유롭지 않다. 인공지능 등에 의해 추동되고 있는 변화는 근대적 사고의 기초를 이루고 있는 인간/비인간, 정신/신체, 자연/인공, 생명/기계의 이원적인 구분에 도전하면서, 인간-자연-기술 사이의 관계 자체에 대한 근본적인 재규정을 요구하고 있다. 따라서 도덕적 사고의 새로운 패러다임을 만드는 일을 근대적 언어나 용어로 이해하거나 규정하려고 해서는 안 된다. 우리의 도덕 경험을 더욱 풍부하게 이해하고 새롭게 해석하기 위해서는, 근대적 속박으로부터 자유로운 새로운 상상을 가능하게 만들 수 있는 새로운 어휘가 필요하다. 이것이 우리가 관계론적 접근에서 얻을 수 있는 교훈이다.

6. 더 논의해볼 만한 쟁점

관계론적 접근은 일견 도덕적 지위의 문제를 단순히 사회적 합의의 문제로 환원시키는 입장으로 읽힐 수 있다. 이때 관계론이 극복해야 할 난관은 다원주의를 용인하면서도, 어떻게 극단적인 문화상대주의에 빠지지 않을 수 있는가를 보이는 것이다. 관계론에서 생각하는 사회적 합의라는 것은 몇몇 개인의 임의적인 선호나 선택의 문제가 아니라, 특정한 삶의 형식이나 문화 혹은 그것에 내포되어 있는 언어 문법의 형태로 발현된다. 따라서 관계론이 더 설득력을 가지려면, 특정한 삶의 형식이라는 것이 어떻게 형성되고 유지·변화되는지의 동역학에 대한 보다 정교한 해명이 필요해 보인다.

다른 한편으로 실재론의 관점에서 AI나 로봇의 도덕적 지위 문제에 접근하는 대표적인 학자로는 플로리디가 있다. 그는 오늘날 우리의 도덕적 사고를 지배하는 인간중심 혹은 생명중심적 관점에서 존재중심주의(ontocentrism)로의 전환을 제안한다. 플로리디의 존재중심적 윤리에 따르면, 생명보다 더 기본적인 것은 존재(being)이며 고통보다 더 근본적인 것이 엔트로피이다. 플로리디에 따르면 정보적 구조로 분석될 수 있는 모든 존재는 그 자체로 내재적인 가치를 가지며, 그런 점에서 존재할 권리를 포함하여 그것의 실존 및 본질을 향상시키고 풍부하게 할 번성의 권리를 갖는다. 이에 반하는 것이 존재의 궁핍화(impoverishment)를 의미하는 엔트로피로서, 이는 정보 질서나 구조의 붕괴를 통한 정보적 대상의 파괴나 타락을 의미한다.

플로리디 주장의 자연스러운 귀결은 기술이나 인공물, 추상적인 지적 대상들도 도덕적 피동자로 간주되어야 한다는 것이다. 플로리디에 따르면, 도덕적 존재의 범위를 살아 있는 것이나 자연적인 것에 국한하는 것은 인간의 관심이나 윤리적 감수성을 반영하는 임의의 선택에 불과하다. 그렇다고 해서, 플로리디가 동물이나 인공물 등이 갖는 도덕적 권리가 인간의 도덕적 권리와 동등하다고 말하는 것은 아니다. 그에 따르면, 모든 존재가 공통으로 누리는 실존적 권리는 상황에 따라 기각 가능(overridable)한 권리이다. 플로리디가 제안하는 존재중심적 정보윤리는 모든 존재자의 도덕적 지위 문제를 공통적으로 다룰 수 있는 유망한 프레임을 제공하고 있기는 하지만, 인간, 동물, 자연, 인공물의 구분과 같이 존재론적 범주의 차이에 따라 각각의 도덕적 지위나 권리가 어떻게 달라지는지, 그리고 어떤 경우에 실존적 권리가 기각되는지 등에 대한 추가적인 설명을 필요로 한다.

8장 참고문헌

매즐리시, 브루스(Bruce Mazlish). 2001. 『네 번째 불연속: 인간과 기계의 공진화』. 김희
봉 옮김. 사이언스북스.

목광수. 2017. 「인공 지능 시대의 정보 윤리학: 플로리디의 '새로운' 윤리학」. ≪과학철학≫,
20(3):89~108.

신상규. 2016. 「자율기술과 플로리디의 정보윤리」. ≪철학논집≫, 45집, 269~296쪽.

_____. 2017. 「인공지능은 자율적 도덕행위자일 수 있는가?」. ≪철학≫, 132집(8월).

이중원 외. 2018. 『인공지능의 존재론』. 파주: 한울아카데미.

천현득. 2017. 「인공 지능에서 인공 감정으로」. ≪철학≫, 131집(5월).

Coeckelbergh, M. 2011. "Humans, Animals, and Robots: A Phenomenological Approach
to Human-Robot Relations." *International Journal of Social Robotics*, 3:197~204.

_____. 2012. *Growing Moral Relations: A Critique of Moral Status Ascription*. Macmillan.

_____. 2014. "The Moral Standing of Machines: Towards a Relational and Non-Car-
tesian Moral Hermeneutics." *Philosophy and Technology*, 27:61~77.

Floridi, L. 2013. *The Ethics of Information*. Oxford University Press.

Gunkel, D. 2012. *The Machine Question: Critical Perspectives on AI, Robots, and
Ethics*. MIT Press.

Levy, D. 2008. *Love and Sex with Robots: The Evolution of Human-Robot Relation-
ships*. Harper Perennial.

Regan, T. 1983. *The Case for Animal Rights*. University of California Press.

Singer, P. 1975. *Animal Liberation: A New Ethics for Our Treatment of Animals*. New
York Review of Books.

9장
인공지능 시대와
동아시아의 관계론*

정재현

1. 논의의 배경

　서구의 철학적 전통에서 개체는 독립성을 지닌 존재의 기본 단위
였다. 이 개체 실체론과 연계된 본질주의나 위계주의도 서구의 전통
에서는 매우 오래된 것이었다. 물론 이러한 점이 서구에 그와 상반된
관계론이나 현상론의 부재를 의미하는 것은 아니다. 다만 그 주도적
경향에 있어서 서구는 개체 실체론, 본질주의 및 위계주의를 지지해

* 이 글은 ≪아세아연구≫, 제61권 제3호(2018), 143~165쪽에 수록된 「인공지능 시대
　와 동아시아의 관계론 사유」를 이 책의 취지에 맞게 수정한 것이다.

왔다는 것이다. 이 글의 핵심적 주장은 개체 실체론보다는 관계론적 현상론을 지지하는 동아시아 사유가 AI(artificial intelligence, 인공지능)의 오작동 혹은 잘못된 행위에 대한 책임이 어디에 있는가의 질문에 응답하는 데 있어서 중요한 통찰을 제공해준다는 것이다. 이러한 주장의 타당성을 위해 먼저 AI의 출현이 가져다준 책임 소재와 책임 배분의 문제란 무엇인지를 밝히고, 관계론적 현상론의 세계관을 가진 전통 동아시아의 윤리적 관점들을 소개한 다음, 이런 동아시아의 관계론적 관점이 AI의 오작동 내지 잘못된 행위에 대한 책임 소재와 책임 배분의 문제를 다루는 데 있어서 어떤 통찰을 제공해줄 수 있는지를 살펴보려고 한다.[1]

2. AI의 출현과 책임 소재와 책임 배분의 문제

AI가 어느 수준까지 발전할 것인지 예측하는 것은 과학자들 사이에서도 논란이 되는 듯하다. 인간이 인간 지능을 넘어서는 매우 진보된 형태의 AI를 20년에서 50년 안에 실현시킬 수 있을 것이라고 보는 과학자가 있는가 하면, 전반적으로 그런 진보된 형태의 AI에 대해 회의적으로 생각하는 과학자도 있다(월러치, 2014: 326~327). 그러나 AI

---

1 윤리와 도덕이란 행위자로 하여금 그의 잘못된 선택에 대해 깊은 후회를 하게 하고, 타인이 그를 심하게 꾸짖는 데서 성립하는 것이라고 할 수 있다. 이러한 주장은 Kupperman(2007: 45)을 참조.

가 인간 이성을 초과하는 형태로 발전할 것인지의 전망에 대한 긍정론자이건 회의론자이건, 적어도 AI의 발전이 우리의 삶에 각종 윤리적·사회적·법률적 문제를 불러올 것이라는 데는 이견이 없는 것 같다. 이것은 아마도 새로운 과학기술의 출현이 새로운 문제 상황을 만들어왔던 인류 역사를 돌이켜보면 쉽게 알 수 있기 때문이다. 다만 AI는 인간 활동의 대체 가능성 때문에 더욱더 충격적인 결과를 만들어 낼 수도 있을 것이다. 따라서 AI가 인간을 넘어서는 초지능적 존재로 발전할 가능성에 대한 긍정적 혹은 회의적 전망과 상관없이 선제적으로 AI가 가져올 각종 유사 상황에 대해 논의해보고 그에 따라 어떤 규제 장치를 미리 마련해두는 것은 매우 적절하다고 할 수 있다.

혹자는 과학과 기술의 발전을 어떻게 규제할 수 있는가, 그것은 진리를 찾는 인간 본성의 요구에 의한 것인데, 그런 인간의 본성적 요구에 대한 탐구를 과학 외적인 잣대를 들이대서 제재하는 것은 가능하지도 않고, 바람직하지도 않다고 말한다. 하지만 과학이 정말 가치가 배제된 학문 분야인가에 대한 문제제기가 있을 수 있고, 설사 과학이 타 학문 분과와는 달리 비교적 가치중립적 진리를 추구하는 것이 사실이라고 하더라도 그러한 탐구를 인간의 안녕과 복지를 위해 제한을 두는 것은 어느 정도 가능하기도 하고, 또한 바람직하기도 한 것처럼 보인다. 성욕이나 식욕이 인간의 본능 내지 본성이라고 하더라도, 그러한 본능 내지 본성을 제한 없이 추구하는 것은 정당화되지 않기 때문이다.[2]

새롭게 등장한 AI에 대해 위협을 느끼고, AI에게 어떤 윤리적 제재가 필요하다는 것은 아시모프(Isaac Asimov)의 로봇 3원칙에서 이미 제안되었다(월러치, 2014: 13). 사실 AI의 등장으로 인한 인간에게 가장 공포스러운 시나리오는 각종 공상과학 소설이나 영화를 통해 등장해왔다. 예컨대 프로야스(Alex Proyas) 감독에 의해 만들어진 미국 공상과학 영화 〈아이 로봇(I, Robot)〉(2004)에서는 인간의 영향을 받지 않고 스스로 판단하게 된 인공지능 로봇이 인류의 복지를 위하여 인간에게 규제를 가하는 상황이 전개된다. 인간을 위한다는 명목으로 인간에게 위해를 가하는 모습이 그려진 것이다. 그러나 앞서도 말했듯이 이러한 상황은 어디까지나 최악의 상황이고 이 글에서 겨냥하고 있는 주된 문제 상황은 아니다. 이 글에서의 문제는 이런 공상과학 소설에서 드러난 AI의 인간에 대한 위해성의 문제가 아니라, AI의 작동에서 벌어지는 각종 사고에 대한 책임 소재와 책임 배분의 문제이다. 즉, 인간과 같이 자율적인 윤리적 판단을 하는 초이성적 존재가 인간에게 위해를 가져오는 극단적 상황에 대한 대비라기보다는 현재도 어느 정도 가능한 AI의 작동에서 벌어지는 각종 사고 상황에 누가, 어떻게 책임을 질 것인지의 법적·윤리적 문제를 다뤄보는 것이다. 사실 AI가 단순히 기계라면, 예컨대 일반 자동차와 같은 것이라면 누구도 교통사고에 대해 자동차의 책임 문제를 제기하지는 않겠지만, 완벽한 자율자동차로서의 AI는 인간의 통제를 어느 정도 벗어난 상태이고, 따라서 그러한 AI의 독자적 판단하에서 벌어진 사고에

---

2 이 점에서 남녀의 구분을 강조하는 동아시아 유교 전통의 논리는 의미가 있다. 그것은 본능을 부정한 것이 아니라, 무한한 본능의 추구가 제재될 필요가 있음을 말하는 것이다. 이러한 주장은 Leo(2011: x~xi)를 참조.

대해 과연 누구에게 책임을 물어야 할 것인가의 문제가 생길 수 있다. 그러한 AI의 잘못된 행위 혹은 오작동에 대해, 해당 AI에게 책임을 물을 수 있다고 보는 것은 그것이 단순히 인간의 조정에 따르는 기계가 아니라고 보기 때문이다. 이러한 문제는 조만간 자율자동차의 출현을 도로에서 보게 될 우리의 당면한 관심사이다.

물론 AI의 오작동 혹은 잘못된 행위에 의해 벌어진 책임 소재나 책임 배분의 문제 해결은 결국은 인간의 행위에 대한 책임 소재나 책임 배분과 마찬가지의 패턴을 띨 것이기에, 우리가 예상하지 못하는 그런 상황은 아닐 것이라고 볼 수 있다. 일반적으로 개체 실체론이 주류적 사고였던 서구 전통에서는, 행위의 잘잘못에 대한 책임의 문제는 행위자의 자율성에 대한 문제와 밀접한 관련이 있었다. 서구에서의 자율성이란 개념이 자신의 선택이나 결정의 책임이 온전히 자신에게 있음을 인정하는 가운데 성립되었다고 한다면, 책임 소재의 문제는 자율성의 문제로 이해해도 큰 무리는 없을 것이다. 한마디로 자기가 어찌할 수 없었던 것에 자신의 책임은 없다는 원칙이 있었던 것이다. 예컨대 최근에 벌어진 다음과 같은 사건에 주목해보자.

지난 9일 오전 8시 10분쯤 대전 동구청 주차장에서 연쇄 추돌이 벌어졌다. 흰색 아반떼 차량은 주차로 가운데를 갈지 자로 달리면서 "쿵, 쿵, 쿵" 다른 차량을 들이받았다 … 초등학교 3학년 A군(9)이 운전대를 잡고 있었다 … 형사 미성년자인 A군은 그날 귀가했다. 현행법상 만 14세 미만은 법적 처벌이 불가능하기 때문이다.[3]

위의 경우에서 A군에게 법적 처벌이 불가능한 이유는 A군을 자율적 판단을 지닌 개인으로 보지 않기 때문이다. 그는 법적인 의미에서 뿐만 아니라 도덕적인 의미에서도 자율적 존재가 아니다. 그가 소년 원에도 가지 않는 이유는 더욱 이러한 사실을 보여준다. 따라서 위의 사건에서 피해자들이 할 수 있는 것은 기껏 그의 부모에게 민사상의 법적 책임, 즉 손해배상을 묻는 것이다. 동일한 사고를 AI에 적용해 보면, 현재의 AI는 아직 자율적 판단을 할 수 없는 미성년자에 해당될 것이고, 따라서 AI의 오작동에 대한 법적 책임의 당사자는 AI의 설계 자나 AI의 소유자가 될 것이다. 하지만 당연히 AI는 인간과 같은 자율 성을 가진 존재를 지향하는 것이기에, 이러한 자율성이 어느 정도 구 현되는 미래에는 AI도 그와 상응한 책임을 질 것이라는 점도 기대해 볼 수 있을 것이다. 책임 소재는 자신이 통제할 수 있는 한도까지라는 원칙이 있기 때문에, 설계자나 소유자가 통제할 수 없는 단계의 AI의 경우에는 자연스럽게 AI 자신에게 책임이 물어질 것이다. 그러므로 AI와 관련된 책임 소재의 문제는 과연 AI의 행위에 대해 누가 어느 정 도까지 통제할 수 있느냐에 달려 있다고 할 수 있을 것이다. 당분간은 AI의 자율성이 인간의 자율성에 크게 못 미치는 상황이기에 AI 설계 자나 소유자에게 책임을 물을 수 있다. 물론 이것도 이들에게만 전적 인 책임이 있는 것이 아니라 AI의 성능을 테스트한 자, 혹은 그것을 법률적으로 허용한 자들에게도 일정 부분 책임이 있다고 할 수 있다. 그런데, AI의 자율성이 어느 정도 확보된 후에, 즉 인간이 완전히 통

---

3 http://news.chosun.com/site/data/html_dir/2018/07/17/2018071701080.html

제할 수 없는 정도의 자율성을 가진 AI가 잘못을 한 경우에, 여전히 그것을 설계한 설계자에게 책임을 물을 수 있겠는가? 그렇다고 AI의 소유자에게 그 책임을 전적으로 지울 수 있겠는가? 이것은 아마도 인간에 비유하자면 이미 통제가 가능하지 않은 성년 자녀의 잘못에 대해 부모에게 책임을 지우는 것과 유사한 것일 것이다. 이미 머리가 커진 성인 인간의 잘못에 대해 부모가 책임을 질 수 없듯이, 인간이 통제를 할 수 없는 정도의 자율성을 지닌 AI의 경우에 AI가 아니고 그와 연관된 사람들에게 책임을 지우는 것은 합리적이지 않아 보인다. 그런데 AI의 책임 소재나 책임 배분의 문제, 그리고 인간의 책임 소재나 책임 배분의 문제에 대한 위와 같은 방식의 해결들은 정말 만족스러운 해결책인가? 이러한 일반적 해결책이 개인의 자유의지와 자율성을 최대로 반영한 입장, 즉 서구의 개체 실체론을 충실히 반영한 것이라면, 이와는 다른 형이상학적 입장을 가진 동아시아의 접근 방식은 조금 다르지 않을까? 혹시 이런 동아시아의 다른 접근 방식이 AI 혹은 인간의 책임 소재와 책임 배분의 문제에 약간의 시사점을 주지 않을까?

3. 동아시아의 관계론적 현상론과 윤리

동아시아의 관계론적 현상론은 세계가 독립된 개체들로 이루어졌다기보다는 다양한 관계나 성질들로부터 이루어진 것으로 보고, 변화하는 다양한 속성이나 관계를 관통하는 개체 실체가 이런 성질이나 관계 외에 따로 있는 것은 아니라고 본다. 자연스럽게 이런 동아시아의 관계론적 현상론의 형이상학적 관점은 윤리의 문제와 연관이 있는 인간의 행위나 마음에 대해서도 서구와는 다른 입장을 보인다. 서구의 개체 실체론적 관점이 인간의 행위를 인간 내면의 의지나 결단에 따른 것으로 본다면, 이런 서구의 개체 실체론적 관점과는 달리 동아시아의 관계론적 현상론의 관점은 개인의 행동을 온전히 개인의 결단에 따른 것으로 이해하려 하지 않는다. 그것은 다양한 외부 환경과의 교류에서 생긴 것이라고 본다. 왜냐하면 마음은 실체의 차원이 아니라 기능의 차원에서, 의식의 차원보다는 행위나 태도의 차원에서 논해지기 때문이다. 또한 독립적 실체를 믿지 않기에, 어떤 사건의 발생에 다양한 연기와 원인이 있었음을 강조한다. 이 때문에 어떤 부조리한 상황도 행위자의 결단에 의한 것만이 아니고, 다양한 외부적 조건을 깔고서 가능하게 되었다고 믿게 되었던 것 같다.[4] 이러한 상황은 어쩌면 누구에게도 적극적 책임을 물을 수 없는 상황을 암시하는 것 같다. '중국의 나비의 날갯짓이 미국에 태풍을 가져온다'라고 하는 말이 암시하듯이, 어느 지역의 조그만 변화가 타 지역에 엄청난 변화를 가져오는 상황을 이야기할 수 있다. 사건과 사건들이 상호 연계되어 있어서, 어떤 사건의 직접적 원인을 추적하는 것이 거의 불가능한 상황이라고 말할 수 있다. 이런 동아시아의 관계론은 전체주의

---

4 현대의 실험 도덕 심리학에서도 행위자의 도덕적 행동이나 부도덕적 행위는 그의 덕성에 의한 것일 뿐만 아니라, 소음이나 조명과 같은 외부 물리 환경에 의해서도 영향을 받은 것이라고 본다. 이러한 주장은 Alfano(2015: 73~90)를 참조.

로 이해되기도 했다. 동아시아에는 (황제라는) 한 사람의 자유인만 있었다는 헤겔(Georg W. F. Hegel)의 주장이 암시하는 것처럼 동아시아의 전제론 내지 전체론은 개체 행위자의 자율성을 무시하는 방식으로 이해될 수 있다. 예컨대, 맹자는 종종 백성의 잘못에 대한 책임을 백성들에게보다 정치 지도자들에게 돌리는데,[5] 이것은 다분히 행위의 잘못을 그 환경으로 돌리는 태도라고 할 수 있다. 물론 맹자의 태도는 환경이나 그 환경을 조성하는 데 책임이 있는 정치 지도자들만 책임이 있다거나, 혹은 구체적 범죄 행위 당사자인 백성은 늘 상황의 피해자이기에 죄를 지어도 용서해주어야 한다는 것이 아니다.[6] 정치 지도자를 포함한 환경은 환경대로, 실제 행위자인 백성은 백성대로 그에 상응하는 책임을 져야 한다는 것이다. 환경에도 책임을 묻고, 범죄를 저지른 당사자에게도 책임을 묻는 것이다.

다시 말해 관계론적 현상론을 강조하는 동아시아의 상황에서도 외부적 조건이나 상호관계에 의해 어떤 행동이 초래되었다 하더라도 그 죄를 저지른 행위자 당사자에게 책임을 묻는 것은 불가피하다고 본다. 실제로 개체 실체론에서 강조하듯이, 잘못을 저지른 행위자를 직접 겨냥하는 태도는 많은 현대 동아시아 철학자들의 동아시아 전통 사상에 대한 해석에서도 드물지 않게 발견된다. 저명한 동아시아

---

5 『맹자』, 「양혜왕상」, "若民則無恒産, 因無恒心. 苟無恒心, 放辟邪侈, 無不爲已. 及陷於罪, 然後從而刑之, 是罔民也⋯".
6 사실 유학에서 예와 더불어 법을 강조하는 것은 법이 처벌을 통해 범죄 예방의 계도적 효과가 있기 때문이다.

철학자 슬린저랜드는 동아시아의 사유를 상관론 (correlativism, 일종의 관계론)으로 해석하는 기존의 해석에 맞서서, 동아시아 전통에서도 몸에 대한 마음의 우선성이 강조되었다고 주장한다(Slingerland, 2017). 이러한 몸에 대한 마음의 우선성은 상관성을 강조하는 관계론에서는 발견되기 힘든 태도이다. 하지만 그는 적어도 동아시아 윤리에는 이런 우선성의 논리가 발견된다고 한다. 어떻게 보면 주체를 강조하는 일종의 이성주의적인 윤리설이라고 할 수 있다. 이런 주체 강조의 태도는 잘못의 책임 소재도 역시 행위자에게 묻는 것을 당연시하게 될 것이다. 역시나 저명한 동양학자 드 배리(William Theodore De Bary)도 흔히들 공동체주의라고 본 동아시아 사유에서 이와 부합하지 않는 태도가 있음을 지적한다. 그는 신유학에서의 자유주의 전통에 대해 말했는데, 여기서 말하는 자유주의 전통이 바로 주체적 사유, 내지 몸에 대한 마음의 우선성을 강조하는 입장이다. 드 배리는 유학을 비롯한 동아시아 사고가 공동체주의적 사고를 가지고 있고, 자유주의와는 상관없는 사고를 전개한다는 기존의 통념에 맞서 신유학에게서 강한 자유주의적 사유를 발견할 수 있다고 한다. 그가 보는 자유주의의 전통이란 바로 신유학자들이 강조하는 자임(自任), 자득(自得) 등등의 개념을 의미한다(드 배리, 1998: 95~100). 일본의 저명한 양명학자 다케히코 오카다(岡田武彦)도 양명좌파의 사상을 실존주의라고 하는데, 이는 양명이나 양명좌파의 사상이 개인의 실존적 선택을 강조한다고 보았기 때문이다(Takehiko, 1970). 백영선은 심리철학자 롤랜즈(Mark Rowlands)의 도덕 주체(moral subject)와 도덕 행위자(moral agent)의 개념 구분[7]을 이용하여 이를 동물의 도덕성에 대한 주희(朱熹)와 정약용의 상반된 태도에 적용한다. 그녀에 의하면, 주희는 아마도 동물에게 도덕 주체의 지위를 인정했을 것이고, 정약용은 주희와는 달리 오직 인간만이 도덕적 의지를 지니기에 도덕적 존재, 즉 도덕 행위자가 될 수 있다고 보았을 것이라고 한다. 정약용은 도덕 행위에 있어서 의지를 강조함으로써, 주희의 객관적이고 존재론적인 서술 방식에 동의하지 않고, 유가의 도덕적 주체주의와 몸에 대한 마음의 우선성을 강조하는 이성주의의 길로 나아갔다고 보는 것이다.[8]

위의 해석들이 일정 부분 타당하다면, 동아시아의 관계론적 형이상학은 흥미롭게도 대체로 두 가지 상이하게 보이는 윤리적 태도를 보여준다. 하나는 그런 형이상학에 걸맞는 전체론적이고 관계론적인 윤리설이고, 다른 하나는 그런 관계론과는 상반되는 것처럼 보이는, 행위자 주체의 자유의지를 강조하는 이성주의적인 윤리설이다. 전자는 아마도 도가나 불가에서 지지할 것이고, 후자는 유가에서 지지할 것 같다. 이 두 가지 윤리적 입장의 차이는 전자가 관계론적 형이상학을 따라, 마음과 육체의 이원성 내지 그 둘 중 어느 한쪽의 우선성을 인정하지 않는다면, 후자는 육체와 마음의 이원성은 물론이고, 육체

---

7   X is a moral subject if and only if X is, at least sometimes, motivated to act by moral reasons ⋯ X is a moral agent if and only if X is (a) morally responsible for, and so can be (b) morally evaluated (praised or blamed, broadly understood) for, its motives and actions. 이러한 내용은 Back(2018: 12)을 참조. 롤랜즈에 따르면 동물은 도덕적 주체이지만, 도덕적 행위자는 아니다.

8   흔히 말하는 정약용의 자유의지, 즉 권형(權衡)의 개념에 대해서는 백민정(2007), 정소이(2015)를 참조.

에 대한 마음의 우선성을 강조한다는 점에 있다. 전자가 상대적으로 특정한 행위자보다 그 행위자를 둘러싸고 있는 환경에 주목을 한다면, 후자는 개체 행위자의 역할에 더 많은 비중을 부여한다.[9]

그러나 위에서 언급한 관계론적 윤리설과 비관계론적 윤리설의 차이가 얼핏 커다랗게 보이지만 사실 그렇지는 않다. 예컨대, 롤랜즈가 위에서 말한 도덕 주체나 도덕 행위자는 둘 다 일종의 도덕 자율성(moral autonomy) 혹은 도덕적 자유의지의 측면에서 주체와 행위자를 각각 말한 것이지, 도덕과는 무관한 개인 자율성(personal autonomy)과 선악을 자유로이 택할 수 있는 자유의지의 측면에서 주체와 행위자를 각각 말한 것이 아니다. 즉, 동아시아에서 강조한 것은 어디까지나 관계론하에서의 (혹은 도덕적 원리를 깔고 있는) 주체이고 행위자이지, (어떤 도덕적 원리를 깔고 있지 않은) 개체론하에서의 주체이고 행위자는 아니다. 다케히코 오카다가 말한 양명이나 양명좌파의 실존적 결단은 실존주의자의 개인적 자율성에 입각해서 내려진 결단이라기보다는 사실상 동아시아 유교 전통의 도덕적 이상에 의해 이미 인도되어진 것이라고 할 수 있다(Nivison, 1996: 233~248). 즉, 동아시아에서 강조한 것은 어디까지나 관계론하에서의 도덕 자아(moral self)[혹은 이상적 자아(ideal self)]나 도덕 자율성이라고 할 수 있다. 이기적이고, 본능적인 개인 자아(personal self)를 말하는 것이 아니다.[10] 평가

---

9 사실은 유학 내부에서도 이 두 가지 태도가 다 나타나기에, 후자의 태도만이 유가의 태도라고 볼 수는 없다. 앞서 말한 주희와 정약용의 입장차는 물론이고, 사단칠정을 둘러싼 율곡과 퇴계의 차이가 또한 이런 것이 아닐까?

렛이 공자에게서는 선택(choice)의 개념이 없다고 주장했을 때
(Fingarette, 1972: 18~36)도 이런 사실을 지적한 것이다. 동아시아의 개
체나 자아는 철저하게 전체 공동체의 이상을 반영하는 주체이다. 이
는 앞서 말한 맹자에서 백성의 잘못에 정치 지도자의 책임을 지적한
것에서도 보이고, 순자의 '신명지주(神明之主)'의 개념은 사실 '신명의
주인(the master)'이라기보다는 '신명의 접대자(the host)'로 보아야 한
다는 주장(Machle, 1992)에서도 보인다고 할 수 있다. 따라서 쿠아(A.
S. Cua)는 유가에서의 자기 반성을 다음과 같이 말한다.

끊임없는 자기 반성을 포함하여, 배움과 자아 수양의 오랜 과정을 거쳐서 도달한 통찰
은 사유나 추론의 결과로 얻어진 것이 아니고, 도관(道貫, 도에 대한 전체론적 이해)과 이관
(理貫, 사물들의 합리성을 관통하는 것)을 추구하는 일생의 노력에 대한 완성과 보상이다.[11]

만약 정약용 등과 같은 도덕 행위자의 개념도 넓은 의미의 도덕 주
체에 불과하다면, 그렇다면 이들의 몸에 대한 마음의 우선성은 서구

---

10 이런 점에서 쿠아는 다음과 같이 말한다. "In the light of commitment to dao, ethi-
cal autonomy is the ideal autonomy of will as constituted by second-order de-
sires, the product of deliberation"(Cua, 2005: 152).

11 "Insight (ming) arrived at through a long process of learning and self-cul-
tivation, including constant self-examination, is something that one acquires,
not as a result of thinking or inference, but a consummation and reward of a
lifelong effort in pursuing daoguan or a holistic understanding of dao and
liguan, the thread that runs through the rationales of things"(Cua, 2005: 183).

의 개체 실체론의 바탕 위에서 이루어진 마음의 우선성으로 이해해서는 안 되고, 어디까지나 관계론적 현상론의 바탕 위에서, 실용적이고 실천적인 관심하에 이루어진 마음의 우선성으로 이해해야 한다. 이처럼 동아시아 윤리설에 지대한 영향을 끼친 동아시의 관계론에 대한 정확한 이해를 위해 필자는 동아시아에서의 전체와 개체의 관계를 서구 언어철학 내지 의미론에서의 총칭사(generics)의 논의를 끌어들여 해명해보겠다.

4. 동아시아 관계론에서의 전체와 개체 관계

동아시아 사유 전통에서의, 특히 유교에서의 전체와 개체의 관계는 신유학의 이일분수(理一分殊)나 순자에 있어서의 공명(公名)과 별명(別名)의 개념들[12]로부터 이해해볼 수 있을 것 같다. 물론 이일과 분수, 공명과 별명의 개념이 원래 우주의 본원이나 본체와 연관이 있는 우주론적이나 형이상학적 개념들은 아니었다.[13] 오히려 이것들은 윤

---

[12] 공명과 별명은 『순자』, 「정명」 편에 나오는 개념으로 쿠아는 이것이 서구에서의 '집합'과 '부분집합'을 각각 말하는 것이 아니고, 그저 집합을 나타내는 용어들의 형성 과정을 말함에 있어서 '유사성에 착안한 것'이 공명, '차이점에 착안한 것'이 별명이라고 본다(Cua, 2005: 109~113).

[13] 전자는 본원과 파생의 관계를 말하는 것이고, 후자는 본체와 만물의 관계를 말하는 것이다(진래, 2002: 86~94).

리와 정치적 맥락에서 사용된 것들이었으나, 뒤에 존재론적 함의를 가진 개념들로 전이되었다고 보아야 한다.[14] 이일분수의 개념은 불교의 영향을 짙게 가지고 있는 개념이고, 상대적으로 공명과 별명의 개념은 불교가 들어오기 전의 개념인데, 둘 다 전체와 부분 간의 상관관계를 드러내주는 개념들이라고 할 수 있다. 문제는 이들 개념에서 종(種)이나 유(類)와 같은 개념이 보이지, 개체의 개념은 잘 보이지 않는다는 점이다.[15] 물론 그렇다고 이 개체 개념의 부재가 한센이 말한 것처럼 고대 중국의 존재론이 물질 실체론(Hansen, 1983)이었음을 함축하지는 않는다. 아무리 고대 중국인들이라도, 소와 말과 같은 것들을 물과 같이 개체화가 불가능한 존재로 파악했다고 보기는 힘들 것이기 때문이다. 즉, 동아시아의 존재론에서는 개체의 개념이 전면에 보이지 않지만, 동아시아 사람들은 또한 나름의 방식으로 개체를 표현할 수 있는 방식이 있었음을 부정할 수 없다. 여하간 이일분수의 개념은 신유학 전통에서 전체와 부분 간의 관계를 드러내는 데 흔히 사용되는 표현인데, 이일은 물론이고 분수도 일종의 성질이나 형상을 나타내는 개념이지, 개체를 나타내는 개념은 아니라는 점이 강조되어

---

14 이일분수의 이런 성격에 대해서는 진래(2002: 84)를 참조. 윤리적 덕과 관련해 공명과 별명을 사용한 설명에 대해서는 Cua(2005: 138~139)를 참조.

15 사실 전체와 개체의 개념은 불교나 도교에서 더욱 명확히 보인다. 화엄종의 일다상섭설(一多相攝說)이나 도교의 근원으로서의 무극과 그것이 분화된 만물의 개념에서는 유교에 비해 상대적으로 개념화할 수 없는 개체에 대한 개념이 있다. 화엄의 일다상섭설에 대해서는 진래(2002: 90) 참조.

야 한다.[16] 이러한 이일분수의 비유로는 '하나의 달이 수많은 내[川]에 비친다[月印萬川]'[17]가 쓰이는데, 이 경우 '달'과 '(수많은 내에 비친) 달의 영상'의 경우, '달'은 실재하고, '달의 영상'은 달의 그림자에 불과한, 즉 독자적 실재성을 지닌 것이 아니기에, 전체와 부분의 관계를 나타내는 은유적 표현으로는 적당하지만, 실질적으로는 전체와 부분의 관계에 대해 많은 것을 해명해주지 못한다고 할 수 있다. 그 밖에 불교에서 주로 쓰이는 '한 방울의 바닷물은 큰 바다의 물과 같다'는 비유는 달의 비유보다는 확실히 실제적 상황을 잘 설명해주지만, 이것은 물과 같은 일종의 물질 실체(mass stuff)에 너무 의지하는 설명 방식이기에, 물질 실체로 볼 수 없는 개체의 존재론을 다루기에는 부족하다는 한계를 지니고 있다. 따라서 이일분수의 개념은 달이나 물과 같은 이런 은유적 표현들보다는 순자에게서 보이는 공명과 별명의 언어적 표현의 구분을 통해 이해하는 것이 좋을 것 같다. 물론 공명과 별명의 경우에도, 전체를 가리키는 공명은 물론이고, 그 부분을 가리키는 표현인 별명도 개체라기보다는 일종의 종류(kind, genus)를 표현한다고 볼 수 있다. 하지만 그럼에도 불구하고, 공명과 별명의 개념은 달이

---

16 즉, 이일분수는 일리와 만리 사이의 관계를 말하는 것이지, 일리와 만개의 개체 관계를 말하는 것이 아니다(진래, 2002: 90~91). 물론 진래는 같은 책에서 분수가 '각종의 다른 사물' 혹은 '구체 사물'을 가리키는 것으로 표현하기도 한다. 그러나 이것은 엄밀하게 개체를 말했다고 하기는 힘들다(진래, 2002: 98~99).

17 사실 이 "월인만천"은 불교의 선종에서 쓰이던 표현이다. 각주 15에서 말한 화엄종의 일다상섭설의 비유로는 '한 방울의 바닷물은 큰 바다의 물과 같다'가 쓰인다.

나 물의 비유보다는 훨씬 효과적으로 전체와 부분 나아가 개체들을 다룰 수 있는 장점을 가지고 있는 것 같다.

공명과 별명은 일종의 일반명사 혹은 집합명사로 볼 수 있고, 그 범위에 있어서 좀 더 일반적인 일반명사는 공명, 좀 더 개별적인 일반명사는 별명이라고 볼 수 있다. 그렇지만 이것들이 가리키는 것은 집합과 부분집합을 각각 암시하는 서구의 유(類)와 종(種)과는 다르다고 할 수 있다. 서구의 유와 종의 개념은 유와 종 간의 위계성, 그리고 종과 종 간의 포섭 내지 배제의 관계를 강조(Tiles, 1993: 130~131)하는 반면 공명과 별명은 그렇지 않다. 한마디로 서구의 종류 개념은 동일률, 모순율의 규칙이 철저하게 지켜지고 있지만, 동아시아의 종류 개념은 그런 엄격한 포섭, 배제의 관계가 논해지고 있지 않다. 동아시아의 종류 개념은 상당히 느슨한 정도로 타 종류 개념과 연결되어 있다. 예컨대, 쿠아는 예(禮)가 공명이라면, 그에 대한 별명으로는 '의례(rites)', '의식(ceremonies)' 혹은 '방식(manners)' 등과 같은 것을 생각한다. 어떤 일반적인 것을 공명으로 지칭한다면, 문맥에 따라 다른 방식으로 작동하는 것들을 별명으로 지칭하는 것이다(Cua, 2005: 42~43). 흥미로운 것은 동아시아의 전체와 부분, 공명과 별명, 유와 종의 관계는 포섭관계로 이루어진 것이 아니라, 일반적인 것(공명)의 명시화(specification, 별명)로 이루어진다는 점이다. 예의 집합 밑에 의례, 의식, 방식 등의 부분집합들이 포함된 것이 아니라, 예를 좀 더 명시화한 것이 의례, 의식, 방식이라는 말이다. 또한 의례, 의식, 방식들은 서로를 포섭하거나 배제하지도 않고, 느슨하게 상호 중첩되기도 하고, 느슨하게 서로 구분도 된다. 그러면서 그것들은 예를 구체적인 상황에서 다양한 방식으로 분명하게 드러낸다. 그러나 이것은 서구의 실체론 맥락에서 부문과 전체를 설명할 때, 부분은 어떤 구체적 맥락 속에서 전체를 지칭할 수도 있다는 식의 맥락적 정의와는 다른 방식으로 작동하는 것이다. 즉, 별명이 공명의 명시화라는 것은 인간[種]은 동물[類]의 부분이지만, 어떤 구체적 맥락에서 전체인 동물을 부분인 인간으로 지칭할 수 있다는 식으로 말하는 것은 아니다.

공명과 별명의 관계 해명을 위해, 즉 느슨한 유와 종의 개념들의 관계 해명을 위해, 서구 언어철학 내지 의미론에서의 총칭사의 개념을 사용해볼 수 있다. 총칭사란 기본적으로 명사구나 문장의 종류를 가리킨다. 이러한 총칭사의 표현은 '관련 사물(명사구의 경우)' 내지 '사실(문장의 경우)'을 총칭적(generically)으로 가리킨다. 총칭적 표현의 지칭 범위는 '모든'과 같은 예외 없는 보편성을 가리키는 것이 아니고, '대체로'의 일반성을 가리키는 언어적 표현이다. 또한 각각의 표현도 서구의 유나 종 개념이 배제와 포섭의 관계를 가정하면서, 사물의 본질을 표현하는 것과는 다르다. 그렇기에 "매머드는 멸종되었다"와 "모기는 말라리아를 옮긴다"라고 했을 때, "매머드"와 "모기"는 모든 '매머드'와 '모기', 혹은 모든 '매머드나 모기가 갖추고 있어야 할 본질'을 각각 가리키는 것이 아니고,[18] 그저 '일반적인 매머드종'과 '일반적인 모기종'을 각각 가리킬 뿐이다. 즉, 뚜렷한 포섭과 배제의 관계 속에서 생겨난 '본질'을 가리키는 것이 아니라, 느슨한 상관관계에 있는

---

18 예컨대, 모기의 1%만이 말라리아 바이러스를 옮긴다고 한다(Johnston, 2012: 124).

'종류'를 가리킨다.[19] 동아시아에서의 전체나 부분은, 즉 공명이나 별명이 가리키는 것은 이처럼 '예외 없이 모든 것을 포괄하는 전체나 보편성' 혹은 '본질'이라기보다는 '아직은 충분히 추상화되지 않은 일반성'이나 '종류'를 가리킨다고 할 수 있다. 그런 일반성 중에서도 가장 일반적인 것이 전체, 즉 공명으로 표현되는 것들이고, 이런 '일반적 전체'에 대해 보다 명시적인 것들이 '구체적 부분들', 즉 별명으로 표현되는 것들이다.

흔히들 부분과 전체는 각각 추상화되어 부분이 전체의 부분집합인 것처럼 이해된다. 따라서 부분과 전체가 동일시되는 경우는 구체적 상황 혹은 맥락 속에서 그렇게 간주되는 것이지, 추상적으로는 그러한 동일시가 가능하지 않다고 말해진다. 전체는 부분을 포함할 수 있지만, 부분이 전체를 포함할 수는 없기 때문이다. 추상화하여 부분과 전체를 엄격히 구분하는 서구의 개체 실체론의 틀에서는 구체적 문맥에 따라 달라지는 총칭사의 지칭체는 충분히 명료하지 않다. 이런 점에서 총칭사는 기껏해야 명료화되어야 할 대상이다. 하지만 많은 현대의 의미론자들이나 언어철학자들이 지적하듯이 총칭사는 보다 명료한 표현, 예컨대 기존의 보편양화사나 존재양화사를 통해 극복되어야 할 것이 아니다. 그것은 그 의미에 있어서 이미 충분히 명료하고, 이미 충분히 진리의 담지자이다. 그것은 그것을 포함한 문장의 의미나 진리가의 확정을 위해 기존의 양화논리로 환원되어야 할 필요

---

19 듀이의 '보편(universal)'과 '총칭(generic)'의 구분(Dewey, 1938: 264~280)을 참조.

가 없는 것이다.

5. 동아시아 관계론에서의 책임 소재의 문제와 책임 배분의 문제

기존의 가산보통명사의 논리가 적용되는 서구의 개체 실체론의 틀과는 달리 총칭사의 논리에 의존하는 동아시아의 관계론적 현상론이 제시하는 책임 소재의 문제와 책임 배분의 문제에 대한 응답은 무엇일까? 먼저 책임 소재의 문제가 책임의 소재나 책임의 주체를 묻는 메타윤리적 측면의 이론적 문제라면, 책임 배분의 문제는 실질적으로 책임 배분이 어떻게 이루어지는지의 실행의 문제라고 구분할 수 있다. 먼저 책임 소재의 문제에 있어서 동아시아의 관계론은 개체란 독립적인 실체가 아니고, 다양한 성질이나, 관계가 빚어내는 추상적 존재이기 때문에, 책임의 소재는 단지 개인에게만 귀속시킬 수가 있다고 보지 않는다. 그렇다고, 그저 모호하게 전체 사회의 책임이다라는 식으로 개인의 잘못을 무화시킬 수도 없다고 본다. 개인이나 개인의 잘못은 결코 허구적인 것이라 할 수는 없기 때문이다. 그 사람이 그런 일을 한 것의 책임이 전적으로 그에게 있다고 할 수는 없기에 그에게만 책임을 묻지는 않지만, 그가 그의 역할 안에서 달리 행동할 수 있는 여지가 있었다는 점에서 그의 책임이 전혀 없다고 할 수도 없다고 본다. 여기서 중요한 것은 책임을 개인이나 사회로 돌리는 것은 환원론에서만 타당한데, 동아시아의 관계론은 환원론이라기보다는 상호관계론이라는 것이다. 공명과 별명은 전체와 부분의 엄격한 포섭

관계 내지 배제관계를 함유하지 않는다. 따라서 이러한 관계론의 입장은 결코 자유의지를 강조한 나머지 행위자에게 책임을 묻는 것도 아니고, 사회 구조의 중요성만을 강조하여, 행위자 개인에 대한 책임을 포기하는 방식도 아니다. 서구의 개체 실체론의 전통에서는 전체와 개체를 주로 보편과 개체의 측면에서 보아 상호 충돌되는 것으로 파악해왔다면, 동아시아의 관계 현상론에서는 전체와 개체를 일반과 개체로 파악하여, 좀 더 유연하게 바라본다. 보편과 개체는 엄격하게 구분되지만, 일반과 개체는 그렇지 않다. 보편은 개체들이 엄밀하게 공유하는 것이지만, 일반은 개체들에게 느슨하게 발견된다. 예컨대, "노회찬은 뇌물을 받았다"라는 명제에서 "뇌물"은 모든 뇌물들의 본질을 가리킨다기보다는, 다양한 종류의 뇌물을 총칭적으로 지칭한다고 보아야 한다. 우리의 언어적 표현은 이처럼 본질을 명확하게 지칭한다기보다는 느슨한 종류의 것들을 총칭적으로 가리킨다고 보아야한다는 것이다. 이처럼 느슨한 연관성을 강조하는 관계론적 윤리관이란 전체와 부분의 관계를 모순적으로 보아, 그중 하나를 고르는 방식과 차이가 난다. 다시 말하자면 개체와 전체의 충돌 구조 속에서, 전체를 택해서 행위자의 책임을 단지 무화시키려하지도 않았고, 개체를 택해서 오직 행위자에만 책임을 지우는 방식도 택하지 않았다. 그것은 오히려 전체 체계 속에서의 행위자 개체가 어떻게 타 개체와 상호 의존하고, 또 어떻게 전체 체계와 느슨하게 연결되는지를 살피는 가운데, 책임 소재를 물어야 함을 강조한다. 개인과 개인의 행위는 이처럼 다양한 관계가 상징적으로 얽혀 있다. 이처럼 개인이냐 사회냐의 두 극단적 상태를 상정하지 않는 동아시아의 관계론적 태도가 AI의 책임 소재의 문제를 다루는 데 있어서 개체 실체론의 관점과는 또 다른 시사점을 주리라고 생각한다. 예컨대, 요즘 우리 사회에서 한참 진행되고 있는 미투 운동이나 대학원생의 인권 침해, 그리고 사회적 약자에 대한 갑질은 그저 문제가 되는 몇몇 사람들만의 문제가 아니라, 구조적인 문제일 가능성이 많다. 이것은 개인의 일탈이나, 개인의 선악의 문제가 아니라는 말이다. 그렇다고 그런 일탈된 행위의 책임을 사회 구조에만 지울 수는 없다. 사회 구조의 변경과 아울러 개별 행위자에 대한 처벌이 이루어져야 하는데, 문제는 그 사회 구조나 개별 행위자에 대해 책임을 지우는 방식을 어떤 차원에서 수행할 것인지에 그 핵심이 있다. 우리가 이 글에서 강조하는 동아시아 관계론적 현상론의 윤리관은 설사 개별 행위자에 대한 처벌을 하더라도 그 처벌은 다른 개별 행위자는 물론이고, 전체 구조 속에서의 관계에서 이루어져야 한다고 주장한다. 한마디로 개체에 대한 처벌도 그 개체가 전체와 갖는 관계를 음미하는 가운데 이루어져야 한다고 생각한다.

두 번째 책임 배분의 문제와 관련해서는 일반적으로 서구의 개체 실체론의 관점에서 본, AI에 관련해서의 책임 지우기는 기본적으로 자유의지를 강조하는 자유주의 책임론의 바탕에서 진행된다고 할 수 있다. 먼저 미성년자의 경우에는 그의 판단이 자율적이 아님을 들어, 그가 잘못한 경우 부모나 보호자의 책임(즉, 법적 책임까지 포함해서)을 묻듯이, 자율성을 획득하지 못한 AI의 경우에는 그 AI의 설계자나 소유자에게 책임을 묻는다는 것이다. 이것이 AI가 자기 반성적인 윤리적 논증을 전개하는 단계, 즉 사람으로 말해서 성년의 수준에 도달한다면 당연히 그 책임은 성인에 대해 그러하듯이, AI가 질 수밖에 없는 방식으로 귀결될 것이다.

그러나 동아시아의 관계론적 현상론의 관점에서는, 어느 정도 자율성이 확립된 인간의 경우에도 완전한 자율성은 불가능한 개념이기에, 온전하게 그의 잘못에 대한 책임을 그에게 물을 수 없게 된다. 그 인간 행위자의 잘못된 행동을 가능하게 한 사회 구조의 잘못도 따져져야 한다. 성년 자녀의 잘못에 대해 부모에게도 책임을 묻는 방식이 고안되어야 한다. 인간에게서 책임 배분의 상황이 이렇다면, AI가 미래에 설사 인간과 비슷한 정도로 자기 반성적이고, 스스로 자기 행동을 통제할 수 있게 된다 할지라도 전적으로 AI에게만 책임을 묻기 어렵다고 볼 것이다. AI 초기 단계에서의 처방과 마찬가지로, AI가 고도화된 단계의 경우에서도 AI의 설계자를 비롯한 관계자에게 역시 일정 부분 책임을 지우는 방식이 고안되어야 한다고 주장할 것이다.

또한 사회 구조에 대해 책임을 지우는 방식은 단순한 도덕적 책임이 아니라, 법적 책임까지도 고려되어야 한다고 주장할 것이다. 기존의 개체 실체론 관점에서는 성년자의 잘못에 대해 성년자의 부모는 성년자의 잘못에 대해 유감을 표명할 수는 있지만 실제적으로 법적인 책임은 물론이고, 도덕적인 책임도 엄밀하게 물을 수는 없다고 본다. 책임은 자신이 통제할 수 있는 상태의 것에 대해 지는 것인데, 성년자에 대한 우리의 통제력은 제한적일 수밖에 없기에 그 책임을 성년자에게 물을 수 없다는 것이다. 이런 논리하에서라면, 장래의 슈퍼 AI에 대한 경우에도, 그에 대한 통제는 거의 불가능 내지 제한적일 수밖에 없고, 그렇다면 AI의 잘못에 대해 AI 설계자의 책임을 직접적으로 묻기는 어렵다고 말할 수 있는 것이다. 기껏해야 도덕적 책임이 우리가 물을 수 있는 최대한의 것일 것이다. 그러나 동아시아 관계론적 현상론에 입각한 관점에서 보자면, 이러한 소극적 책임 추궁의 태도는 자유주의의 책임 지우기 방식에서 기원한 것처럼 보이고, 따라서 충분히 설득적이지 않은 것이다. 좀 더 만족스러운 책임 소재의 추궁은 사회 구조에 대한 책임을 현재보다도 더욱더 많이 지우는 방식이 될 것이다. 문제는 이렇게 사회와 개인에게 두루 책임을 지우는 해결 방식도 얼핏 보면 여하간 자유주의와 구조주의의 요소를 다 가진 서구의 현행 책임 지우기 방식에서도 얼마든지 구현 가능한 것처럼 보이는 데 있다. 이에 대해 동아시아 관계론은 전체와 부분의 관계를 공명과 별명, 즉 총칭과 명시화의 관계로 보고, 공명이 함축하는 고도의 일반 총칭사가 본질보다는 종류를 가리킨다고 보아서 더욱 철저하게 개별 행위자와 타 개별 행위자의 의존관계 및 전체 구조 속에서의 개별 행위자의 역할을 음미하라고 촉구할 것이다. 필자는 이런 동아시아의 접근 방식이 개별 실체론에 입각한 서구의 책임론과는 또 다른 의미로 AI의 행위에 대한 책임 소재와 책임 배분의 문제, 나아가 인간의 행위에 대한 책임 소재와 책임 배분의 문제에 대해 하나의 시사점을 줄 수 있으리라고 본다.

6. 더 생각해볼 문제

AI(인공지능)의 오작동 내지 잘못된 행위에 대한 책임이 어디에 있는가의 문제를 다룸에 있어서 동아시아의 관계론은 새로운 접근 방식을 제공한다. 흔히 자신의 행동에 대한 책임은 자신이 다르게 행동할 수 있을 때만 물을 수 있다고 말해진다. 그래서 책임의 개념은 개체 행위자의 자율성과 밀접한 연관이 있다고 할 수 있다. 동아시아의 관계론은 이런 통념에 도전한다. 동아시아의 관계론은 개체 행위자의 실체성을 말하지 않고, 그렇다고 개인의 자율적 영역을 완전히 부정하지도 않는다. 따라서 동아시아 관계론은 적절한 책임의 부여가 주변 환경과 개체 행위자 둘 중 어느 일방적인 한쪽에 치우쳐서 이루어져서는 안 되고, 이들 간의 적절한 관계 설정을 통해 이루어져야 한다고 주장한다. 이 글에서 AI의 책임 소재와 책임 배분의 문제를 제기한 이유는 일차적으로 그것이 우리가 당면한 문제이기에 이를 해결하기 위해서지만, 그 과정 속에서 인간의 행위와 그에 따른 책임의 문제에 대해서도 새로운 조망을 얻게 한다고 믿기 때문이다(월러치, 2014: 26).

AI와 관련된 책임 소재와 책임 배분의 문제는 단지 AI를 적절히 사용하기 위한 편의성의 문제만이 아니고, 인간이 무엇인지, 그리고 인간이 어떻게 살아야 하는지와 같은 존재론적·윤리적 문제에도 중요한 함축을 가지고 있다. 사실 미래에 AI의 비약적 발전이 불가피하다면, AI와 인간의 공존은 인류의 행복에 필수적인 것일 것이다. 이러한 공존의 모델을 모색함에 있어, AI가 무엇인지를 넘어서 인간이 무엇인지를, AI를 어떻게 만들어야 하는지를 넘어서 인간이 어떻게 살아야 하는지를 물어야 하는 것은 자연스러운 일이다. 이 글이 제시하는 방향은 결국 AI와 인간은 각각 하나의 개체적 존재로서보다는 상호관계적 존재로서 발전되어 나가야 한다는 것이다. 그러나 이러한 공존적 발전을 위한 관계론적 모델의 채택은 AI와 인간을 적절히 이해하고 그 관계를 적절히 확정하려는 우리의 노력에 의해서 가능해지는 것이지, AI 기술의 발전에 의해서 어느 날 갑자기, 저절로 얻어지는 것이 아님을 명심해야 할 것이다.

9장 참고문헌

드 배리, 윌리엄 시어도어(William Theodore De Bary). 1998. 『중국의 '자유' 전통』. 표
    정훈 옮김. 서울: 이산.
맹자(孟子). 1996. 『맹자집주』. 성백효 역주. 서울: 전통문화연구회.
백민정. 2007. 「다산 심성론에서 도덕감정과 자유의지에 관한 문제」. ≪한국실학연구≫,
    제14집, 401~446쪽.
월러치, 웬델(Wendell Wallach)·알렌, 콜린(Colin Allen). 2014. 『왜 로봇의 도덕인가』.
    노태복 옮김. 서울: 메디치.
정소이. 2015. 「다산 정약용의 윤리론에서 최종 결정권은 어디에 있는가?: 이성과 감정
    사이에서」. ≪유교사상문화연구≫, 제62집, 31~60쪽.
진래(陳來). 2002. 『주희의 철학』. 이종란 외 옮김. 서울: 예문서원.

Alfano, Mark. 2015. "What are the bearer's of virtue?" in Hagop Sarkissian and Jennifer
    Cole Wright(eds.). *Advances in Experimental Moral Psychology*. New York:
    Bloomsbury Publishing.
Back, Youngsun. 2018. "Are animals moral?: Zhu Xi and Jeong Yakyong's views on
    nonhuman animals." *Asian Philosophy*, 28(2):97~116.
Cua, A. S. 2005. *Human Nature, Ritual, and History*. Washington: The Catholic Uni-
    versity of America Press.
Dewey, John. 1938. *Logic: The Theory of Inquiry*. New York: Henry Holt and Com-
    pany.
Fingarette, Herbert. 1972. *Confucius: The Secular as Sacred*. New York: Harper &
    Row.
Hansen, Chad. 1983. *Language and Logic in Ancient China*. Ann Arbor: University of
    Michigan Press.
Johnston, Mark and Sarah-jane Leslie. 2012. "Concepts, Analysis, Generics and the
    Canberral Plan." *Philosophical Perspectives*, 26(1):113-171.
Kupperman, Joel. 2007. *Classic Asian Philosophy*. New York: Oxford University Press.
Leo, Jessieca. 2011. *Sex in the Yellow Emperor's Basic Questions*. Dunedin: Three
    Pines Press.
Machle, Edward J. 1992. "The Mind and the 'Shen-ing' in Hsun Tzu." *Journal of Chi-
    nese Philosophy*, 19:361~386.

Nivison, David S. 1996. *The Ways of Confucianism*. La Salle: Open Court.

Slingerland, Edward. 2017. "Pluralism, Both East and West: Science-Humanities Integration, Embodied Cognition and the Study of Early Chinese Philosophy." 'East and West Philosophical Perspectives of Pluralism' in Chonnam National University. Korea. February, 22.

Takehiko, Okada(岡田武彦). 1970. "Wang Chi and the Rise of Existentialism." in William Theodore De Bary(ed.) *Self and Society in Ming Thought*, New York: Columbia University Press.

Tiles, Mary and Jim Tiles. 1993. *An Introduction to Historical Epistemology: the Authority of Knowledge*. Cambridge: Blackwell Publishers.

http://news.chosun.com/site/data/html_dir/2018/07/17/2018071701080.html(검색일: 2018.8.1)

찾아보기

지은이

고인석

고인석은 서울대학교 물리학과와 연세대학교 대학원 철학과를 졸업하고 독일 콘스탄츠 대학 철학과에서 과학철학을 전공해 박사 학위를 받았다. 연세대학교 철학연구소, 전북대학교 과학문화연구센터 연구원과 이화여자대학교 교수를 거쳐 인하대학교 철학과 교수로 재직 중이다. 주된 연구 분야는 과학철학이고, 최근에는 지능을 가진 인공물의 존재론과 윤리에 관한 연구라는 관점에서 지각, 행위, 주체성 등의 주제를 연구하고 있다. 인하대학교 테크노 인문학 센터장과 한국과학철학회 회장을 역임했다.

저서로 『과학의 지형도』(2007)가 있고, 에른스트 마흐의 『역학의 발달: 역사적-비판적 고찰』(2014)을 번역했다. 『인간의 탐색』(2016), 『과학철학: 흐름과 쟁점, 그리고 확장』(2011), 『인터-미디어와 탈경계 문화』(2009) 등을 공저하고 에른스트 마이어의 『이것이 생물학이다』를 공역했으며, 「로봇윤리의 기본 원칙: 로봇 존재론으로부터」(2014), 「아시모프의 로봇 3법칙: 윤리적인 로봇 만들기」(2011) 등 로봇윤리에 관한 논문들을 발표했다.

이영의

이영의는 고려대학교 철학과를 졸업하고 미국 뉴욕 주립대학에서 박사 학위를 받았다. 한국과학철학회 회장을 역임했으며 현재 한국철학상담치료학회 회장직을 맡고 있다. 강원대학교 인문과학연구소 교수로 재직 중이며 베이즈주의 인식론, 체화된 인지, 신경철학, 철학 상담 등에 관심을 갖고 있다.

저서로 『입증』(공저, 2018), *Understanding the Other and Oneself*(공저, 2018), 『부모의 공감교육이 아이의 뇌를 춤추게 한다』(공저, 2016), 『베이즈주의: 합리성으로부터 객관성으로의 여정』(2015), 『몸과 인지』(공저, 2015) 등이 있고, 논문으로 「이원론적 신경과학은 가능한가?」(2017), "Can Scientific Cognition be Distributed?"(2017), 「인공지능과 딥러닝」(2016), "Teleological Narrative Model of Philosophical Practice"(2016), 「고통-변증법」(2016), 「체화된 인지의 개념 지도: 두뇌의 경계를 넘어서」(2015) 등이 있다.

천현득

천현득은 서울대학교에서 물리학을 공부하고, 동 대학원에서 과학철학 전공으로 석사와 박사 학위를 받았다. 주된 연구 분야는 과학기술철학과 인지과학철학이다. 미국 피츠버그 대학 방문연구원, 서울대학교 인지과학연구소 연구원, 이화여자대학교 이화인문과학원 교수를 거쳐 현재 서울대학교 철학과 교수로 재직 중이다. 한국과학철학회와 한국인지과학회에서 이사로 활동하고 있다.

공저로 『포스트휴먼 시대의 휴먼』(2016), 『과학이란 무엇인가』(2015), *Oxford Handbook of Philosophy of Science* (2016)가 있으며, 『실험철학』(2015), 『역학의 철학』(공역, 2015), 『증거기반의학의 철학』(공역) 등을 우리말로 옮겼다. 논문으로는 「쿤의 개념 이론」, 「진화심리학의 아슬아슬한 줄타기: 대량모듈성에 대한 재고」, 「포스트휴먼 시대의 인간 본성」, 「인공 지능에서 인공 감정으로」, "In What Sense Is Scientific Knowledge Collective Knowledge?", "Distributed cognition in scientific contexts", "Meta-incommensurability Revisited" 등이 있다.

목광수

목광수는 서울대학교 철학과를 졸업하고, 동 대학원에서 석사 학위, 미시간 주립대학에서 박사 학위를 받았다. 현재는 서울시립대학교에서 윤리학 교수로 재직 중이며, 한국윤리학회, 과학철학회, 한국생명윤리학회에서 이사로 활동하고 있다. 윤리학과 정치철학 관련 연구를 해오고 있으며, 최근에는 존 롤스의 정의론과 아마르티아 센의 역량 접근법에 대한 연구, 인공 지능과 관련된 윤리적 문제에 대해 연구하고 있다.

공저로는 『우리 시대의 책 읽기』(2017), 『동물실험윤리』(2014), 『처음 읽는 윤리학』(2013), 『비판적 사고』(2012), 『정의론과 사회윤리』(2012) 등이 있으며, 주요 논문으로는 「인공 지능 시대의 정보 윤리학: 플로리디의 '새로운' 윤리학」(2017), 「전지구화 시대에 적합한 책임 논의 모색」(2017), 「롤즈의 자존감과 자존감의 사회적 토대의 역할과 의미에 대한 비판적 고찰」(2017), 「기후변화와 롤즈의 세대간 정의」(2016), "Revising Amartya Sen's capability approach to education for ethical development"(2016), 「생명의료윤리학에 적합한 공통도덕 모색」(2015) 등이 있다.

박충식

박충식은 한양대학교 전자공학과를 졸업하고, 연세대학교 전자공학과(인공지능 전공)에서 공학박사 학위를 받았다. 1994년부터 유원대학교(구 영동대학교) 스마트IT학과 교수로 재직 중이다. 지식 기반 시스템, 컴퓨터 비전, 자연언어 처리, 빅데이터, 기계학습, 에이전트 기반 소셜 시뮬레이션 등의 기술과 지능형 교육 시스템, 지능형 재난정보 시스템, 스마트 팩토리, 스마트 시티 등의 주제에 대해 구성주의적 관점의 인공지능 구현을 연구하고 있으며, 인문사회학과 인공지능의 학제적 연구에 관심을 가지고 있다.

『제4차 산업혁명과 새로운 사회 윤리(인공지능과 포스트휴먼 사회의 규범 1)』(2017), 『논어와 로봇』(2012), 『유교적 마음 모델과 예교육』(2009)을 공동 저술하고, 프란시스코 바렐라의 『윤리적 노하우』(2009)를 공동 번역했다. 2015년부터 현재까지 이코노믹 리뷰에 전문가 칼럼[박충식의 인공지능으로 보는 세상(http://www.econovill.com/)]을 연재하고 있다.

이상욱

이상욱은 서울대학교 물리학과에서 이학사 및 이학석사를 마친 후, 영국 런던 대학(LSE)에서 복잡한 자연 현상을 물리학의 모형을 통해 이해하는 것과 관련된 철학적 쟁점에 대한 연구로 철학박사 학위를 받았으며 이 학위 논문으로 매켄지상을 수상했다. 현재 한양대학교 철학과 교수로 재직 중이며, 주로 현대 과학기술이 제기하는 다양한 철학적·윤리적 쟁점을 폭넓은 과학기술학(STS)적 시각과 접목해 연구하고 있다. 2003년부터 한양대학교 전교생을 대상으로 '과학기술의 철학적 이해'라는 기초 필수과목을 설강해 운영했으며, 2005년부터는 학제적 과학기술학(STS) 융합 전공, 2016년부터는 테크노사이언스인문학 마이크로 전공을 학부에 개설해 운영 중이다.

공저로 한양대학교 융합 기초교양과목의 교재인 『과학기술의 철학적 이해』(제6판)(2017), 『과학은 논쟁이다』(2017), 『뇌과학, 경계를 넘다』(2012), 『과학 윤리 특강』(2011), 『욕망하는 테크놀로지』(2009), 『과학으로 생각한다』(2007), 『뉴턴과 아인슈타인』(2004) 등이 있으며, 논문으로 「자극에 반응하고 조절되는 인간」(2016), 「바이오 뱅크의 윤리적 쟁점」(2012), 「인공지능의 한계와 일반화된 지능의 가능성」(2009), 「대칭과 구성: 과학지식사회학의 딜레마」(2006), 「전통과 혁명: 토마스 쿤 과학철학의 다면성」(2004) 등이 있다.

이중원

이중원은 서울대학교 물리학과에서 학사 및 석사 학위를 취득하고, 동 대학원 과학사 및 과학철학 협동과정에서 과학철학으로 이학박사 학위를 받았다. 현재 서울시립대학교 철학과 교수로 재직 중이다. 서울시립대학교에서 인문대학 학장 및 교육대학원장, 교육인증원장을 역임했고, 한국과학철학회 회장을 지냈다. 주로 과학철학과 기술철학을 강의하고 있으며, 주요 관심 분야는 현대 물리학인 양자이론과 상대성 이론의 철학, 기술의 철학, 현대 첨단기술의 윤리적·법적·사회적 쟁점 관련 문제들이다.

공저로 『정보혁명』(2016), 『양자, 정보, 생명』(2016), 『욕망하는 테크놀로지』(2009), 『필로테크놀로지를 말한다』(2008), 『과학으로 생각한다』(2007), 『인문학으로 과학 읽기』(2004), 『서양근대철학의 열 가지 쟁점』(2004) 등이 있고, 논문으로는 「로봇의 존재론적 지위에 관한 동·서 철학적 고찰」(2016), 「나노기술 기반 인간능력향상의 윤리적 수용가능성에 대한 일고찰」(2009), 「양자이론에 대한 반프라센의 양상해석 비판」(2005), 「실재에 관한 철학적 이해」(2004), 「현대 물리학의 자연인식 방식과 과학의 합리성」(2001) 등이 있다.

신상규

신상규는 서강대학교 철학과에서 학사, 석사 졸업 후 미국 텍사스 대학에서 철학박사 학위를 받았다. 현재 이화여자대학교 이화인문과학원 교수로 재직 중이다. 의식과 지향성에 관한 다수의 심리철학 논문을 저술했고, 현재는 확장된 인지와 자아, 인공지능의 철학, 인간향상, 트랜스휴머니즘, 포스트휴머니즘을 연구하고 있다.

저서로『호모 사피엔스의 미래: 포스트휴먼과 트랜스휴머니즘』(2014),『푸른 요정을 찾아서: 인공지능과 미래인간의 조건』(2008),『비트겐슈타인: 철학적 탐구』(2004) 등이 있고,『내추럴-본 사이보그』(2015),『우주의 끝에서 철학하기』(2014),『커넥톰, 뇌의 지도』(2014),『라마찬드란 박사의 두뇌 실험실』(2007),『의식』(2007),『새로운 종의 진화 로보사피엔스』(2002)를 우리말로 옮겼다.

정재현

정재현은 서강대학교 철학과 학부와 대학원을 졸업하고, 미국 하와이 주립대학에서 박사 학위를 받았다. 제주대학교를 거쳐 현재 서강대학교 철학과 교수로 재직 중이다. 주된 관심 분야는 동아시아의 언어, 논리사상과 동아시아의 덕윤리, 덕정치철학이다.

저서로『차별적 사랑과 무차별적 사랑』(2019),『고대 중국의 명학』(2012),『묵가사상의 철학적 탐구』(2012)가 있으며, 공저로 *Cultivating Personhood: Kant and Asian Philosophy* (2010),『중국철학』(2007),『차이와 갈등에 대한 철학적 성찰』(2007),『21세기의 동양철학』(2005),『논리와 사고』(2002) 등이 있다. 주요 논문으로는「Rectification of Names to Secure Ethico-Political Truth」(2017),「유학에 있어서 도의 추구와 행복」(2015),「Xunzi's Sanhuo」(2012) 등이 있다.

한울아카데미 2193
포스트휴먼 시대의 인공지능 철학 02

인공지능의 윤리학

ⓒ 이중원 외, 2019

엮은이 ｜ 이중원
지은이 ｜ 이중원·고인석·이영의·천현득·목광수·박충식·이상욱·신상규·정재현
펴낸이 ｜ 김종수
펴낸곳 ｜ 한울엠플러스(주)
편집 ｜ 배소영

초판 1쇄 발행 ｜ 2019년 12월 2일
초판 3쇄 발행 ｜ 2023년 2월 1일

주소 ｜ 10881 경기도 파주시 광인사길 153 한울시소빌딩 3층
전화 ｜ 031-955-0655
팩스 ｜ 031-955-0656
홈페이지 ｜ www.hanulmplus.kr
등록번호 ｜ 제406-2015-000143호

Printed in Korea.
ISBN 978-89-460-7193-3 93400(양장)
      978-89-460-6821-6 93400(무선)

* 책값은 겉표지에 표시되어 있습니다.
* 무선제본 책을 교재로 사용하시려면 본사로 연락해 주시기 바랍니다.